人类学简史

[法] 弗洛朗斯·韦伯 _ 著
许卢峰 _ 译

BRÈVE HISTOIRE DE L'ANTHROPOLOGIE

商務印書館
创于1897 The Commercial Press
2020年·北京

Florence Weber
BRÈVE HISTOIRE DE L'ANTHROPOLOGIE

中译本根据弗拉马里翁出版社2015年版译出

两个旅行者很少以同样的方式看待同一个事物，而是每个人按照他自己的感知和智识，做出各自独特的解释。因此，在能够运用他的观察之前，必须要先去认识这些观察者。

——格奥尔格·福斯特：《环球航行记》，1777 年

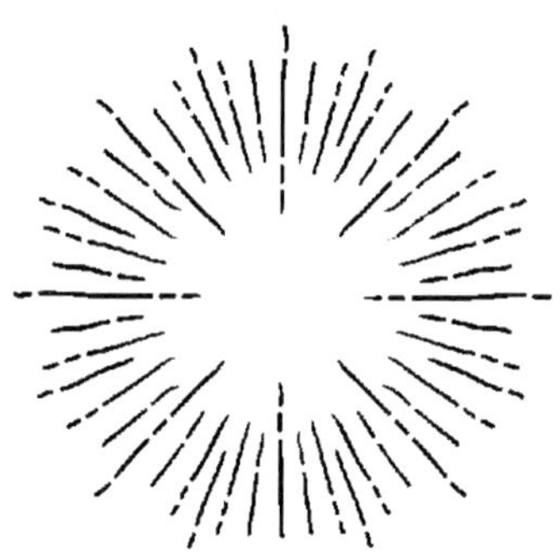

代译序

法国视角下的人类学史

这是中国人类学界翻译的弗洛朗斯·韦伯教授（Florence Weber）的第一部著作，如果我的记忆没有出错，这大概也是由法国学者撰写的人类学史首次译成中文。她出身并就职于巴黎高等师范学院，是一位非常典型和传统的精英式法国学者。马塞尔·莫斯《礼物》一书最新汉译本的读者对她并不算陌生，她为2007年最新法语版《礼物》撰写了富有洞察力的导读（见商务印书馆2016年版附录）。实际上，近些年来莫斯研究的再度流行，韦伯教授功莫大焉。她是“莫斯系列”文集的主编，还编辑了莫斯的其他主题文选。

与大多数人类学家不同，她做的不是非西方社会的异域民族志，而是从事法国本土社会的人类学研究，她的博士论文研究的就是法国工厂的工人。这使她在撰写一部有着学科史性质的著作时，时时显示出与其他人类学史著作的不同之处——读者可与乔治·史铎金的系列作品试做比较。众所周知，法国人类学家很多是由哲学出身，看重思辨性，即便是由民族志调查出身的人类学家也往往会转向哲学式思辨。而韦伯教授是社会科学出身，看重社会学与人类学的结合，非常强调民族志经验的实证性。在本土社会的研究经验和感受方面，中国大陆的人类学家在阅读这本书时，也许会在不少方面心有戚戚，至少对我自己来说便是如此。

这本书是为本行的人类学家写的。一本好的学科史作品描画来路，是为了探寻出路。韦伯教授在写作中将人类学——至少是“欧洲人类学”——这门学科的起源追溯到古希腊时代。这不是大学中的高头讲章的通行写法，在今日大学人类学讲堂上，随着亲属制度等传统研究领域的衰落，人类学正统教科书的位置早已岌岌可危了。因此，这本书不是在好古之癖的冲动下才回到古希腊，而是为了思考人类学这门学科在当前面临的危机感，才选定了一个特定的历史节点即古希腊理性时代，来思考人类学作为一种“思考方式”的内在价值。

在本书的知识谱系内，希罗多德堪称第一位民族志学者，他的《历史》（*Historia*）一书的现代法文译本即称《调查》（*L'Enquête*）。这种选择并非出于偶然。从雅斯贝尔斯所说的“轴心时代”开始，几大文明都从神话时代中脱颖而出，开始了对于何为“普遍的人（性）”的思考。中国也是在这个时期实现了“哲学的突破”。在百家对于人性及其伦理的争鸣中，我们不但可以看到各家学派基于普遍人性之为善恶的讨论，也产生了对于文化差异的系统描述，更不用说老庄等学派对于文明本身的反思。也正是在这个基础上，终于产生了与《调查》堪相匹敌的《史记》，而也如希罗多德那样，司马迁在游历四方之中（“西至空峒，北过涿鹿，东渐于海，南浮江淮”），探访故老，采录口传，毋庸多说，他开创了中国古代“民族志”即“四裔传”的撰述传统。

回到这些文明的“源头”，重新审视人类学的研究重心，是有重大意义的。在其他学科如文学、史学或哲学中，欧洲、印度或中国这样的大型文明当然是重中之重，但在人类学中，它们的角色却恰好颠倒过来了，这些文明之外的社会才是人类学家的宠儿，韦伯教授戏称之为“三个贵族部落”：研究被视为“人类逝去的天堂”的美洲、大洋洲和非洲社会的人类学。这个天堂的基座都位于这个地球的南部而不是北部。众所周知，在英国和法国，非洲学家一直占据着举足轻重的地位，这显然与两国在非洲的殖民地传统有着脱不开的干系。

相比之下，从事欧亚研究的人类学家则组成了“两个被支配的部落”，韦伯教授指出他们受到双重的支配：一方面，虽然他们研究拥有文字文明的社会，但这些社会多被视为欧洲殖民下的代表；另一方面，他们还要受到来自其他现代人文与社会科学的支配。这种状况直到今天也难说有重大改变之势，人类学家对此都有切身的感受。在目前的学科分工格局下，有些群体认为这是理所当然的——本土社会的实证研究往往被“天然地”分配给了社会学。当然，这不是说非得颠倒过来才行。但在这种学科阶级格局中，有一个重大缺陷：既然自从埃文思-普理查德和马克斯·格拉克曼这一代人类学家开始，从田野调查到民族志撰述都再也无法与自“北方”而来的政治-经济权力脱离开来，哪怕是在探讨这个南方“天堂”所遭受的霸权性殖民支配方面，如果没有对“北方”本身开展有深度的民族志调查，那么，这个应该遭到批判的霸权本身恐怕也只是笼统而刻板的，它必然成为一个虚无的实在。

但从第二个方面来看，那些从事欧亚社会这种“有文字的文明”研究的人类学家在“高贵部落”面前也并非没有优势，其实无须过分焦虑。应当焦虑的，倒是我们如何面对史学、文学和语言学家们在千百年以来积累的厚重传统。说这些文明是“传统悠久”的，再也没有比这种傲慢的言论更荒谬的了——既然每一个民族都活到了今天，又有哪一个民族不曾有着“悠久的传统”呢？但与口头传统相比，文字确实创造了不同的传统，也必然会迫使人类学家不得不从其他领地中借鉴，甚至发明一些“贵族部落”所忽视的技术。以无文字社会的调查和写作手法来对付有文字的文明，固然有它独到的长处，但在复杂社会里，那种孤岛式民族志显然会有捉襟见肘之感。

诚如韦伯教授所言，对于复杂社会的研究需要发展出更复杂的调查和分析方法，她在自己的研究中便坚持人类学与社会学的结合。看得出，尽管她不太满意于这两门学科的分离状态，但在我们以一种遥远的眼光来看，相比于美国的状况，在法国，由于涂尔干和莫斯创立的传统，这两者的结合程度其实要好得多。对于这种综合取向，中国同行们也许会更有认同感。比如说，费孝通先生的学术生涯是从人类学起家的，却终生坚持这两个学科的合伙而不是分家。但无论从目前研究机构的设置还是从科系结构来看，难说令人满意。

不止如此，既然人类学这门学科原本也是从“古典社会”

的历史研究中分化而成的，那么，是时候适当回顾一下人类学的古典时代了。对此，中国相当一部分人类学家实际上已经获得了比较充分的研究经验感，比如说，在人类学家与历史学家的合作下发展而成的“历史人类学”已经是目前最富成果的领域之一。不用说，为了理解今天，我们不但要面对唐宋以来的“近世社会”，恐怕还要面对更为遥远的、如“古典学”这样的历史或哲学领域。（好比在法国人类学界，也有从事古希腊社会研究的让－皮埃尔·韦尔南［Jean-Pierre Vernant］这种产生跨界影响的重量级学者。）从20世纪初进入中国学界开始，中国人类学便与考古学和历史学有着千丝万缕的关系（如李济），回头来看，如果失去了对于历史的纵深感和区域感，人类学社区调查的厚度也会大打折扣。即便是对历史研究并不算精通的费孝通先生在当年便清楚地意识到了这个问题的严肃性，《乡土中国》《皇权与绅权》以及《乡土重建》等作品中的许多文章均可视为他想要将历史引入社会学和人类学的努力和尝试。对于中国人类学前贤们曾经做出的类似探索，不应当轻易地放过。

时至今日，随着许多传统研究领域的瓦解，随着反思的进行，综合性研究是实现自我突破的必然趋势。在经历了重重危机和自我怀疑之后，人类学家面临的重要议题可以说俯拾皆是。在生存环境日渐恶化的重压下，我们不得不重拾文化与自然这个古老的话题；在全球化遭到重大挫折之际，我们不得不应对种族主义和民粹主义卷土重来的危险；在人工智能、DNA或代孕等技术大举渗入日常生活的方方面面之时，我们不得不警惕人类正在被过度“物质化”“异化”的生存伦理问题……

所有这些无一不是迫在眉睫的话题。

这本书同时也是面向学科之外大众读者的作品。这并没有低估它的价值，恰恰相反，我们缺少这种充当“专家与大众之间桥梁”的好书。说到底，对于人文社会学科来说，哪一门学科没有承担着追究“人心”的使命呢？如果我们承认这一点，那么，如果一个学科没有办法以某种方式呈现到社会大众面前，探究人性，直追人心，它的社会意义又在哪里？从我们这片大陆的现状而言，一些学科取得的社会成就远在人类学之上，不用说历史学，甚至一向被认为冷僻的考古学普及工作都走在了这门学科的前面。在不那么严格的术语意义上，“启蒙”并未过去。这也是韦伯教授在“跋”中重申坚守人类学四大原则的关怀所在：相互、反思、自主与普遍。这不仅是为了拯救人类学这门学科，更是为了免于沉沦的呼吁。

赵丙祥（中国政法大学社会学院教授、院长）

2020 年 4 月

目录

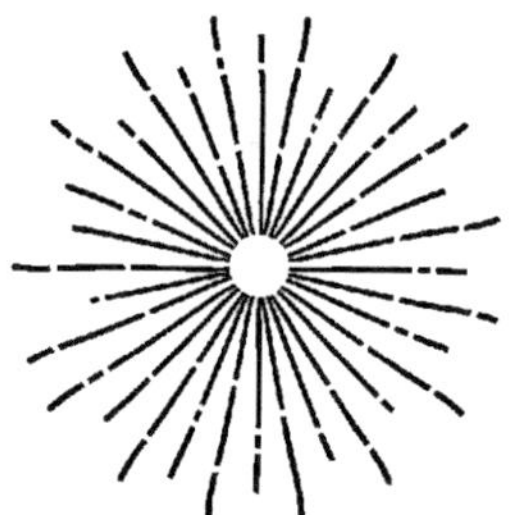

术语注释

按照习惯，本书使用“人类学”（anthropologie）这一术语 9
来指称社会人类学，也就是说，这是一种针对人类社会和建立在民族志（或田野调查）之上的学术研究。自第二次世界大战以来，这一术语就被使用在法语和英语中了。虽然“民族学”（ethnologie）这一术语也可以被用来描述同样的研究领域，而且也有不少拥簇者，但是在本书中将不会如此使用。其他关于人类的科学，也属于广义上的人类学，它们包括史前史、体质人类学和语言学。不过，只有当它们的历史与社会人类学的历史相互贯穿时，本书才会对它们进行讨论。

导言

离乡的经验

20世纪初，社会人类学在美国和欧洲出现。如果我们着眼 11
于职业活动的诞生和调查方法的体系化，那么社会人类学就是最为晚近的人类科学之一。但如果我们从广义上将社会人类学定义为一个往返于两个文化之间努力求知的见证者，那么它又属于最为古老的科学之一。我们既可以把社会人类学追溯到18世纪的欧洲启蒙运动，又可以把它追溯到那些伟大的科学探索活动，这些科学考察因求知欲与发现全世界自然和人类的理想而改变——想一想欧洲人展开的前往布干维尔（Bougainville）的环球旅行和对太平洋的探索。更加令人信服的是，社会人类学还可以追溯到文艺复兴和16世纪，那时对美洲的发现在欧洲打开了追问人类多样性的道路，这使得上帝"按照自己的形象"创造人类这一来自天主教的观点陷入窘境。

我们在此选择将社会人类学追溯得更远，一直追溯到公元前5世纪的古希腊，这是因为社会人类学诞生于初代民族志书写者，而历史学家希罗多德便从民族志中得到启发，用散文体

12 来撰写他名为《调查》（*L'Enquête*）的著作。民族志强调对行为的“直接”观察和对叙述的倾听，但它并没有孤立于其他调查方法，诸如历史学家偏爱的对史料的评注和考古学家专属的对物质材料的分析。一个观察和试图理解的见证者与他所感兴趣的人相遇，我们很容易从与之相关的叙述中辨认出民族志的所在。而他们相遇的历史正是我们要在这里回顾的，这是一个从文化接触中诞生的历史，也是一个调查方法的历史。这种调查方法不仅使我们认识到那些处于最远处的人们，还让我们认识到最接近自我的人性。这是因为对世界认识的改变，源自被专家们称为“偏离中心”（décentrement）的离乡经验，同时使得远方、近处以及熟悉物联结在一起。这样一种民族志学者的远观，在被克洛德·列维-斯特劳斯（Claude Lévi-Strauss）于1983年用于书名之后而变得有名，也使得对他者文化知识与对自身文化知识相互联系到同一个行动中来。

今天，社会人类学这一整体建立在民族志方法的基础之上，也就是说，建立在研究者亲自开展直接调查的基础之上，它不同于委派下级人员开展的调查，后者尤其被使用在社会学、政治学和经济学之中。在人类学中，则是由研究者亲自去接触他们所研究的组织中的成员。为了能够与他们进行交流，研究者通常要从学习他们的语言开始。然后在长达几个月到几年的期间内，研究者要观察他们，倾听他们，并且分享他们的生活。接
13 着研究者还要依据田野工作中记录下的田野日记来撰写他们的分析。在田野工作之中或之后的民族志学者是书写者，就像源自古希腊词源学并在19世纪初出现在所有欧洲语言里所强调的

那个词：*graphein*，书写；*ethnos*，处于他者之中的人。后者同样来自 19 世纪后期的 *ethnie* 一词，意指由文化来定义的人群。

“人类学”一词要更加古老。该词在法语中最早出现在 1516 年的诗歌中。作为自然史、道德史、哲学、地理学和语言学之外的知识分支，它来自另外两个古希腊词：*logos*，科学话语（区别于神话和舆论：*doxa*）；*anthropos*，没有种族、语言甚至是性别差异的人类（区别于动物和神祇）。自从 16 世纪以来，该词表述的是对普遍的人（l'homme en général）的研究，所谓普遍的人，从该词诞生至今在世界各个区域都被认为是指生理层面与社会层面的总体。自从 18 世纪的德国、19 世纪末的英国和法国以来，这种研究就被划分为几个专业：人类的生理层面成为体质人类学的专属，人类的起源属于史前史的范围，区别于“史前”人类的“当代”人的生理和社会维度最终变成了社会人类学的研究对象。社会人类学也与 19 世纪末诞生的社会学十分相近。

职业化之前的人类学的历史就是文化接触的历史。两个互不相识、语言不通、生活方式迥异的人群之间的接触很难被归 14
因于偶然。他们处于远距离和长时段的间断关系中，然而物品、信息以及图像、原型和象征却在其中流转。商贸、礼物的交换和声称相互保护的不同部落，正是载有意义和情感的接触良机。他们其中的一些接触也会退化成武装的暴力。但是我们可以在每一个群体中找到中间人（intermédiaires），他们懂得对方伙伴的语言和文化，也知道如何表现使得接触更加顺利。当他们将他们的知识写下来，这些专家就成了民族志学者，从而开启了更具普遍性的反思道路。

这些文化接触引起了两类相辅相成的反应：发现世界的品味和见证自我的需求。从此以后，这些回应不再被视为偶然。它们不仅与各个群体之间的历史关系相连，还与社会地位与见证者的经验相关：在不同的关系中，人们得到或失去了什么？人们是否在个人层面被尊重或者羞辱？人们是否有被违背承诺的体验？这就是我们为何要追随远方世界探索者和近处知识掌握者的原因，对世界的发现开启了对身份的探索。

对发现的品味刻画出了那些伟大的旅行者和探险家们的特征，他们来自各个文明和大洲，不过正是伴随着欧洲的霸权，见证自我开始变得必要。对此最初的记载要追溯到 16 世纪西班牙占领时期的美洲印第安人。此后虽然许多民族志学者在 18
15 和 19 世纪参与到了科学探险中，但一直要到第一次世界大战时，我们才看到民族志的职业化：布劳尼斯娄 · 马林诺夫斯基（Bronislaw Malinowski）于 1914 到 1918 年之间被迫逗留在特罗布里恩德岛（Trobriand）的土著人当中，这业已成为远方民族志的标准范式。20 世纪末，去殖民化之后欧洲向自我的后退，面对原始初民消失时人类学家的罪孽，以及这些原始初民对追寻自身知识的抗争，这三重历史现象的汇流，再次使得身份调查和针对周边的民族志兴盛。

发现他者和见证自我，这两种态度确立了两种互相不同但又互为补充的民族志方法。第一种是重回“出于熟悉化”（par familiarisation）的民族志，要求跨越与土著人面对面时的相互距离。第二种是“出于距离化”（par distanciation）的民族志，要求必须摆脱相互之间的亲近性。

相比于自然科学和生命科学，人文科学同样受到伦理问题的冲击，这一问题在20世纪下半叶第二次世界大战接近尾声时，伴随着欧洲的纽伦堡审判被提了出来，随后又在1932年美国亚拉巴马州的塔斯基吉梅毒实验（Tuskegee Syphilis Study）丑闻时的公民权运动中得到强化。纽伦堡审判公开了某些在集中营中对俘虏开展科学实验的医生的罪行。在长达四十年的塔斯基吉梅毒实验中，患有梅毒的黑人农工被分为两组，一组接受必要的治疗，而另一组则不被治疗，这一实验的目的在于研究治疗与否对疾病发展的影响。在这两个案例中，医学变得完全不可宽恕：它以推动科学知识进步为借口，违背了希波克拉底医学誓词 16
（serment d’Hippocrate）。这些实验并不是晚近才有的。直到19世纪，医生们手术的对象通常是格雷瓜尔·沙马尤（Grégoire Chamayou）在书名中描述的“下贱的身体”，具体指死刑犯、被囚者、殖民地土著、所有不重要的人、疯子、残疾人，甚至是穷人。不同的是，如今这些行径已经在知识人群体中不被容忍，并且还要接受道德和法律的判决。

问题存在于普遍意义上：在何种条件下学者有权利去观察和他们一样的人？如果把人类视为科学的对象，那么如何追寻科学的目标而又不否认人类的主体品质呢？这些问题在所有的人文科学、生物科学和有关社会的科学中都被提出，社会人类学就属于关于社会的科学之一。事实上，所有对人类的观察都提出，在学者和那些20世纪以来常被称为“小白鼠”的实验对象之间保持“适当的距离”的问题：一方面，为了避免自省而带来的自我中心主义，当然不能离得太近；另一方面，为了不要忘记人性的共通之处，又不能离得太远。

由此，民族志调查和人类学的特性在于对人的观察，这种观察经由与活生生的人相遇，这些人有办法拒绝调查者的出现或者不情愿去配合，甚至只是简单地保持沉默，这种特性将会贯穿于本书之中。与历史学家、考古学家和语言学家不同的是，民族志学者完全依赖人，这些人既是他们的研究对象，又
17 是他们的研究伙伴。考古学家主要研究骨骼，历史学家着重研究文献，语言学家研究文本和录音，而民族志学者研究的是有骨有肉的人，民族志学者需要与他们交谈、讨论、协商、面对、对质不同的观点，并且生活在他们的部分时间里。

在民族志调查中，为了时刻不忘所研究的对象是与自己一样的人，观察者不应该离得太远。这不是一个理论问题，它涉及民族志学者出于熟悉化的能力将拉近距离，使得观察者参与到人际关系中去，甚至建立友谊。观察者与一些成为报道人或者同盟者的当地人建立合作关系，这些当地人可能会得到报酬，也可能没有报酬，他们的职业规范依据不同的历史时期而改变。这还会给其他调查对象带来顺从、主导和恐慌的关系。有时一些当地人避免见到观察者，或者拒绝去接受他们。观察者同时也不能离得太近，否则，他们的智识将会来自自省，从而与当地人无异。这就是民族志学者所需要的分离的能力：他们研究周围的人，有时候甚至研究自己，通过将学科和能力作为客观工具来保持距离，这种距离化带给民族志学者针对不同文化的目录学知识。

需要跨越的文化距离，不仅是地理上远离的效果，更是社会意义上远离的结果。重要的是民族志学者在田野中以及面对调查对象时的远离感或者熟悉感。自18世纪以来，由欧洲人完成的对欧洲的民族志，难道在本体论层面上不是区别于对热带或者极地的民族志吗？我们却往往把学科过多简化为后者。 18
1828年巴尔扎克笔下的朱安党人（les chouans），1913年社会学家罗伯特·赫兹（Robert Hertz）调查的山中居民，在他们的观察者看来，丝毫不亚于俾格米人（les Pygmées）的陌生，甚至是“初级”。

即使是在人类学学科内部的交流，也会面临出于熟悉化与距离化所产生的不同结果。这种交流有时是十分困难的。谁能更具合法性地去谈论文化？是出于距离化成为人类学家的这个文化的代表者？还是处于该文化之外却通过熟悉化而成为的人类学家？来自大都市的人类学家能够研究新喀里多尼亚（Nouvelle-Calédonie）的卡纳克人（les Kanaks）吗？当法国和加拿大的人类学家去奥克兰研究新西兰年轻的毛利人，当一个出身于毛利人的人类学家怀疑他所研究的是否是真正的毛利人，他们是否可以一切如常？这是科学的悖论还是身份追寻的化身？一个研究处于残疾状态的群体的人类学家，是否可以声称自身既无残疾又与残疾人的世界毫无关联？

这些就是在21世纪初撼动学科根基的诸问题，它们替代了20世纪末的那个如针扎般的问题：人类学是由欧洲人写给欧洲人看的殖民地科学吗？当全球范围内的非欧洲的人类学家出现时，这种诘问就已经被化解了。巴西的人类学家研究巴西，舞

者对舞蹈进行人类学研究，残疾人对自己的群体进行人类学研
19 究，这将会成为当前的风气吗？经由熟悉化而完成的民族志过
时了吗？这几乎不可能，在不同文化间的民族志式的往返，仍
然是认知自我和他者的动力。

民族志学者从不单独工作。民族志调查中的分工，在物质和概念的双重层面上，要求重新认识人类学知识建构中本地人所从事的部分。这同样也要求打破民族志学者与当地人之间过于简单的对立。民族志学者的世界依据国家和职业划分阶序，而当地人的世界则历经冲突，这种冲突有时是很暴力的。对于今天的人类学而言，以往那种摩尼教式的文化接触已经过时了。殖民化既不是给低等人群带来文明的“善”，也不是摧毁地方文化的“恶”，而是在当代这样一个不时被视为“后殖民”的世界中，处于社会转型时期的重大复杂事件。

在 19 世纪，尤其是当欧洲去探索它们的四邻时，欧洲自视
为世界的中心。将人类学化约为欧洲人对远方人群的好奇心，
这种做法切断了人类学与其他三张面孔的关联。第二张面孔在
于远方人群对欧洲人的好奇心，例如蒙古帝国的皇帝对马可·波
罗时代西方旅行者的关切。在那些面对四邻的欧洲人中，对自
我身份的追寻呈现出了第三张面孔。而远方人群直面欧洲人
时，则展现了第四张面孔。但是，既然那些与欧洲人无涉的文
20 化接触也必须重复同样的论证，那么就仍然存在其他的层次。
从中国、印度和非洲的角度看见的世界历史，的确是有待 21 世
纪的学者从事研究的广阔领域。

事实上，早期的百科全书式的综合性描述在严格意义上并

非完全是欧洲的，而是来自古希腊和穆斯林（第一章）。直到13世纪，相比于世界上的其他地区，欧洲较少与长距离贸易、外交和战争相关。举世闻名的动荡时期促进了对他者文化和欧洲自身文化的反思。这正是在希罗多德笔下远征波斯时期的古希腊的情形。这也是伊本·赫勒敦（Ibn Khaldûn）笔下伊斯兰教扩张至印度尼西亚的情形。21世纪就属于那些有助于对文化身份产生质疑的诸多动荡时期之一。

伴随着15世纪末欧洲人到达美洲，一个纯粹是欧洲式的人类学诞生了（第二章）。对新大陆的发现，不仅重新质疑了《圣经》中人类记载的信仰，还质疑了那些不断重复直至使人烦扰的古代神话。在同一时刻，对南、北美洲的印第安人而言，无论是否有欧洲传教士的帮助，征服带来的暴力回向他们自身。于是，从事人类学的三大途径由此产生：首先是出于熟悉化的离群索居的民族志，这主要由欧洲水手和牧师们从事；其次是集体的民族志，其中欧洲的传教士将印第安人视为翻译、同盟和报道人；最后是独自进行的出于距离化的民族志，这主要由印第安人中的知识人群体从事。

在17与18世纪，对全球地域的系统探索，引发了围绕全 21
世界的大型远征，其足迹一直到达大洋洲与澳大利亚（第三章）。按照纯粹科学的目标而改变，这些远征建立在自然科学和人类科学区分阙如的基础上，接着它们推动了自然科学与社会科学的分离。当时的自然科学正处于快速巩固阶段，而由于旅行家－民族志学者与那些呈现本土虚拟话语的所谓“启蒙哲学家”（philosophes des Lumières）之间关系恶劣，当时的社会科学是残缺不全的。法国大革命及其在人群中传播的平等思想，都促使了这些无论是欧洲的还是异域的社会科学取得重大进步（第四章）。但是，这些进步很快就被19世纪出现的新话语覆盖，这些新话语一开始是关于人类种族，随后则是对人类颅骨研究的兴趣。当生物学通过达尔文追寻自身的进步时，社会科学却受到了对中非的探索和主要出现在非洲大陆的殖民竞争的冲击（第五章）。

直到19世纪末期，人类学才像生物科学那样完全获得了自主性。经验的发现、理论的想象和大型民族志博物馆的兴盛，所有这些引发了知识界的欢腾，使得人类学在1885至1937年之间进入到它的黄金时代（第六章）。20世纪的后六十年更是充满了戏剧性的复兴。第二次世界大战波及了人类学，当时人类学的推动者处于意识形态战争的前线，有时这些战争非常短
22 暂。不久之后，去除殖民化的战争鞭打了欧洲人类学，接着越南战争则冲击了美国人类学（第七章）。在1968年一场深刻的反思性危机之后，人类学自90年代起重新与欧洲以及世界的其他地区和解，欧洲从此成为人类学的主要研究对象之一，在世界的其他地区从此也出现了著名的人类学家。对自我的见证和对他者的发现似乎最终合二为一（第八章）。

人类学长期以来一直分为他者的人类学和自我的人类学，对这两大人类学流派的批评，打开了这一学科的新纪元。人类学在法国公众中的知名，尤其归功于列维－斯特劳斯，他于2009年去世。而他能成为他者人类学的诸多代表之一，这归功于2006年开放的旨在展现非西方艺术的巴黎布朗利河岸博物馆

（Musée du quai Branly）。在法国，远方的人类学要比近处的人类学更加著名，后者似乎仍在揭示地方的博学，这种博学局限于展示业已消失的乡土或工业社会的小型怀旧博物馆中。然而，针对西方社会的人类学如今已占据了国际舞台的前列，成为对不同社会和不同层次的独立性充满兴趣的工作。我们可以期待新建于马赛的欧洲和地中海文明博物馆的开放，能够通过给予公众针对近处的人类学的新形象，从而使得以往的趋势翻转过来。新的博物馆尤其可以促使人们反思处于密集文化接触时期的集体归属，特别是 21 世纪给我们带来了极好的例证。 23

为了思考普世的人类学（anthropologie universelle），我们尝试把关于田野的民族志摄影并排放置，它们分别是 1918 年太平洋小岛上的一位来自波兰的英国教授马林诺夫斯基（见图 1）；正在和来自乡村的士兵一起考察战壕的法国军官罗伯特·赫兹（见图 2）；1956 年担任阿尔及利亚一所医院主任的来自安的列斯的精神病学专家弗朗兹·法农（Frantz Fanon）（见图 29）；1979 年一位在美国生物学研究室的法国人类学家。

因为人类学的目标在于整个人文性，而不仅仅是野蛮人或初级社会，在这个意义上，法国的士兵就像特罗布里恩德岛上的土著人一样，跨国公司的老板就像他的工人们一样，有国际影响的政治人物就像他的地方选民们一样，医生就和病人一样，教师就和学生一样，投机商就像那些无家可归的人一样。换句话来说，人类学的目标是要将研究对象变为普遍意义上的土著。

这本小书希望能给读者们带来社会人类学的当前形象。我打赌人类学史可以充当专家与大众之间的桥梁。这种历史对于人类学家自身来说非常重要，因为他们可以在此收集文献，获取参考和提供范式，他们也正是在此团结成一个超越争执与对立的科学共同体。这种历史也可以使得公众懂得民族志自古代以来缓慢的科学认知过程，这种过程依赖于在不同文化
24 间产生接触的语境。如果这种语境自 16 世纪起被标记为与欧洲权力意志相关的暴力和破坏，认知的建构同样也展现了一种对所有权力意志的批判，并且能够有助于与之斗争。社会人类学远不是一个针对过去的或者朝向过去的科学，它绝对是一种关于现在的科学，一种面向未来的科学。这至少就是这门学科的代表人物们所珍视的，他们拒斥嗜古的思潮中那种怀旧与忧郁的特性，而这种特性仍然广泛出现在当前欧洲的媒体和想象中。①

---

① 为了利用学科和观念定义的进步之处，我们将系统地使用当前科学的术语。经由约定，我们将始终使用“社会人类学”来描述同样被称为“民族学”和“文化人类学”的这门学科，除非这一用法有产生含混不清之虞。而为了展现历史语境的重要性，我们将使用过去的术语来描述被研究的人群。民族志学者 - 当地人的对立，使得我们可以区分是回到观察（民族志）还是回到被观察的人（当地人），其中包括了当地人本身就是学者的情况。

第一章

在欧洲霸权之前

25 眨眼只是眼皮的抽搐还是一个复杂的信号？微笑是友好还是怀疑的标志？在另一种文化中，如何区分遮掩不适的笑、表达愉悦的笑和带有讽刺的笑？穿着白衣，是像在欧洲那样寓意纯洁，还是像在中国那样代表葬礼？大声说话，是开心还是生气的标志？

在某些情况下，解释的错误可能会带来决裂、暴力甚至死亡，前往未知国度的第一代旅行者有时就充满了类似的经验。这就是为什么长途跋涉的商人、征战的士兵和国王的使节总是要求助于中间人－翻译者（intermédiaires-interprètes）的原因。在十字军东征时期，我们把这类人用法语称为“代话人”（*truchements*）；在奥斯曼帝国，这些被称为“通译”（*drogmans*）的人往往还带有外交任务。这些翻译者不局限于转译话语，还知晓文化规则，从而避免做出愚蠢的事情来。作为旅行者与接待他们的人之间的中介，他们属于第一批民族志学者，并且或近或远地进行描述和记录，也正因如此，他们所接触到的文化才可以向其他的文化开放。在这些记录中，希罗多德的《调查》就是第一个知名的例子：翻译者与中间人在这本书中为数众多。

| 为雅典民主服务的波斯知识

26 作为希波克拉底医生的同代人，希罗多德是除了哲学家苏格拉底与剧作家索福克勒斯与欧里庇德斯之外，使得古希腊尤其是公元前 5 世纪的雅典城邦变得伟大的人物之一。希罗多德被视为历史学与民族志的创始人，他把波斯关于远方人的知识传播给雅典与后继的欧洲。他出生于公元前485年的哈利卡纳索斯（Halicarnasse），这是一个坐落于如今土耳其一端的小亚细亚的古希腊城市，当时被波斯统治。经过一个世纪，波斯帝国一直扩张到印度、埃及乃至阿富汗（见图3）。似乎没有什么可以阻止它向外扩张的步伐。在公元前480年的萨拉米斯（Salamine）大捷时，波斯军队被古希腊城邦同盟击败，希罗多德就是生活在这一时期。

当时，希罗多德还是一个孩童，关于这场战役的叙述伴随着他的成长，这给他带来了矛盾的情感。他享受古希腊胜利的喜悦，但这场胜利并没有将他居住的城市从波斯的奴役中解救出来。同时他也很欣赏哈利卡纳索斯女王阿尔特米西亚一世（Artémise）的计谋和英勇，但后者却为波斯军队征战。希罗多德随后加入到公民群体那一头，起来反抗仍然与波斯结盟的阿尔特米西亚一世的继承者。希罗多德的叔叔在这场反叛中战死，而他自己因为年幼被判处流放。公元前454年，当希罗多德三十岁时，哈利卡纳索斯才最终成为一个与雅典结盟的自由城邦。

正是在这里，在雅典，希罗多德定居下来并且得到一笔针对他写作的资助，他以散文体书写的长篇叙事，古希腊语的题
名为 *Historia*（《历史》），如今在法语中被翻译成 *L'Enquête* 27
（《调查》）。这一对历史和人文地理的反思，建立在希罗多德在他被流放的二十余年路程中所搜集的文献汇编的基础上。

通过撰写《调查》一书，希罗多德首先希望能刻画出古希

腊和波斯相互对立的战争的足迹。如他所说，他想要传扬“或是由古希腊人或是由野蛮人完成的伟大功绩”（古希腊人将所有不会说古希腊语的人称为“野蛮人”，在他们眼中，人的区别来自语言而不是种族或文化）。说到该书的辉煌成就，希罗多德的这一作品属于荷马史诗的传统，这是一种歌颂神灵参与其间的古代历史的史诗叙事。但希罗多德又因其对现实的兴趣而明确地与荷马史诗的传统进行区分，他不但关注米坦亚的战争（这一名字来自米坦亚王国，它是波斯帝国的主要联盟），而且追寻一种包括所有已知世界的普遍的历史。最终，希罗多德系统地把一手材料转述成自己的叙事。令人担忧之处在于他所遵循的方法留下的痕迹，或者说在于一种为了使人确信历史真实性的修饰手段，这与他的史诗及诗意的修辞之间产生了断裂。

《调查》是关于现在与离现在较近的过去的历史，是一个普遍的历史，也是一个文献的历史。这就是希罗多德虽然被批评为野蛮人之友并且经常具有夸大和诡诈的一面，但他自古罗马时期起就被视为现代术语意义上的历史之父的原因所在。

希罗多德：历史学家还是民族志学者？

28 今天当我们阅读《调查》一书中的许多段落时，相比于历史学家，我们更加可以把希罗多德看作一名民族志学者。他自己亲身去旅行，去观察；而当他没有这样做时，他也熟知那些旅行者，他引用了他们各自的见证。像希罗多德一样，那些旅行者常常是为波斯人服务的亚细亚希腊人。

希罗多德从被视为第一批民族志学者的“报道人”那里编纂知识。为了理解希罗多德对待他们的态度，必须记得哈利卡纳索斯这座古希腊城邦曾经给波斯政权提供了众多合作者。希罗多德的父辈们面对的是一个特殊的历史环境：萨拉米斯大捷给予了他们摆脱波斯奴役的希望。尽管出于自愿或者被强迫，他们有些也是奴役他人的行动者。通过比较，希罗多德认识到了流放的珍贵，因为这不需要受到权力的牵引或监视。他慢慢品味旅行的自由，但他也没有忘记他那些可能被视为替波斯权力服务的间谍的前辈们，因为他们一旦被曝光就会面临死亡的风险。

面对他所描绘的文化，希罗多德展现出了非常接近职业化风气的态度，换句话说，一种类似于当代人类学家的集体道德：描述风俗的多样性并且拒绝将他们划分等级。这种我们今天称为“拒斥民族中心主义”（refus de l’ethnocentrisme）的态度，在于对相信自身文化高于他者文化这一观念的明确而自觉的拒斥。需要注意的是，这不是一种专属于希罗多德的纯粹个人化的态度。恰恰相反，它多次显示了这与当时波斯帝国中的统治模式有关。在征服了如此众多且不同的人群之后，帝国要试图通过它的宽容来确保它的王权（见图 4）。 29

为了强调这种文化宽容的政治命令，希罗多德选择了两个相对立的例子：冈比西斯二世的“疯癫”与他的继承人大流士一世的“睿智”。第一位，冈比西斯二世由于他的疯癫之举将帝国置于险境，而他的统治也只延续了七年。他通过摧毁和嘲讽他试图征服国家的风俗，系统化地使神庙与埃及诸神祇变得世俗。而接续他统治了三十六年之久的大流士一世，因持有“每个人都视自身文化高于他人”[①]的观念而产生了正面的政治效果。以下就是希罗多德试图证明大流士一世的睿智的故事：

> 一天，大流士一世把在他宫殿中的希腊人都召来，并询问他们给多少钱，他们便会愿意吃掉他们亡父的尸体，人们一齐回答他，无论给多少钱，他们永远都不会这么做。大流士一世接着又召问被他称为伽腊迪（Callaties）的印度人，他们则回答会吃掉他们的父母。在希腊人面前（召见中有一位翻译），他正要问给他们多少钱就能让他们去焚烧他们亡父的尸身时，印度人听到了大声尖叫，并且急迫地恳请不要说出亵渎神灵的话来，这就是风俗的力量。在我看来，品达（Pindare）在他的诗中把风俗称作世界的女王（reine du monde）是非常有道理的。

30 希罗多德在此毫不含糊地持有帝国权力的视角，他把这种视角看作是有效且公正的，因为在他眼中，在成为科学的德性之前，宽容是统治的一个原则。在意识到风俗的区别和平等的合法性之后，被翻译们围绕其间的大流士一世皇帝强迫他的封

---

① 此处对希罗多德的引用，出自安德里·巴尔盖汇编的希罗多德《调查》（Hérodote, *L'Enquête*, Paris, Gallimard, 1964）。同样可以参考弗朗索瓦·阿赫托戈（François Hartog）的《希罗多德的镜子：论他者的呈现》（*Le Miroir d'Hérodote. Essai sur la représentation de l'autre*, Paris, Gallimard, 2001）；以及阿纳尔多·莫米里亚诺（Arnaldo Momigliano）的《野蛮的圣哲》（*Sagesses barbares*, Paris, Gallimard, 1979）。

臣们互相给予平等。此外，大流士一世和他之后的希罗多德以葬礼作为例子并非出自偶然。吞噬、焚烧、掩埋、制成木乃伊和展示：在每一个文化接触的阶段，我们都会发现代表一种非人性的风俗的丑闻，其中最令人厌恶的是对人体残余的仪式性消耗，这被称为“嗜食人肉”（anthropophagie）和“同类相食”（cannibalisme）。大流士一世试图“中性化”这些术语意义上的区别。

民族志与人类学已然存在于此，在这种对他者风俗的认知与尊重之中。因而，在这个意义上，民族志不仅仅是一种治理的科学，它同样也是一种战争与征服的科学。它确实带有情报和探索的实践行径：大流士一世为了临时性的攻击而派遣间谍，同时也为了远征而派遣探险者。希罗多德之所以庆祝，并非因为征服，而是因为探险带来了知识，他说：“在亚洲，我们所得到的知识要归功于大流士一世。为了知道可以发现鳄鱼的印度河的尽头，他将舰船委派给对他忠心耿耿的人们，尤其是卡尔扬达（Caryanda）的西拉克斯（Scylax）（此人是希罗多德的同代人与同胞）。这些探险者从卡斯帕底洛斯（Caspatyros）的城市和帕克底斯（Pactyes）的国家出发，在
河流上朝着晨曦与日出的方向行驶到大海……这次长途旅行完 31
成之后，大流士一世征服了印度人并且使得他的船舰出现在他们的海洋上。”

另外一些方式也可以增长关于人类社会多样性的知识。为了学习语言而把他们所有的年轻人委托给古希腊人的埃及人，对于古希腊汲取关于埃及的知识起到了主要的作用。这些中介

者在不同情况下冒着不同的风险：间谍冒着被揭发的风险；探险者则冒着在转移期间被杀的风险；斯基泰（scythes）的旅行者们出现在古希腊的北部，他们从没有被波斯征服过，对于他们而言，风险在于他们的文化被消除，毕竟古希腊的内在知识对于他们的同胞来说是危险的。

希罗多德通过两个简单的旅行者特别具有教益的故事来展现这种冒险。第一个是斯基泰的阿纳卡尔斯（Anacharsis）的故事，他生活在公元前 6 世纪。阿纳卡尔斯被古希腊人视为七圣人之一，并且还是王室家族的一员，但当他从古希腊诸城邦广泛游历回来时，却被周围的人因为他庆祝来自古希腊的仪式而杀死和背弃。在希罗多德眼中，阿纳卡尔斯是作为“人们采纳异域风俗的牺牲者”而死的。在他周围的人眼中，阿纳卡尔斯已经不再是一个斯基泰人。“如果今日有人向他们提及阿纳卡尔斯，斯基泰人就会声称并不认识他，这完全是因为他在古希腊诸邦中游历并且遵循了异域的风俗。”

第二个故事来自西莱斯（Scylès），他并不是一个旅行者，但人们称他为“文化混血者”。身为斯基泰国王和一位来自伊斯特拉（Istria）的古希腊女子的儿子，西莱斯的母亲“教导他学习古希腊的语言和文字”，他随后管理所有斯基泰人，但
32 他“觉得生活毫无欢愉，而他所受的教育让他更加欣赏古希腊的风俗”。由于同他手下的士兵参加对古希腊神祇狄奥尼索斯（Dionysos）献礼的游行，西莱斯被当场捉住，他的兄弟因此将他斩首。

对于西莱斯或者对于讨论西莱斯的希罗多德来说，重要的

不是与古希腊之间生物混血的血缘关系，而是超越文化的隔阂。在这种超越中，语言的知识被视为采用异域风俗和宗教的前奏。

被希罗多德视为“最不进化的人群”的斯基泰人，是应当遵循自己风俗的游牧者和牲畜饲养者。如果他们的领导者四处游历，他们就面临失去对斯基泰风俗忠诚的危险，这些风俗是斯基泰人面对技术上更加进化、组织上更加有效的敌人时唯一的武器。对于斯基泰人来说，涵化（acculturation）因而是一种恶也是一种背叛，因为这将使他们冒着失去力量来源的风险。希罗多德敬佩他们，因为他们知道如何“阻止所有的背叛者，避开这些人或是找出这些人。这些斯基泰人既不建造城市也不建造堡垒，他们带着家四处迁徙，他们是弓箭手和骑兵，他们不耕种而以食用家禽为生，他们有自己的用于居住的车驾：那么他们是如何变得既所向无敌又不被征服的呢”，正是他们的生活方式保护了他们。于是，斯基泰人为了自卫，便去惩处尤其是像阿纳卡尔斯和西莱斯那样来自“王室”家族的、在政治上重要的旅行者。

然而，这些斯基泰人同时也是商人，他们也需要翻译者： 33
语言的多样性曾经是亚洲开放的大型市场的准则。因此，为了描写阿尔吉贝人（Argippéens），希罗多德解释道他十分重视他们自己的信息：“直到（这里），我们才充分知晓这个国家和它不同的居民，因为我们可以自如询问的那些斯基泰人和黑海的希腊人已经来到了这片区域。在这里的斯基泰人需要七位翻译者用七种不同的语言来处理商业事务。”

相反，希罗多德强调，在迦太基人（Carthaginois）和利比亚人（Libyens）之间的商业，就像我们称呼那些居住在非洲（见图 3）的人那样，需要经由翻译：

> 根据迦太基人的说法，在利比亚人那边有一个长期的据点，位于赫拉克勒斯纪念柱（Colonnes d'Héraclès）之外（今天为直布罗陀海峡）。他们抵达那里并且卸下商品，把这些商品铺开在沙滩上之后，便回到船上用烟柱来展现他们的到来。当地土著人看见烟之后，便来到海岸边，在沙上放下黄金意欲购买并且带走那些商品。于是，迦太基人走下来检查土著人的黄金，如果他们觉得黄金数量足以购买货物，就会收下这些黄金并且让土著人把货物带走；如果觉得黄金数量不够，他们就会转身回到船上等待。那些土著人将会重新带着更多的黄金再回来，一直到这些迦太基商人满意为止。据迦太基人说，一切都进行得十分真诚：他们在觉得黄金数量不足时便不会去触碰那些黄金，而那些土著人在迦太基商人没有收下黄金之前，也不会去触碰货物。

既然是这些迦太基人确定他们想要的黄金数量，这种无声的讨价还价完全掌握在他们的手里。他们依靠一些可理解的行为规范，这些规范超越语言和文化的界限：利比亚人接受交出
34 一定数量的黄金作为对商品货物的回馈（contrepartie）。然而，对他者的好奇不会超越相互交换的利益，这种利益实际上建立在不平等的同意基础之上。这涉及的是交流与接触的最初层次。

因此，希罗多德成为批评式的编纂者，他试图去检验不同中介转换消息的质量，他关注这些中介在他们各自位置上的困难。我们可以把希罗多德的作品视为向民族志致敬的结果，他所依靠的是这样的民族志专家：为波斯服务的古希腊探险者与间谍，售卖货物的商人，埃及、波斯和斯基泰的翻译者。希罗多德自身就是一个在特定时间内公正无私的旅行者，他不仅感到与这些人亲近，还需要他们。但是希罗多德以激进的方式进行革新，并且与知识、商业、战争和帝国的实用的目的论相隔绝，从而向古希腊公众传递一个关于人类文化多样性的公正的知识形态。这就是为何《调查》完全属于人类学的传统。经过广泛的传播，这本书向他的古希腊读者们提供了一个从属于复数的世界的意识，这个世界不仅由古希腊人组成，还有那些蛮族（波斯人与埃及人）和野人（斯基泰人和利比亚人）。对于语言、风俗，以及对于种族阙如的所有层次的强调，使得希罗多德的这本书成了社会人类学的奠基之作，尽管这种社会人类学在 18 和 19 世纪出现了自然主义的偏离。

然而，直到 16 世纪，希罗多德的作品并没有为欧洲的传
统所追随。相反，这部作品就像一本死去的文集，一份一直在
生产却从未被证实的传说的目录。不过，在希罗多德笔下有一
种轻盈，一种不仅针对叙述还关注叙述者的好奇，一种面对习 35
俗和风土人情的品味，这些都要大大地归功于古希腊人的乐观
精神，这些古希腊人击退了在数量和强度上远超自己的波斯军
队。必须要等到之后的几个世纪，欧洲才重新找回这种面对远
方人群如此的好奇心以及如此的乐观主义。

| 经验主义知识的退潮：中世纪的寓言与基督教哲学

从 5 到 13 世纪，基督教欧洲维持了文人式文化的交流，这先归功于修道院后归功于大学，但是这种维持以矛盾的方式为建立在观察和调查基础上的知识发展设置了障碍，后者就是现代字词意义上的人类学。学究们满足于从希罗多德和其他诸如老普林尼（Pline l'Ancien）那样的作家那里获取历史，并且强调他们书中异域的、怪异的和奇妙的特点。

让我们以寻找黄金的巨大蚂蚁的故事为例。根据希罗多德从波斯人叙述中获取的说法，来自沙漠边疆的印度人，也可能是来自喜马拉雅或西伯利亚，他们向波斯帝国支付他们部落的黄金，而这些黄金是从那些“比鸭子还要大”的蚂蚁的蚁穴里偷来的，而且只有骑着奔跑的骆驼才能从蚁穴中逃脱。这个故事长期作为一则寓言不断重复，似乎令人难以置信，欧洲文人圈因此抨击说这是希罗多德的编造。

不过最近的研究发现，在一本写于公元前 10 到公元前 6 世纪的印度史诗《摩诃婆罗多》（*Mahabharata*）中同样有寻找
36 金子的蚂蚁的故事。这本用梵语书写的书，使用了一个并非来自梵语，而是来自西伯利亚或是西藏的词，同时去描述珍贵的黄金和未知的动物。但这并不涉及蚂蚁，也谈不上大，还可能指的是旱獭或其他哺乳动物。希罗多德很有可能是古希腊语天马行空般翻译的受害者，这个术语从没有被翻译成梵语。这种混淆是有说服力的，并且可以揭露出对于疆界的兴趣——对于古希腊而言的印度和对于印度而言的西藏和西伯利亚——珍馐

与危险并存之地，这些被佚名的《摩诃婆罗多》和希罗多德的《调查》共同记载了下来。从此之后，但凡那些中世纪的读者回想到欧洲，这片真实的并且时而仍在开拓的疆界，就会重新成为神奇之地。

这种回想无疑源自公元 5 世纪野蛮人的入侵，对正在巩固的基督教文化造成的创伤。自公元 1 至 2 世纪起，基督教一度经由使徒传播到了非洲、中国和波斯，“使徒”一词来自古希腊语，意为“上帝派遣之人”，就像来自拉丁语的“传教士”一词一样。但是基督徒一度遭受罗马帝国残忍的镇压，从而成为“殉教者”，他们也出现在非洲。直到公元 4 世纪君士坦丁（Constantin）大帝登基，罗马才成为基督教国家。正是这个基督教罗马帝国摧毁了野蛮人的游牧部落。

担任希波（Hippone）（今日阿尔及利亚的安纳巴［Annaba］）主教的圣奥古斯丁（Saint Augustin），曾是这一入侵关键期的见证者：公元 410 年，阿拉里克（Alaric）和他的西哥特野蛮人发动了对罗马的洗劫。圣奥古斯丁撰写了《上帝之城》（*La Cité de Dieu*）来回应这一事件，这部基督教哲学奠基之作对基督教会和欧洲思想产生了巨大影响。该书为来自世界之外的救 37
赎辩护，也就是说，为了以下两种对象进行辩护：一是致力于道德与宗教价值的灵性生命，二是对追求舒适和此世利益的拒斥。将短暂与灵性对立，将此世的世界与转向超越的“上帝之城”对立，基督教在圣奥古斯丁之后，长期迂回于经验工作中的“求知的意志”（*libido sciendi*），并将其纳入神学中。

我们记得希罗多德来自小亚细亚，这是面向波斯与印度的开放门户。将近十个世纪之后，圣奥古斯丁从北非而来，在古希腊－拉丁文化中求学并受到迦太基衰落叙事的熏陶。迦太基是一个绚丽的城市，也拥有大量非洲地理网络的商行。从公元前 3 世纪起到公元前 146 年迦太基被摧毁之间，它甚至敢于在布匿战争（guerres puniques）中挑战罗马。在古希腊对战波斯获胜，以及它的城邦哈利卡纳索斯与雅典结盟的不久后，希罗多德撰写了《调查》。圣奥古斯丁在罗马陷落之时正在撰写《上帝之城》。希罗多德对非希腊人充满了愉悦或时而依恋的好奇心。圣奥古斯丁则既不对野蛮人的历史感兴趣，也不对罗马的历史感兴趣。相反，他写《上帝之城》是为了反对将天国变成凡间，而这正是西罗马帝国在他眼中的情形。

基督教“入世”与“出世”的生活之间根本的对立就此诞生了。此世，指的是地上的城市、世纪和虚荣。上帝之城，指的是出世的生活，修道院中的僧侣、孤寂的修士，以及基督徒在
38 出世的救赎中让信仰永生。

圣奥古斯丁的著作，提出了对人类历史的一种形而上学和神学的解读，激励了中世纪的学者去把人类学和历史学的知识封闭在《圣经》诠释学的严格框架之中。《旧约》包含了人类过去所需要知道的所有知识，它围绕三个重要的时间：最初，神创造了第一对人类夫妇：亚当和夏娃；大洪水时期，由于诺亚方舟，人类和动物的生命获得了拯救；最后，在巴别塔的建造期间，人类语言的多样性诞生。

对人类的圣经式的解读，将人类学转化成了两张面孔：一张强调人类物种的统一性，另一张强调他们语言的多样性。亚

当和夏娃的创造束缚了对人类起源的好奇心；巴别塔则束缚了对语言起源的好奇心；至于大洪水，它确立了人类的谱系，直到后来被美洲大发现给打乱，即诺亚（Noé）有三个儿子：闪（Sem）（“闪语族系的”［sémitique］这一形容词的来源）是犹太人和东方人的祖先，含（Cham）是非洲人的祖先，以及雅弗（Japhet）是欧洲人的祖先。这三个故事直到18世纪，共同建立了一个框架，束缚了去探索远方语言知识的好奇心。从中涌现出的都会变成传奇的想象：野人、巨人或独眼巨人都直接来源于自古以来不断被重复的传说，它们填补了人类的圣经式历史的空白。

| 使节和旅行

然而，中世纪是一个属于旅行者的世纪：商人、朝圣者和征 39
服者为数众多。但直到11世纪，西欧都是被征服者而不是征服者，它生活在对远方人的恐惧之中，比如东边的野蛮人和维京海盗。相反，其他大陆则建立起了向世界广泛开放的帝国：蒙古人征服前的中国、从7世纪开始扩张的伊斯兰，以及从8世纪起就连通了东、西方的蒙古帝国。还有被证实的从9和10世纪起最早的旅行记述，它们首先是欧洲之外的学者记录下的事实，比如一本用阿拉伯语撰写、出版于851年的匿名商业趣闻汇编《中国印度见闻录》（*Document sur la Chine et sur l'Inde*）。

从11世纪开始，西方的基督教国家将当时普遍和平的宗教朝圣转变为宗教远征，后者以十字军东征为名而被熟知。这一举措来自一个世俗或宗教的统治者，他倡导派出临时建制的武装部队从穆斯林或东方基督教手中夺回圣地。与穆斯林或东方基督教国家的彻底分裂，则发生于1054年。这些航行沿着同样的道路，以至于逐渐发展出了专门的指南。但在这些指南中，主要的还是提供实用建议，极少有对所遇到的人进行分析。

在世界尽头的使节

以民族志的观点来看，使节们的记述更加有趣。这些被派
40 遣的使节同样受到统治者资助，但后者要求使节回程后向他上交一份相对详尽的汇报，而汇报中描述的内容经常超出使节官方的动机所要求的范围。我们拥有一份使节的记述，该名使节于921至922年间被由巴格达的哈里发派往伏尔加河的保加利亚人那里。该任务由伊本·法德兰（Ibn Fadlân）执行，官方的目标是按照要求教导保加利亚人信仰伊斯兰教，但同时也要通过研究保加利亚人、俄罗斯人和周边人的风俗，来稳固商业路线。伊本·法德兰的汇报是一份真正的民族志的文本，文中描述了他所遇人群的习俗的多样性，特别是描述了一场奢华的俄罗斯婚礼。此外，他还叙述了其他令其印象深刻的遭遇。

另一个例子是纪尧姆·德·卢布鲁克（Guillaume de Rubrouck），他是一位方济各会的传教士，在1253年，他应法国国王圣路易的要求一路来到中国，并被派往成吉思汗的孙子、蒙古皇帝蒙哥大汗的行宫。蒙古人的征服要比这早几十年，这一征服长期地改变了中国、俄罗斯和穆斯林的社会。卢布鲁克此行的任务是让当下的大汗改信基督教。蒙古人在十年前就吞并

了基辅，并在五年后征服了巴格达。但还没有人知道，他们已经到达了征服之旅的尽头。教皇和法国国王力图理解这个蒙古入侵者到底是谁，因为他们梦想能与之形成反穆斯林的同盟。因此，近一个世纪以来，人们相信在东方存在一个基督教王国，神父让（Jean）的王国。这成了一个挥之不去却毫无根据的传说。

旅行使卢布鲁克得以收集有关蒙古人的习俗和他们对世 41
界认知的信息。返回后，他出版了《蒙古帝国行记》（*Voyage dans l'Empire mongol*）。

卢布鲁克在学习蒙古语的入门知识之前，先使用了一个土耳其翻译。他被熟知西方的蒙古朝廷礼貌地接见，那里有许多翻译。特别的是，他遇见了一个巴黎的金银器商人。这个商人是蒙古人的俘虏，同时也是皇帝的美术顾问。他还遇见了基督教聂斯脱里派（Nestoriens）教徒，他们充当欧洲语言的翻译和皇帝孩子的家庭教师，皇帝的一个女儿就是基督教徒。（聂斯脱里派教徒，即景教徒，是东方基督教派的继承者，他们在东方和远东人数众多，自 431 年以弗所主教会议后被西方教会认为是异教徒。）然而，卢布鲁克此次改宗的任务可能只是一个借口。在可汗组织了一场在一个穆斯林、一个佛教徒和他之间进行的演说辩论后，他的任务失败了。《蒙古帝国行记》中，卢布鲁克讲述他的辩术赢了佛教徒，并获得了穆斯林的掌声。然而，事实上三个人中谁都没有成功地说服皇帝。当时，这种在全球范围内知晓的关系，其关键既不在于对语言的了解（宫廷里已经有很多翻译了），也不在于对其他种族的好奇（这一概念似乎只存在于希罗多德的论述中），而在于宗教之间的竞争与文化之间的比较。

在 1287 年出现了一个相反的传教任务。拉班·巴·扫马（Rabban bar Çauma）是一个聂斯脱里派教徒，在使节卢布鲁克来访三十年后，被波斯的蒙古朝廷派往教皇那里。蒙古帝国
42 在当时分成了许多汗国。传教士拉班·巴·扫马能说波斯语和拉丁语，同时了解基督教国家、波斯和蒙古朝廷，这使得他的这次旅行比卢布鲁克的那次更加容易。他用波斯语撰写的旅行日记遗失了，但在 1887 年找到了一个古叙利亚语的缩减版本。

如同卢布鲁克和拉班·巴·扫马一样，曾有过许多蒙古和欧洲使节，但没有一个能缔结条约。他们的汇报展现了一种很强烈的陌生感和完全不存在的侵略性。因而，在 13 世纪末和 14 世纪，旅行记述慢慢成为一种很受欢迎的文学体裁。

在这一新的文学类型中，有两篇作品非常突出，它们的作者曾长期旅行并请求作家在其返回之后帮忙撰写旅途的记述，这表明了他们分享见闻的决心。

在相隔五十年后，马可·波罗（Marco Polo）的《马可·波罗游记》（*La Description du Monde*）于 1298 年出版，伊本·白图泰（Ibn Battûta）的《旅行与游历》（*Voyages et Périples*）于 1355 年出版。这两本书的出版揭示了包括欧洲、非洲和亚洲在内的世界的开放性。马可·波罗出身于威尼斯的一个大商人家庭，他在年少时就和他的父亲和叔叔出发远行了。他学会说和读蒙古语、波斯语和一点汉语（见图 5）。据他自己说，他曾在可汗的朝廷里担任过政治要职，可汗很赏识他的陪伴，

以及他作为一个有教养的欧洲人所提出的建议。他的记述，游移在骑士小说和地理描述之间，被翻译成欧洲所有语言，令他的同代人着迷并再版了多次。当克里斯托弗·哥伦布（Christophe 43
Colomb）于两个世纪后在他旅行携带的印本中做注释时，马可·波罗成了他的榜样。发现亚洲大陆为从海上发现美洲指明了道路，这至少是当时留下的对大发现的欧洲式传说。

然而，发现世界远没有成为西方基督教国家的专属。马可·波罗本身非自愿地成了蒙古帝国向欧洲开放策略中的一部分，因为开放策略依赖于翻译和中介。新颖之处在别的地方，那就是非传教的旅行者的存在，他们答应了邀约，但他们不顺从于任何人。这些人将其一生都献给了旅行，他们的生活奢侈，像王子一样在各处被接待。并且他们追求一种与众不同的事业，有时还被授予一定的文学荣耀。基督教徒和穆斯林分享了这种身份。因此，伊本·白图泰，一个来自马格里布西部的柏柏尔穆斯林，日常主要使用阿拉伯语和波斯语，他在二十八年间探索了世界。他的游历令人印象深刻，他走遍了中东、俄罗斯，以及蒙古统治下的亚洲、印度和非洲，最后是中国和印度尼西亚。他带回了大量的知识和分析，这使得他的著作成为对世界经验性认知的转折点。

出身于不同的传统，马可·波罗和伊本·白图泰很快变得同样有名。他们的著作共同被地理学家使用。这些地理学家自 1375 年起在《加泰罗尼亚地图集》（*L'Atlas catalan*）中重新汇集了基督徒商人和穆斯林学者的发现。

| 理论之书：伊本·赫勒敦

44 在穆斯林世界，这一类型的经验知识在一本伟大的理论著作中发扬光大，这就是伊本·赫勒敦（Ibn Khaldûn）从1378年开始撰写的《案例之书》（*Livre des exemples*），它的序言“历史绪论”（*Muqaddima*）尤为著名。

伊本·赫勒敦自身也是柏柏尔人，作为外交官和商人，他出生于突尼斯，死于埃及。他是一位旅行家，他在巴格达遇见过伟大的土耳其－蒙古的征服者塔梅尔兰（Tamerlan）。伊本·赫勒敦百科全书式的著作，是一本真正的全球历史的概述，全书围绕他在导论部分所阐述的原则展开，20世纪时这本书虽然在关于人类的科学领域曲高和寡，但还是被视作先锋性的著作。伊本·赫勒敦质询了穆斯林共同体与国家之间不断增长的分裂（见图6）。事实上，穆斯林社会承认宗教领袖却缺乏政治权威，除非他们在别处拥有政治领袖。伴随着传统的政治领袖皈依伊斯兰教，尤其是在印度尼西亚，不但政治权威与宗教之间不一致，而且越来越异质化的政治共同体与被认为整合的宗教共同体之间也不一致，这促使伊本·赫勒敦站在权力的视角去分析不同的社会，正是这些权力而不是有意识的领袖们推动着人类群体的前行。这里涉及的是一种社会学意义上的分析。建立一种与穆斯林信仰兼容的人类社会的科学意识，是作者清晰的计划。对于受到西方科学影响的人来说，这一点出乎意料。事实上，自从1633年伽利略被教会判刑以来，这些人相信科学只会建立在对信仰的反对之上。

为何这一杰出的著作诞生于穆斯林世界，而不是基督教世 45
界？这一个可能有点奇怪的问题，有机会将人类学从它的西方起源中解放出来，而历史学家卡兹斯多夫·坡米昂（Krystof Pomian）对此就有多种回答。与穆斯林学者相反，他在2006年出版的《西方棱镜下的伊本·赫勒敦》（*Iban Khaldûn au prisme de l'Occident*）一书中解释道，基督教学者与他们的神职身份相连，因此很难去超越神学，而神学限制了他们面对人类历史时的好奇心，就像我们在圣奥古斯丁的《上帝之城》那里看到的一样。此外，基督教世界是围绕王室与教皇的中央权力组织起来的，这些制度也限制了学者的革新能力，这些学者要为威权服务。最后，在基督教欧洲中可以看见对于国家的情感的产生，而穆斯林社会则面对一种更大的共同体，一种为解体的形式所苦的信仰者的共同体。自13世纪以来，伊斯兰教在取得上风之前，也长期受到蒙古帝国的攻击。不过，第二次的扩张，不仅与蒙古帝国的改宗有关，还与阿拉伯的贸易一直发展到印度尼西亚有关，以至于13世纪时直至中国的部分地区的人都成了穆斯林，这次扩张导致了不少没有解决的问题。社会与信仰的多样性、急剧发展的危险，以及穆斯林国家之间的战争都使他们变得脆弱。这也正是伊本·赫勒敦参与到这场何为人类根基的反思之中的原因。

在同一时期，当我们从中国观察起，世界的开放程度没有变低。一旦蒙古的危险消除，中华帝国可以重新找回扩大对外交流的愿望，正如我们可以看到1414年的宫廷画家绘制了长颈
鹿。中国的皇帝先是从孟加拉的宫廷中欣赏到长颈鹿，而这头 46

长颈鹿又是由肯尼亚的非洲王国提供的。随后，中国的皇帝希望获得这个动物，并且在长颈鹿被运至中国时，命人绘制了这幅画。这则逸事具有揭示性意义：与我们仍然在学校里教授的内容相反，对世界的开放与大发现并非欧洲的固有特征。

***

从波斯帝国到蒙古帝国，从希罗多德的《调查》到伊本·赫勒敦的《案例》，一种知识领域诞生了，那就是将民族志视为经验的调查，同时将人类学视为理论的综合，它们两者都见证了对跨文化相遇的反思。长期以来，我们都相信一个千年以来始终在自己的土地上停滞和封闭的社会形象。在这种形象中，第一波现代性偏爱简化它的过去，从而赞颂它的不同。然而，这种形象是错误的：古代和中世纪的不同时期，在世界的不同区域都留下了外部世界知识的印记。公元前 6 世纪的波斯征服、公元 1 至 5 世纪全世界的基督教化、7 至 8 世纪穆斯林的扩张、9 世纪维京人的航行，以及 13 世纪蒙古人的入侵，所有这些都伴随着一个社会中关于另一个社会的大量知识的产生与流动。

我们如何将探险与旅行转变为知识？观察首先具有实践上的必要性，它授权给中间人一种优势的地位；其次是一种专业的知识，它在这些翻译者群体与出现在每个探险世界中的旅行
47 者的团体中进行转化。为了可以在外部转化知识，就必须要根据复杂的过程和每次不同的方式，去接触到更大的群体：对于希罗多德来说，是传播知识的民主意志；对于 10 至 13 世纪的使节们来说，是公开而非秘密地服从权力的命令；对于马可·波

罗和伊本·白图泰来说，是旅行书籍市场的诞生；而对于伊本·赫勒敦来说，是对人类社会进行严肃反思的意识。

现代意义上的社会人类学，在欧洲霸权之前的这段时期就已经很好地存在了。它并不局限于欧洲对世界其余部分的知识，也不局限于以殖民支配为记号，而是以帝国或宗教共同体的支配为系统性的标志。然而，接下来对美洲的发现，就将长期地改变局面了。

第二章

美洲的发现

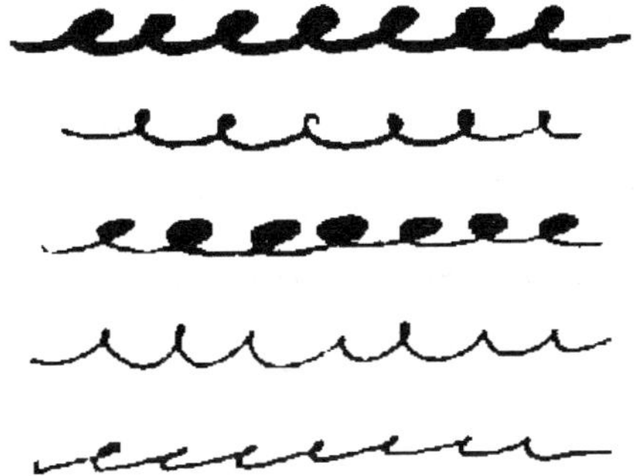

49 在15世纪，土耳其人在巴尔干地区的出现，以1453年东罗马帝国的首都君士坦丁堡的陷落为象征，它关闭了通往印度的传统道路。欧洲的旅行者们因而寻找通往亚洲的其他道路，尤其是海上之路。在1453年之前，多亏了小吨位快帆船的发明，以及在葡萄牙航海家亨利（Henri）的推动下，葡萄牙前往非洲的远航就已经拉开了对非洲海岸殖民化的序幕。但他们旨在绕过非洲重新通向印度的目标，直到1498年葡萄牙人瓦斯科·达·伽马（Vasco de Gama）的航行之后才实现。也正是在这一情境下，克里斯托弗·哥伦布于1492年发现了美洲。

欧洲人在美洲的出现，在人口和智识意义上的反响都是巨大的。欧洲在非洲遭遇了穆斯林，在东方遭遇了奥斯曼帝国，在远东遭遇了蒙古帝国和中华帝国。而在美洲，自16世纪之后，墨西哥的阿兹特克帝国和秘鲁的印加帝国都被摧毁，欧洲便在美洲开辟了一个无人竞争的地界。几个世纪以来，无论是在南美还是在北美的这块新大陆上，都发生了对美洲印第安人的屠杀，人口上的缺失则由黑奴贸易填补，黑奴以百万之巨扩
50 充了这片新世界的人口。伴随着美洲的发现，殖民化改变了自身的形式，对人类社会多样性的反思也被深度地更新。

直到20世纪的历史学家发现了16世纪的文献之后，美洲印第安人自身的应对才被详细地知晓。我们可以从中区分出三种态度：在一段观望期后，进行抵抗或不信任；立刻进行合作，并溯及之前的冲突；文化的涵化引发了愤怒，并开始寻找失去的身份认同。而在欧洲人这边，自1550年以来关于他们与美洲的关系，存在三大思潮，它们都服务于随后对其他地

区的发现模式（18世纪太平洋的发现和19世纪非洲中心的发现）：

（1）对欧洲人优越性的确认。这一思潮似乎一直都没有在学术界得到共鸣，而是在对征服感兴趣的群体内部得到了支持。这一思潮诞生于16世纪，最先出现在赛普尔韦达（Sepulveda）那里，在他看来，印第安人不是人类。

（2）对征服的批评。第二种思潮成了对殖民主义批评的模板，这种思潮来自16世纪的巴托洛梅·德·拉斯·卡萨斯（Bartolomé de Las Casas），他反对之前的做法并揭发了对美洲印第安人的屠杀。随后，20世纪的历史学家和人口学家证明了这场屠杀的真实性。由于粗暴的对待、疾病和社会的解体，美洲两块大陆的人口在六十年内只剩下了原来的八分之一。

（3）出于对远方的发现，而产生的对欧洲社会的批评。第三种思潮在18世纪构建了启蒙哲学家对太平洋的野蛮人的态 51
度，并且构建了20世纪社会人类学的一大部分态度。这一思潮诞生于16世纪，代表人物是法国哲学家米歇尔·德·蒙田（Michel de Montaigne），借助将美洲印第安人视为食人族的描述，他揭示了欧洲的宗教战争。

上述三种类型的思潮在某种程度上展现了美洲的发现对思维方式的影响。公元前5世纪，直接面对殖民地的波斯帝国，已经建构了针对不同文化的平等价值的复兴。13世纪，对远方文化的好奇心，伴随着蒙古帝国征服的策略。当美洲被发现之后，不再是帝国的创建者们掌握类似的文化相对主义，而是欧洲文艺复兴的知识分子们，他们或是像拉斯·卡萨斯那样参与到对美洲印第安人的捍卫中去，或是像蒙田那样参与到对欧洲文明的批评中去。面对上述情况，那些出于经济或政治的原因而拥护殖民主义的人，从中吸取灵感，形成了新兴的理论，这些理论建立在种族的基础之上。种族是一个诞生于16世纪的概念，其目的是让建立在武力之上的支配得以正当化和永久化。

| 从发现到征服

1492年是克里斯托弗·哥伦布第一次远航的年份，哥伦布是一位来自意大利热那亚的航海家，他之前已经说服西班牙国王资助他的计划。这位旅行者离开去寻找前往印度和中国的海
52 路，从而重新联结那些两个世纪前由马可·波罗抵达的地带。哥伦布在他前往远东的途中，登上了伊斯帕尼奥拉岛，也就是今天的多米尼加共和国和海地，此时，他出于偶然地发现了这样一块未知的大陆。同样在1492年，西班牙本土自发攻占了格拉纳达，这是西班牙对穆斯林的征服和驱逐犹太人的最后一步。那些犹太人受到阿尔罕布拉（Alhambra）法令的管制，如果不改宗，就要被流亡。信奉天主教的国王阿尔贡的费迪南德（Ferdinand d'Aragon）与卡斯提尔的伊莎贝拉（Isabelle de Castille）的联姻统一了西班牙，并且随后就展开了一场既是宗教意义上又是民族意义上的复仇。

在欧洲范围内，这种天主教的复仇只是短期的。当天主教刚从犹太人和穆斯林那里夺回西班牙时，新教改革又强烈地冲击了它，这开启了长达一个世纪自相残杀的宗教战争时期。这

里所说的自相残杀，就是字面上的意思，即便是血缘上的兄弟，在宗教上却成了仇敌。基督新教与天主教之间的分裂，开始于1517年天主教神甫路德对赎罪券的批判，赎罪券这种救赎财物竟然可以被那些犯了罪的人购买。路德与人文主义学者非常亲近，他自己用德语翻译了《圣经》，并且与其他天主教神甫们展开了关于语言使用的争辩，后者偏向使用拉丁语，从而维持神职人员们建立在信徒的无知之上的权力。

1562年之后的法国和1618年之后的德国，都开始了宗教战争，而在此之前，就已经有过一段较长的动荡期。欧洲对美洲发现的最初记述的接受，与不同团体造成的宗教暴力是同时的。与大西洋彼岸在时间上的巧合，展现了思考一个共同的世 53
界是多么的困难：1521年既是路德被开除教籍的一年，又是特诺奇提特兰（Tenochtitlan）衰落的一年。特诺奇提特兰位于今日的墨西哥，曾经是由蒙特苏马二世（Moctezuma）守卫的阿兹特克帝国的首都，1521年被西班牙人埃尔南·科尔特斯（Hernán Cortés）和他的印第安同盟征服。如此时间上的巧合，解释了欧洲人以自身社会的厮杀为棱镜，去阅读征服美洲的记述。当然在他们的眼中，自身的厮杀既是策略性的，又是更为现实的：以宗教的名义在欧洲进行杀戮。

在美洲，殖民的现象正在改变重心。先是在中部美洲和秘鲁的西班牙人，后是在巴西的葡萄牙人，他们在掠夺了比预期要少的财富之后，便强行夺取了土地租界，并且立刻就需要劳动力来耕种土地。不过，相同的现象在美国南部的殖民州中要产生得更晚一些，它出现在17世纪末一直到19世纪。

在之前的几个世纪，像在非洲的迦太基人那样，征服者能够满足于建立在海角的商行，在这里可以用当地的财富交换欧洲的货物。这其实也是哥伦布所追求的梦想：他寻找的是金子和香料，而不是对土地和人的支配。但是，欧洲人在美洲遭遇的社会，与他们自希罗多德以来就知道的非洲或亚洲商人不同。同时，这群对地位和土地贪婪的征服者，也与那些大商人
54 不同。南美洲大陆上曾经全是拥有基本技术的离群索居的土著，但他们很快就被与之相遇的欧洲人消灭了，或是被驱逐到无法进入的地界：深山或丛林中。南美洲大陆一度被三个富有的帝国统治，它们的财富搜刮于屈服的子民，这些帝国是：秘鲁的印加帝国、墨西哥的玛雅帝国和阿兹特克帝国。西班牙人享有了这些搜刮自屈服者的财富，不但摧毁了上述这些帝国，而且最终取代了它们。

欧洲的探险者们知道要依靠翻译，或者更广泛地说，要依靠文化中间人，但是他们并不信任这些人。被土著人接受的欧洲人很快就不被前者视为可靠的，而在欧洲人的眼中，那些受到涵化的土著人也始终被视为异类。当1534年法国的雅克·卡地亚（Jacques Cartier）第一次远航加拿大时，他曾说服了一个印第安人酋长让其部落中的年轻人学习法语。当他带着这些年轻的印第安人返回法国时，后者同意充当他今后在加拿大的翻译，他们受到了法国王室很好的招待。后来，卡地亚希望在这些年轻的印第安人的帮助下开发圣劳伦斯河（Saint-Laurent），因为后者可以说沿河土著的语言。然而印第安人酋长却想垄断这条河上的贸易，所以那些翻译们并没有被允许与卡地亚同

行。因此语言上的才能是不够的，它还要依靠政治联盟的运气。

主要的西班牙征服者科尔特斯远没有盲目地前行，他在使用翻译和获得联盟的艺术上成了大师。例如，他的首席翻译是一个西班牙海难幸存者，后者在上一次远航时曾被玛雅人接待过。不过科尔特斯还是更为依靠一个女人，她被叫作“玛琳切”（Malinche），是由玛雅人提供给科尔特斯的。这个女人的母语是阿兹特克人说的纳瓦特尔语（nahuatl），但她也懂得 55
玛雅人的语言，并且很快就学会了西班牙语。通过帮助科尔特斯，玛琳切为阿兹特克人和玛雅人的双重背叛而复仇，由于科尔特斯在不咨询她的意见之前都无法做决定，玛琳切索性来了一个一箭双雕。她围绕在科尔特斯周围扮演的角色是如此的重要，以至于阿兹特克人也把科尔特斯称为“玛琳切”：在一幅当地人绘制的展现了征服的画作中，画的是玛琳切处于科尔特斯与蒙特苏马二世国王之间，同时还有代表着互相之间对话的箭头（见图 9）。

玛琳切最终嫁给了科尔特斯，并且在她被后者抛弃之前，生下了一个儿子。此外，传说蒙特苏马二世把科尔特斯看成了一个神，而这也正是前者被征服的原因。最近，历史学家们发现，蒙特苏马二世成了科尔特斯一场阴谋的牺牲品，而这场阴谋是由玛琳切巧妙地实施的。

如今，墨西哥人对此感到非常矛盾。他们对玛琳切的态度既带有耻辱感又感到自豪，因为玛琳切代表了背叛者，助长了欧洲的征服，但她又是一个本土的强势人物（见图 8）。

| 从征服到争论

在欧洲人这边，对征服的观察者们很快就分成了两个阵营，
但他们都面临着所见证的叙述的冲击，当然这些叙述中有一部
分被发现只是传说而失去了可信度。欧洲人实施的屠杀是骇人
听闻的，同时也是相当失序的。一些征服者受到当地亲信的支
56 持，在战争之中或之外进行杀戮，他们日常的相遇似乎变成了
残酷而肆意的游戏。

第一个揭露和统计这些罪行的人是巴托洛梅·德·拉斯·卡萨斯，他是与哥伦布同行的伙伴的儿子。在1513年掌控秩序之前，他本身也是一个殖民地移民，并且受到在种植园中被奴役的印第安人体力羸弱的触动。然而，摆在他面前的，是欧洲人带着恐惧地记述了他们四处可见的印第安人食人的行为，而这也符合他们对上古时代人类的古老想象。于是，一个德国水手在1577年出版了他被图皮纳巴人（Tupinamba）囚禁的回忆，书名为《裸人、残暴者与食人者》（*Nus*，*féroces et anthropophages*）。许多见证者都在大范围内因以宗教为名的人祭而大感震惊，这种活人祭祀出现在秘鲁的印加文明和墨西哥的阿兹特克文明中。人祭和食人在欧洲人的眼中，都成了印第安人惨无人道的证明。

从一开始，对美洲印第安人的屠杀就被视为历史上独一无二的事件，而它的责任完全落在欧洲人的身上。1542年，巴托洛梅·德·拉斯·卡萨斯就已经解释道，欧洲人在美洲四十年的存在，导致一千二百万至一千五百万名印第安人死于战争和

压迫。20世纪的人口学家甚至还将死亡的人数提高。他们估计在克里斯托弗·哥伦布1492年抵达之前，有八千万人居住在美洲，而到了1550年，只剩下了一千万人。除了战争和压迫，大部分的死亡也被归咎于疾病。

不仅是在美洲当地，还在被征服直接波及的其他地方，尤其是在西班牙，在查理五世的皇室和教廷所在地罗马，没有一个人对欧洲人与美洲印第安人的相遇是冷漠无视的态度。美洲当地的见证者和欧洲的见证者都被对方的奇特和彻底的新颖震 57
惊了。欧洲人不是这种惊奇和未开化的垄断者。这正是回忆一段也许是虚假故事的机会，这个故事是克洛德·列维-斯特劳斯在1952年的《种族与历史》（*Race et Histoire*）一书中讲述的。“在广阔的安的列斯群岛上，在美洲大发现的若干年之后，当西班牙人派遣传教士去调查土著人是否有灵魂时，土著人也深入到白人囚犯中，目的是通过长期的监视，检验他们的尸体是不是也会腐烂。”

欧洲人质询印第安人的灵魂：如果存在的话，就可以让印第安人皈依教会。同时对种植园主和殖民地移民来说，就不能再把印第安人当作动物看待。这也就是为何一些积极介入布道事业的传教士们，会去为印第安人辩护，去教育他们当中的年轻人，教授他们古希腊语和拉丁语，并委任他们为本土神甫。在16世纪末，罗马教廷对这一运动深感担忧，并且禁止出版它最热忱的仆人的记述。

这种代表性的冲突主要出现在西班牙的修辞学与神学的各个维度。多年内，神学家、查理五世的顾问赛普尔韦达一直反

对巴托洛梅·德·拉斯·卡萨斯。直到 1550 年一场大型的神学
辩论被组织展开，出场的见证者给出的结论无法说明是否取得
了胜利。拉斯·卡萨斯得到了教皇的支持，这是因为他证明了
向大众传播福音的政策行得通。从 1537 年开始，教皇的谕令就
徒劳地强迫殖民地移民和征服者更好地对待印第安人：“印第
58 安人，也是真正的人类……，不应该剥夺他们的自由和财产。”
然而，西班牙国王自己则支持赛普尔韦达，他的态度为殖民地
移民和他们粗暴的行为撑腰。

对印第安人的人类属性的争论，还在于他们食人的习性和以下两种文化的比较：异教的与基督教的、美洲的与欧洲的。在赛普尔韦达眼中，印第安人食人的习性正好标志着本体论上的劣等性。拉斯·卡萨斯强调的则是印第安人遭受到的屠杀，他对食人习性的问题保持沉默。不过，某些评论者试图驳斥拉斯·卡萨斯反对屠杀美洲印第安人的控诉，他们将此视为“黑传说”，这些驳斥来自反对天主教的新教徒。拉斯·卡萨斯的小书《西印度毁灭述略》（*Très brève histoire de la destruction des Indes*）成了畅销书，尤其是在荷兰的基督新教印刷网络中被翻译和传播。

在拉斯·卡萨斯活着的时候，他曾被任命为墨西哥恰帕斯（Chiapas）的主教，这一职位从来没有被教皇撤销过。但是后来，他的那本著作在 1659 年却被宗教法庭查禁，他关于美洲的伟大故事直到 19 世纪才被允许出版。

美洲与来自欧洲的评论

拉斯·卡萨斯的讽刺性短文，包括一篇对污蔑的连祷（litanie）和一些关于死者和他们姓名的记述，但是他在文中几乎没有进行描写。在他之前，科尔特斯也满足于翻译在场的情况下摆布对话者，哥伦布的航海日记也只有极为有限的观察。因此，必须去寻找真正的民族志学者，他们更常见的应该 59
是学者，而不是行动的参与人；更常见的应该是传教士，而不是士兵或毫无激情的水手。

虽然西班牙人机敏地揭示了印第安人的非人道之处，但是对食人族最为著名的反思，并不是来自他们，而是来自法国的哲学家、作家蒙田，他从不同的著述中提取法式的经验素材。1555 年，一场奇怪的探险发生在里约热内卢的海湾：一批法国殖民地移民，其中十四人信仰加尔文派，他们在维莱加农（Villegagnon）船长的指挥下，在里约热内卢海湾入口处的一座岛上生活了几年。在人们的回忆消失之前，这座岛一度被命名为“南极的法国”。当新教与天主教之间的战争也影响到这一小群殖民地移民时，信仰新教的船长立刻改宗了天主教。宗教战争延伸到了前往热带地区的远航，它要为远航的双重失败负责：一方面是斗殴和死亡，另一方面是返程时既没有获得战利品又没有占有土地。但是今天，留给这些迷失的水手的是荣耀和来自对无趣的知识的两段记述，我们可以说这是一种失败吗？

其中的第一段记述，来自一位天主教神甫安德烈·泰韦

（André Thévet），他在被大众批评为一个聒噪的骗子之前，取得了短暂的成功。他一度成为法国国王的官方“宇宙学家”，因为那个时代的人们认为旅行者知晓“世界”（monde，对古希腊语中 *cosmos* 一词的翻译）。

二十年后，一位信仰新教的鞋匠让·德·莱里（Jean de Léry），撰写了《一场在巴西土地上旅行的故事》（*Histoire d'un voyage faict en la terre du Brésil*），今天作为一个民族志的遗存
60 而出名（见图 10）。莱里在书中描述了印第安人的笑，他们的无忧无虑、日常生活和简单的愉悦，以及与之相伴的一种无辜的残暴。他的这本书构成了蒙田《论食人族》（*Des cannibales*）一文的基础，这篇散文成了西方思想讨论野蛮人最有力的模板之一，这里的野蛮人指的是他们不如我们这些文明人开化。蒙田散文的力量体现在以下的事实：莎士比亚 1611 年在构思剧作《暴风雨》（*La Tempête*）时，也曾阅读了蒙田的这篇散文。因此，它成了一条基本的串联线，使得让·德·莱里的民族志对 17 世纪的哲学和文学来说都意义非凡，甚至还为 20 世纪的殖民主义和去殖民主义的想象找到了线索。

蒙田的辩护

蒙田之于莱里，就像理论家伊本·赫勒敦之于 14 世纪的旅行家伊本·白图泰。从大量逸事的记述中抽取有教益性的内容，蒙田证明了经验调查相比于反省和思辨的优越性。蒙田一直在追寻可能是最好的民族志学者的肖像，后者应当是一个好的见证者，也就是一个好的观察者。但他却无法成为一个好的

翻译者、学者、文人或作家。相反，见证者的可依靠性，部分取决于他的纯朴与对偏见和滥用解释的拒斥。

因此蒙田从根本上谈论了他的一个报道人，他写道：

> 我身边有一个人十到十二年长期待在另一个世界：美
> 洲，直到这个时代才被发现，这块土地被维莱加农起了“南 61
> 极的法国”这一绰号。这个仆人是一个简单而粗野的人，他具备了真正的见证者的条件，因为有精神的人们更有好奇心，更能注意到事物，但他也以无用的评论来掩饰。如果缺乏一个忠诚的、有精神的人的话，那么他最好是一个简单的人，他没有想象力去构建和发现虚假的发明之间的逼真性，也不会找任何的原因。我所说的就是这样的一个人，他给我看了他在旅途中认识的好几个水手和商人，因此，我满足于这些信息，而不去询问（像泰韦那样）所谓的宇宙学家。

蒙田没有引用任何人，包括莱里和泰韦。这是因为在他的眼中，学者型旅行家有过度虚构和理论化的趋势。蒙田命令他们保持谨慎，方才可以被信赖。他还要求他们只叙述自己亲眼所见的东西。蒙田强调，旅行者们必须只说他们曾经去过的地方。否则，他们完全可以告诉我们他们看见过巴勒斯坦。蒙田接着说道：“他们想借助他们的优势，来向我们谈论余下的整个世界。我所希望的是，每个人只写自己知道的，而他们所知道的，不仅是就旅行而言的，也包括其他的主题。”圣奥古斯丁的诅咒似乎是充满阴谋的，他使那些从事严肃经验调查的博学者发生了转变。如果说从蒙田的态度中看不到一种对上帝之城的批评，那是不可能的，他认为一旦基督教国家产生了分裂，上帝之城将变成凶险的虚构。在此，一种毫无修饰且具体的经验观察的条件，第一次被清楚地阐述了。

稍早于蒙田之前，另一位文艺复兴时期的人文主义者，通
62 过重新阅读希罗多德，反思了一种可靠的观察的条件。他就是亨利·艾蒂安（Henri Estienne），一位基督教学者、印刷商之子，他的著作《为希罗多德辩护》（*Apologie pour Hérodote*）在1566年出版时，取得了巨大的成功。艾蒂安在书中为以下两者辩护：一是捍卫事实而反对逼真性，二是维护赞叹的能力而反对精神的狭隘。他还把为希罗多德的辩护看作对以下两件事的讽刺借口：一是所处时代的天主教的缺陷，二是以逼真性与习惯性为名的谎言和含混。

然而，蒙田通过细致地区分民族志学者和翻译员，延续了他对文化中间人的判断。民族志学者应当审慎，甚至被较少地培养；翻译员则正好相反，再怎么聪明也不为过。因为后者必须要理解两种语言中理性的微妙之处，人们假设的是他们不仅懂得两种语言，还懂得两种文化。当蒙田谈论图皮纳巴人时，他还是需要借助翻译员来讲述他的发现："我长期以来一直大声地对他们说话，但我们有一个难以跟上我的中间人（翻译），他的愚钝使他无法理解我的想象，这让我无法从中感受到快乐。"

让·德·莱里非常像蒙田笔下描述的理想的见证人。面对印第安人时，他是一位好的观察者，他擅于欣赏他们，描述出他们永恒的快乐和不停的玩笑；同时他也很了解他们奇怪的习

俗，那就是把敌人抓来养肥再吃掉。莱里的观察并不妨碍这些人的任何情感。除此之外，面对自己旅行的同伴，莱里也是一位好的观察者。莱里其实非常反对他自己的翻译员的行为。这些来自诺曼底的翻译员长期以来与当地土著妇女生活在一起，而这些土著妇女也在与维莱加农抗争。就像在希罗多德的笔 63
下，斯基泰人变成了古希腊人，这些来自诺曼底的翻译员也与图皮纳巴印第安人的生活方式如此接近，以至于莱里怀疑他们也去食人了。

| 印第安人的声音：早期的调查

成为土著人，这在如今仍然是所有民族志观察者的愿望。既然他们长期居住在当地，求知的意志让他们变得虚弱。在印第安人那一边，他们也在与欧洲人的长期接触之后被涵化。虽然 16 世纪的时候就已经有其他的民族志模式被发明了出来，但直到 20 世纪，这些模式才被历史学家们和人类学家们知晓。

在知识自由的最初和短暂的时期，传教士们是第一批把话语权给土著人的先行者。贝尔纳迪诺·德·萨阿贡（Bernardino de Sahagun）是 1529 年抵达墨西哥的西班牙方济各会的神甫，[1] 他学习了纳瓦特尔语，并且在特帕普科（Tepapulco）的一所中

---

[1] 参见茨维坦·托多洛夫（Tzvetan Todorov）的《萨阿贡之书》（*L'œuvre de Sahagun*），载《美洲的征服：他者的问题》（*La Conquête de l'Amérique. La question de l'autre*，Paris，Seuil，1982）。同样可参见纳坦·瓦赫戴尔（Nathan Wachtel）先锋性的著作《战败者的见闻》（*La Vision des vaincus*，Paris，Gallimard，1971）。

学向当地精英教授拉丁语语法，这所中学的学生都是从之前贵族的子嗣中招募的。一段时间后，这种在征服初期一度被广为施行的教学方式，受到了欧洲政府的批判，甚至遭到了禁止。不过，16 世纪末却见证了向印第安人传播福音事业的顶峰。这不仅是去让印第安人皈依，还要培养他们中间最优秀的人，从而成为本地传教士。在进行说服工作时，他们要比那些外国的传教士更有效率。

64 萨阿贡是印第安人教育的狂热支持者，他欣赏他们的智力，并且描述了他们的成功："在我们与他们并肩工作两到三年之后，他们在拉丁语的语法、对话、理解和书写各方面都做得很好，甚至还能用拉丁语撰写英雄诗。"萨阿贡进一步指出他们的教育可以让以下的事情成为可能，那就是让西班牙传教士们理解印第安人的文化，"因为他们已经受到了拉丁语的培训，这让我们理解了他们用词和说话方式的妥帖之处，也让我们理解了在布道或教学中不恰当的地方。他们向我们指正了错误。一旦我们所说的话被翻译成他们的语言，所有这些如果不被他们检验的话，是无法避免谬误的。"萨阿贡的学生们帮助他将基督教不仅适用于他们的语言，还适用于他们的文化。教育与皈依是密切相连的。

然而，这种翻译与相互理解的工作并不是没有危险的。让印第安人们知晓皈依的风险，这同样也是萨阿贡追寻的目标，同时也要让传教士们知晓被控诉为异教邪说的危险。因此，有人向查理五世揭发萨阿贡："印第安人知道基督教的教理学说是非常好的，但是让他们学会阅读和书写，以及让他们接触

《圣经》都是非常危险的。”用通俗语言对《圣经》进行翻译的事业臻于完善。1577年，萨阿贡出版了已经准备二十多年的杰出著作《新西班牙诸物志》（*Histoire générale des choses de la Nouvelle Espagne*），但这本书不久就被天主教给查禁了。

这本《新西班牙诸物志》手稿的来源是一场令人震惊的调 65
查，它以《佛罗伦萨手抄本》的名字为历史学家们所知，而这场调查则代表了集体民族志的第一次经验。1558年，萨阿贡完成了他从事多年的一本记录。他以向阿兹特克贵族询问去哪一个城市调查可以获得信息为开端，他写道：“我在他们面前表述了我想做的事，并且请他们给我提供一些机敏且有经验的人，这样我就可以和这些人交谈，而这些人也可以在我询问他们的时候让我感到很满意。”人们于是向他提供了十二名年老的知晓过去事务的专家，萨阿贡又往他们中间增加了他四个最好的墨西哥学生。“在接近两年的时间内，我经常与这些贵族和语法学家们讨论，还有那些品质高尚的人，我在实行着我制订的计划。画中反映出的是他们已经成为我们对谈的主角（因为这是他们曾经使用过的书写方式），语法学家们通过在画下方写字，来用他们自己的语言重组句子。”

萨阿贡的手稿因此是由图画和文本组成的，图画由年老的贵族和年轻的学生完成，文本由学生用纳瓦特尔语书写，但这些纳瓦特尔语的文本只有某些部分被萨阿贡翻译成了西班牙语，而且萨阿贡并不总是严格遵循原始的版本。此外，这份复调的文件被划分成了十二卷，其中最初的几卷记述了阿兹特克知识里的所有东西：宗教信仰、星相与占卜、祈祷、传统话语和自然的历史。随后的几卷则处理了商业、历史和阿兹特克社会的问题。这些文本还记述了西班牙的征服。

这不仅是一场调查，更是一场集体书写：“三年内，我独自一人多次回顾了我的写作，并且做出了修改……。在这十二
66 卷中，墨西哥人修改和增添了许多东西，而我则负责把这些都变得清晰。”调查，就像这些文本的产出，很大部分是同盟与合作关系的结果。与贵族们的同盟关系，是为了拣选报道人。与年老的专家和年轻的学生、翻译和学者之间则是合作的关系。合作的关系同样也在墨西哥书写者（很可能是年轻的学生）和协调者（萨阿贡）之间。有一个细节可以说明萨阿贡与他的调查者，以及报道人团队之间建立的关系：萨阿贡总是以他们各自的名字称呼他们。

为了能更好地向印第安人传教，萨阿贡希望能理解他们。他同样也希望能够建立对印第安社会可靠的认知，诸如在征服之前印第安人所组织的社会，从而可以传播这些知识。传播福音和获得经验知识这双重的目标，同样也是萨阿贡之后的四个多世纪里，出现在美洲、非洲和亚洲的一长串传教士民族志学者的目标。他们传播福音的目标，使他们成了充满兴趣的观察者、间谍、外交人员和商人。获得经验知识的目标，使他们更加靠近了希罗多德的学术计划，而不是伊本·赫勒敦的，前者旨在传播已经积累的知识，而后者则旨在建立世界的历史。

在萨阿贡眼中，这种转变是针对西班牙人、印第安人，还是全体人类的呢？分别用西班牙语、纳瓦特尔语和图画媒介这三种语言来书写文本，让人们倾向于认为上述三种人都是针对

的目标。此外，我们可以猜测的是，调查的记录符合一部分印
第安人的期待，他们可能是调查者或被调查的对象。贵族、年 67
轻的调查者和老年的被调查者共同的参与，重新确保了知识在三个代际之间传承，这三个代际分别在被征服期间遭受了不同的创伤。除此之外，这些知识还向未来的代际传承下去。但是，从这场根基性的调查中撰写出的书籍，却没有在萨阿贡活着的时候被传播。

萨阿贡的杰出经验，正是集体民族志的原型，这种集体民族志建立在一个受到观察者文化培养的当地调查团队之上。发现的品味混杂着见证的必要性，这种见证是为了能够为日后的研究制造线索。直到 20 世纪，传教士们都在使用他们的当地门徒去从事调查，进而获得丰富的素材去理解殖民地社会。今天，这些文本材料更多地被历史学家而不是人类学家使用。

当地人的视角

萨阿贡之后的三十多年，这一次是在秘鲁印加平原上，两个印第安人完成了两份性质非常接近的文本。1609 年，第一份文本以常规方式的西班牙语手稿的形式出现在里斯本，手稿的名字叫作《印加王室述评》（*Commentarios reales*），作者是加尔西拉索·德·拉·维加（Garcilaso de La Vega），他是西班牙征服者与印加公主的儿子，在生理和文化上都是混血者，他二十岁的时候离开秘鲁前往西班牙，然后就再也没有回去过。这份手稿着实令人震惊，这是因为尽管作者学习过西班牙语并
且皈依了基督教，但他有着以暴力形式拒斥殖民状态的标志， 68

同时也有着寻找过去的深刻愿望。

第二份文本更像是萨阿贡的复调文本。他的作者是波马·德·阿亚拉（Poma de Ayala），虽然他曾经像萨阿贡一样为一项集体的事业而工作，但他还是独自书写和绘制了这个文本。他后来放弃了这项集体事业，因为他与同他配合的西班牙传教士意见不合。这一文本的名字叫作《新史记与好政府》（*Nouvelle chronique et bon gouvernement*）。它源自见证自我、自己的文化和所处的状况的内在需要。作为虔诚的天主教徒，波马·德·阿亚拉取了一个西班牙语姓氏——菲利普（Felipe），以及一个本土的名字——瓜曼（Guaman）。他是一名昌卡（chanca）贵族，其家族在西班牙征服之前刚刚来到印加。由于破产之后土地被征用，他只能在西班牙传教士和法官的周围从事翻译工作。1615 年，在一篇序言中，他以早熟的年龄完成了那篇手稿，他用断断续续的西班牙语书写，中间还夹杂着克丘亚语（quechua）和艾马拉语（aymara）。《新史记与好政府》不仅被视为投向西班牙国王的酷刑，还被视为呼吁政治改革的条约，全文超过一千页，还包含近四百张插图。

该文本既是对被征服而摧毁的印第安社会的见证，又是对这种破坏的回应。作者从中宣扬一种西班牙人与印第安人之间的绝对分隔：把殖民地移民、西班牙王室的中间政治力量，以及在某种程度上破坏了印第安内部文化的混血者，都视为印第安人的敌人。这份文本见证了处于西班牙人和印第安人多重关
69 系中，作者对身份认同的强烈追寻。该文本被视为关于西班牙在安第斯山脉征服的重要的印第安人材料之一。它直到 1908

年才被发现，并于1936年出版。我们今天可以从丹麦国家博物馆的网站上免费查阅，这也确保了该文本的广泛传播，尤其是在拉丁美洲的本土化斗士们之中的传播。

就像常见的本土民族志学者一样，波马·德·阿亚拉自己就是一个文化混血者，但使他对混血充满憎恶的原因至关重要。他皈依基督并成为虔诚的天主教徒，推行去教授“印第安人像西班牙人那样阅读和书写，（因为）这样才不会让他们被看作野蛮人”。波马·德·阿亚拉的著作混杂着对征服的记述，对征服之前生活方式的描写，以及对殖民地的体验，并且提出了一种理想之城的乌托邦计划。我们可以把他的著作当成反抗压迫的呐喊去阅读，而在这些压迫中，西班牙的传教士们则被控诉通过用财富的奖赏，来让印第安人皈依基督的教义。我们同样也可以把他的著作当成回到过去的必要性的理论，或是当作对身份认同的追寻来阅读。这是因为在阿亚拉眼中绝对的坏就是混血，在这一点上，在他的理想之城中，西班牙人和印第安人毫无直接的联系。只有在古拉卡人（*curaca*）“智慧的政府”中，西班牙的体系才给当地和外地的头人留有一席之地，确保了这两个社会之间的联系。

波马·德·阿亚拉具象化了一种新的社会危险，这种危险来自文化的中间人，其中包括民族志学者。后来，正是印第安翻译员们揭发了混血者，他们的态度就像希罗多德所描述的斯基泰人，后者因为太过涵化而谋杀了国王的儿子们。但是，在西班牙帝国，对混血的忌惮不仅仅是来自印第安人，它还被西 70
班牙人认同：自1549年起，查理五世禁止向一个没有王室准许执照的混血者委以公职。同两边的文化一样腐化，但又能适应两边的文化，混血者本可以在新的拉丁美洲社会中掌握权力。因此，在波马·德·阿亚拉描绘的画面中，西班牙王室和受过教育的印第安人都有意识地反对上述的风险，他们都要维持两个社会和两种文化的分隔，这种分隔可以使得双方各自明确自己的身份：是印第安人抑或是西班牙人。一旦在这种政治和日常分配中维护了文化身份认同，就没有任何东西可以阻止印第安人与西班牙人之间极为独立的经济与开发关系的维系。

然而，波马·德·阿亚拉不满足于只批评混血者。他痛苦地抱怨西班牙人对印第安人造成的现状。通过描述殖民地社会中安排的剥削印第安人的人物，他为之哭泣。因此，他众多绘画中的一幅（见图 11）展现了正在祈祷中的印第安人，周围环绕着六个动物，还有着以下的传说："可怜的印第安人！这些不敬畏上帝的动物们正在杀害这个王国里可怜的印第安人，对此没有解决的办法！可怜的耶稣基督！"这些动物同样也是被传说化了的。在最高的级别上，是在西班牙国王之下的政府，是一条蛇。种植园主因为是代表着最残暴剥削的可怕人物，所以是一头狮子。大酋长或地方小头人，是一只老鼠。住在豪宅里憎恶印第安人的西班牙人，因为将旅行工具卖得非常贵，所以是一只老虎。像教会的神甫这些有文化的神职人员，因为按
71 照欧洲的利益来解释《圣经》的意思，所以是一只狐狸；还有公证人，被波马·德·阿亚拉视为翻译员或是被征购土地的地主，是一只猫。

就像加尔西拉索·德·拉·维加那样，阿亚拉对印加社会

的描述，对理解印加的空间和时间组织，尤其是权力之城库斯科（Cuzco），提供了珍贵的资料，反映了印第安社会的多样性。这是一座被分成四个街区的城市，每个街区都代表了一个地理意义上的人群和区域，而印加占据了中心。同样地，美洲印第安人过去一千年的历史也被分成四个阶段。前两个阶段在织物发明之前，第三个阶段是印第安战争，最后一个阶段是印加文明，而新的第五个时期则以西班牙人的到来为起点。就像萨阿贡那样，在阿亚拉的笔下，被摧毁的文明累积起来的所有知识，是某种程度上的大型百科全书。波马·德·阿亚拉虽然是虔诚的基督徒，但他却保留下了印加的文化和思想。我们可以说，他违背了基督教义，而着上了印第安的浅色。

来自传教士、混血者和印第安人的民族志素材，是至关重要的，因为它们可以使20世纪的历史学家们回答人类学的核心问题：如何去看待当地的土著人？与欧洲人最初的接触可以被访问者或驯服者感知吗？对于上述问题，纳坦·瓦赫戴尔（Nathan Wachtel）在他名为《战败者的见闻》（*La Vision des vaincus*）的书中给出了杰出的答案。通过在每个案例中破译属于欧洲文化的部分和属于当地文化的部分，他分析了那个时代的大量素材。接下来，他将这些素材与民间记叙和戏剧关联到一起，后者直到20世纪，都以口述文化的形式，去回忆征服的 72
各个事件。印第安人们很快就改宗基督教，并且放弃了原有的宗教，但是他们的基督教却包含救世主降临说和反叛的部分。因此，当征服者的行为偏离了《圣经》的教导时，这种新兴宗教便成了反抗征服者的工具。

从这个角度看，拉斯·卡萨斯和萨阿贡都以某种方式取得了胜利。当他们在欧洲因为替印第安人辩护而被批评时，他们也在印第安人中知名，并被后者视为真正的同盟者。这就是为什么我们可以认为大规模的皈依基督教并不只有最初那样的暴力，同样也有着对最初的传教士们开放的态度，以及传教士们与印第安人缔结的早熟的联盟。此外，这一特点也是开始于1968年的重要的拉丁美洲天主教运动的源头之一，该运动被称为“解放的神学”（théologie de la Libération）。这一运动，依靠《圣经》去支持印第安人和最贫困的人们在此世而不是在彼世更不是在天国的流动。“解放的神学”运动提升了美洲印第安基督教在当地的活力。

即将到来的长期辩论

16世纪末，欧洲关于野蛮人的辩论长期展开。在与田野人士最为接近的学者中，围绕以下双方的争论一直没有停止：一方是赛普尔韦达及其后继者，他们所持的观点是文化之间有着
73 巨大的差异和价值的不平等，他们特别使用食人习俗来为殖民主义辩护；另一方是拉斯·卡萨斯的支持者们，他们相信本体论上的平等，忽视文化的差异，对食人习俗保持沉默，并且为捍卫土著人的权利而战。更为遥远的观察者们，从蒙田到列维-斯特劳斯，发展出了第三条道路：差异存在着，就像赛普尔韦达支持的那样，但是这些差异并不像在欧洲文明感知下的那样消极，而是积极的。随后，持这一立场的后继者们推崇自然状

态，反对文明的越轨与悲戚。他们追寻一种哲学传统，这种传统在大发现的第二阶段，也就是18世纪的太平洋发现时期，获得了巨大的繁荣。

于是，这固定了欧洲人与美洲印第安人之间的关系，也固定了欧洲人与远方人之间的关系。欧洲人震慑于人祭与食人习俗，某些人以此来为自己的掠夺辩护；而对其他一些人来说，这并不比同时期欧洲宗教战争犯下的杀戮更惨无人道。今天的人类学中，对污点的翻转与古老的当地土著人对权力的相对掌握，使得这种传统经久不衰。这正如巴西人类学家爱德华多·维未洛斯·德·卡斯特罗（Eduardo Viveiros de Castro）在《食人形而上学》（*Métaphysiques cannibales*）一书中展现的那样。不过，这些线索一直缠绕着人类学的意识，而不仅仅只与20世纪的美洲人类学有关。美洲印第安人，特别是让·德·莱里和蒙田笔下的图皮纳巴人，充当了所有非欧洲人的模板，我们一直称他们为野蛮人、原始或异域社会，以及原始人或当地人 74
（*native people*）。

相对来说，经验的观察以新的方式得到了发展。民族志之所以能战胜贵族之学，对出于熟悉化的民族志来说，多亏了基督教合作者让·德·莱里；对出于距离化的民族志来说，多亏了印第安人波马·德·阿亚拉和混血者加尔西拉索·德·拉·维加；对于集体民族志这样较为稀少的形式来说，则多亏了方济各会传教士贝尔纳迪诺·萨阿贡。既然今天的历史学家和墨西哥人将科尔特斯对阿兹特克帝国的胜利归功于玛琳切，那么，翻译的角色也要比古代和中世纪时期更加受到肯定。但是，中间人的矛盾性也被确认了。与此同时，如果没有这些中间人，就没有任何的民族志知识会成为可能，不过，混血者却在他所属的两种文化中都制造了危险。

***

欧洲的基督教受到天主教与新教分裂这一重要历史事件的冲击，而之后正是在美洲，欧洲基督教受制于不能对土地之城丧失兴趣，受制于从新世界的棱镜中阅读《圣经》，受制于讨论风俗和殖民主义正当之处的非理性，受制于确立一种人类共同的准则，这种准则也被强加到美洲印第安人之上。同样也是在 16 世纪的美洲，由于被研究的人群的消失，民族志见证的紧迫性也得到了彻底承认。

长期以来，人类学史的研究者们相信，这一学科与欧洲支
75 配性语境无法分离。直到 20 世纪末，他们都认为人类学家总是分享同样的紧迫之情，去保护正在灭绝的人群，去研究正在消失的文化。然而，从此以后，人类学家也知道了他们同样可以去研究刚刚出现的文化与人口数量正在增加的群体。

事实上，正是从 16 到 20 世纪，人类社会的全球历史中出现了一个简单的插入阶段。西方的霸权和对非西方人的摧残开始于 16 世纪，这种摧残先是通过战争和屠杀，后是通过殖民剥削。20 世纪是否是它的终结，至少还有待严肃的质疑。全球的历史不再被视为对马克斯·韦伯（Max Weber）1920 年提出的问题的回答，这个问题并非毫无讽刺："如果我们是欧洲现代文明之子，我们毫无避免地要处理全球历史带来的困难，

特别是从以下的问题来看：什么让知识推动西方，也只有西方可以看到在它土地上文化现象的产生，这些文化现象处于一个发展的方向，至少会让我们去思考，这种方向具有全球的重要性和有效性。”我们可以谈及16至20世纪之间欧洲知识人的民族中心主义，他们中的某些人甚至认为只有欧洲的历史具有普遍性。事实上，马克斯·韦伯所说的民族中心主义的情感极致，一旦投入现实，就一定会受到质疑。

这是因为在20世纪，所谓的西方现代社会，已经不再自
视为历史的终极目标。西方社会意识到，与16世纪欧洲财富 76
突然增长有关的西方霸权，可能将要终结。这一页真的翻过去了吗？对于我们当中的某些人来说，沉浸在美洲大发现的想象中的欧洲的傲慢，已经变得不被容忍了。古代或中世纪的旅行者，以及接待他们的人之间的关系，是由相互的不信任与好奇心形成的，他们之间这种并非没有暴力的关系，在我们今天看来，是一个令人惊叹的现实。

第三章

求知的意志

77 到目前为止我们所分析的旅行者的记述（出于熟悉化的民族志）、当地人的见证（出于距离化的民族志），它们不比那些罕见的关于社会多样性的综合性书籍多，同时它们也不能提供任何系统的东西。这些资料由于时机的便利或是作者对知识的兴趣而被撰写。其中有些资料注定在 20 世纪之前没有任何读者，比如波马·德·阿亚拉的地方编年史。另一些资料则正好相反，它们立刻被大量传播，比如希罗多德的综述或马可·波罗的游记。而从 17 世纪开始，民族志这种与异域体验相结合的经验知识形态，开始进入到欧洲科学领域之中。奇珍收藏室和怪诞收藏品，第一次展现了对世界知识的百科全书式的忧虑。米歇尔·福柯（Michel Foucault）强调这种知识的新颖之处，并将其归因于一种欧洲特有的求知的意志。民族志在那里逐渐找到了自己的位置，但这不意味没有遇到困难。

长期以来为了传播福音，和完全不同的人接触，成了传教士
78 的经验之一。此外，我们还可以借此重新解读基督教化的最初时期，从而理解 5 世纪时基督教在罗马帝国和其他地方，尤其是在波斯、中国、撒哈拉以南非洲的传播。然而在 7 世纪时，一种新的品味，即系统且无私地探索世界，促使了新的接触形式的产生。这种接触更为短暂，也无法在欧洲的旅行者与当地人之间建立一种相互理解。这就是为何这段时期内的科学旅行，虽然与传教士的旅居相比要短暂，却快速地推动了自然科学的发展。在自然科学领域，旅行者与学者之间确立分工时并没有发生冲突；而关于人的科学，则要么以旅行者与书房里的哲学家之间激烈的冲突为标志，要么以旅行者与当地人之间激烈的冲突为标志。

对世界系统性描述的前提

在 17 世纪时形成的求知意志以下述三者为特征：奇珍收藏室，是世界体系的前提；旅行的技艺，是科学探险的前提；传教，则是文化民族志的前提。

前两者自 16 世纪末以来形成，当时奇珍收藏室与受过培训的旅行，面向的都是正直之人。而这种对世界的兴趣，并非我们所能想象的，因为它在前几个世纪还处于边缘的位置。大地上的变迁与文艺复兴一同成为受过教育的欧洲精英们为之迷恋 79
的对象，这种对认知的渴求建立在自然与人类多样性之上。

“奇珍”（curiosité）一词指“稀奇的、惊人的事物”，它的复数最初被用于奇珍收藏室（cabinet de curiosités）一词。这一表达与它如今的含义不同，所指的不是一种对世界的主观态度，而是指那些被视作高雅的兴趣而重金收藏的物品本身。从 15 到 17 世纪之间，该词逐渐被另一个中世纪时期的词语“奇观”（merveille，*mirabilia*）替代。奇珍收藏室所收集的藏品，不仅密切地联系了科学和艺术，也联结了自然科学和人类科学。这些收藏包含科学仪器、自然物（*naturalia*）、人造物（*artificialia*）、为了展现这些物品而特制的家具，以及还原了物品采集时背景环境的画作。但从 18 世纪开始，由于艺术博物馆与致力于自然和科学的自然历史博物馆相互分立，这些收藏被拆散，而如何处理那些出自非欧洲文化的藏品也未有定论。直到 19 世纪，这些藏品才被收入民族志博物馆。

《四大洲》或微观世界

为了了解奇珍收藏室百科全书式的组织方式，我们如今
可以去欣赏其中展出的一幅系列画。它们通过为收藏品提供
图画布景，以双重的形式呈现出收藏室内累积的藏品。这一
80 系列的四幅画由荷兰画家让·凡·科赛尔（Jan Van Kessel）
于 1664 至 1666 年间完成，它们被命名为《四大洲》（*Les
Quatre Continents*），并被保存于慕尼黑古代绘画陈列馆（Alte
Pinakothek de Munich）（见图 14 至图 17）。从 16 世纪开始流
行将世界分为四个部分，也正是在此时，人们将美洲加入源自
古代文化的亚非欧三等分之中（大洋洲直至 18 世纪后才被视为
一个洲）。这一系列画作包含四幅巨大的铜版画，它们的大小
和形式一致，每一幅都致力于通过奇珍来呈现一个洲。

在每一幅画的中间都呈现了一个奇珍收藏室，收藏室里坐着一位代表所画大洲的女性，她被分散的象征物环绕。画框由十六幅小画组成，呈现了由城市之名描绘的地方。这些小画的前景是动物和植物，背景则是风光。比如，一幅名为突尼斯（Tunis）的小画，呈现了一群在海湾中心的大乌龟。这些充满奇异灵感的小幅画作通过细致图案所展现出的细节，实际上对应的是古罗马时期的大百科全书，即老普林尼的《自然史》（*Histoire naturelle*）。这部百科全书也被画在了其中的一幅画里。

这些展现大自然的绝佳画作，如同一个家具的抽屉一般被排列，组成了这些小画的主题。而中央的这幅画戏剧般地呈现了自然物和人工制品，以及它们所围绕的主角。这些主角对奇珍收藏室的装饰起着特殊作用。它们每一个都被赋予了一个名

字：欧洲的罗马（*Rome*）、亚洲的耶路撒冷（*Jérusalem*）、美洲的巴西帕拉伊巴（*Paraiba en Brésil*）和非洲的神像庙（*Le Temple des idoles*）。欧洲和亚洲以历史悠久的城市为代表，美洲以一个矿产资源丰富的地区为代表，而非洲则以一个带有负 81
面意味的宗教特征为代表——偶像（idole）一词指的是为《圣经》所反对的那些虚假的宗教。这个名字也表明了为非洲划定一个中心的困难，不同于其他大洲，后者被赋予了一个历史中心，如罗马、耶路撒冷，或是一个自然中心，如帕拉伊巴。

这些刻板印象既不对应文明的等级，也不依据人种的差异。相反，画家试图强调多样却同样神圣的富饶。欧洲以旗帜、武器、刺绣文字和绘画中的静物为饰物。亚洲就像在一间面朝大海的房间里，放满了绚丽的布料、宗教物品、蝴蝶与昆虫标本和壮丽的建筑物。在美洲的风景里，很难将收藏室的室内区别于室外，那么多的人物描画了混杂的所有色彩，从黑到白，一个深肤色的印第安男人在和代表该洲的浅肤色的裸女说话。至于非洲，代表该洲的女性坐在一只狮子上。这位女性有着黑色的皮肤，穿着富裕。她和对面的裸男之间，有三个裸体的孩子，两个孩子是黑肤色，一个孩子是白肤色，可能象征着爱情。她被珍贵的物品和钱币围绕，两扇巨大的窗户外充斥的满是人类的风景，却没有城市或建筑物。

世界的多样性被浓缩为一次自然标本的盘点，即自然物（比如一个昆虫的插图），以及一次文化的人工制品的盘点，即人造物（比如一系列钱币）。一种系统认知的努力同时振兴了自然科学、地理学和文化史。人类物种本身却逃脱了这一盘点。 82

人类是性别呈现的客体。在这些呈现中，理想化的人物扮演着幸福、富裕与享乐，但人类的自然史还尚未诞生。更多的是戏剧展现了人类的多样性。

旅行的技艺

当奇珍收藏室带给观众关于世界的知识时，受过教育的欧洲精英们被鼓励走出去，去实地发现世界的多样性，并最终带回丰富的收藏标本。从 17 世纪开始，旅行被一系列指南手册体系化和框架化。直到 19 世纪，这些手册给旅行提供了一种相对同质化的操作。“旅行的技艺”是一种学习的目标。这种学习曾被委予专家们，而他们的使命既是教学的，又是科学的，即旅行者被鼓励自己生产知识，这种知识可以融入到知识积累的链条中，并提供给奇珍收藏室。

旅行指南在整个 17 世纪及之后都非常盛行。让我们在此举几个例子，比如在 1665 至 1667 年间于伦敦出版的理查德·布罗姆（Richard Blome）的《论旅行》（*A Treatise of Travel*），同年的《四大洲》，还有在 1698 到 1706 年间于阿姆斯特丹以法文出版的《有效旅行的技艺》（*L'Art de voyager utilement*）。像今天的美国学生环游欧洲一样，这样的旅行被视作一种对受过教育的年轻人在智识和道德上的培养。我们建议尽早去旅行，这样心态会更加开放；同时还要穷游，这样可以促进同当地人的关系。这种
83 培养，原则上可以使旅行者参与集体知识的生产。我们也教导正在成长中的探险者，随身带一本日记本，就像航海者那种甲板上的日记本，用来记录每天的航海数据和渡海的事件。写日记能够

让旅行者练习观察能力，并且必要的话，他们能够在旅行回来后出版关于去过的国家的专著。一切都值得观察：矿物、气候、植物、动物、人体标本、语言和社会。

这种知识的专著模式，会有一个很好的前景。因为这种模式通过在所有地点进行同样系统观察的重复，达到一种普遍性。该模式的关键在于，汇报在某个确切坐标所在地观察时所看到的一切。这就是为何《给旅行者的指南》（*Instructions aux voyageurs*）即便流传了两个世纪，也还是无法遮蔽它的一成不变。同样的建议在不同的文本中反复出现，只不过是读者发生了变化：17 世纪时，是正直的年轻人；18 世纪时，是某次科学考察的参与者；19 世纪时，是军人、传教士或殖民官员。这一标准还持久地影响了旅行者对民族志的呈现，这与出于距离化的民族志相反。在出于距离化的民族志中，当地人是要去学会观察自己的文化。此外，相较于对传教士或远嫁的公主来说很典型的长居式旅行，这种模式能更好地适应探索式旅行。后者对收集自然物品的博物学家和收集人工物品的民族志学者来说都很普遍。

在世界的另一端传教

正如我们在前几章所看到的，16 世纪，美洲大陆的发现赋 84
予传教一个重要的角色，即汇集关于征服和前哥伦布时代文化的知识。虽然传教士们有时候连简单地生存下来都很难做到，但是理解东道国的语言和风俗，对他们来说是绝对必要的，因为他们独自启程并希望让友善程度不同的人们皈依基督教。传教士们通常成为语言专家和远方人群的民族志专家。

而在17世纪时，传教士的形象在天主教中获得了新的重要性，正如自1634年在三大传教秩序下，即耶稣会、方济各会与多明我会中发展起来的“仪式的争端”所证实的那样。传教士面临的问题是将基督教仪式调整至何种程度，从而适应当地的文化。这种调整是必要的，没有人否定这一点。但这种调整何时会产生让基督教学说处于危险的风险？这个问题因天主教在中国的出现而被提出，但它也通过某种方式反映了美洲的基督教的分裂，即新教徒和天主教徒的同时出现。将《圣经》翻译成当地语言这一行为构成了融入仪式最有成效的形式，这难道不也是新教这一异端的特征吗？产生于欧洲的教会分裂在美洲重现了。在北美洲，新教徒试图分散地向印第安人传教，比如将《圣经》翻译成莫西干语（mohican）和阿尔贡金语（algonquin）。在南美洲，天主教传教士对当地语言和文化的
85 兴趣，最初在16世纪被教会容许，接着却在17世纪被禁止，后来又被重新准许。

在宗教秩序的中心罗马，天主教的传教是被组织和控制的。每个传教士都要撰写准备建议和传教报告，这样做的目的在于整体的秩序。同时这套秩序将这些独自的旅行者纳入一个有时显得强制的道德集体之中。在他们的传教报告中有一些非常翔实的资料。这些传教报告都遵循着一个在罗马时就已经构想出来的问题列表，所有的回答都围绕着列表上的问题。报告的撰写是为了帮助其他传教士完成他们共同的使命。原则上，这些报告本不应当在宗教领域之外流传。

然而，自17世纪末以来，其中的一些报告被出版，并为

这样一个群体提供了知识，这个群体对遥远的语言和文化感兴趣，但它超出了教会的圈子。正是神父布勒通（Breton）这样一个独自在加勒比同印第安人一起度过了许多岁月的法国多明我会神职人员，于1644年给他所属的教廷寄送了一本名为《多明我会传教士建立的瓜德罗普小岛关系》（*Relation de l'Isle de Guadeloupe faite par les missionnaires dominicains à leur général*）的报告。在这一首份机密报告之后，又出现了一系列面向更广受众的出版物。这些出版物都基于一份长期且系统的工作。布勒通神父随后于1664和1666年间先后出版了一本加勒比语－法语字典、一本法语－加勒比语字典和一本加勒比语语法书。他将自己所从事的事业视为一种斗争的方式，与在西班牙移居者中散播的关于印第安人食人的刻板印象进行斗争。他通过讲述田野中学习语言遭遇困难时，他和当地人紧密合作这一经历，来证明与他一同生活的印第安人是温和的。可惜，他所研究的加勒比语在他的 86
研究之后，由于缺少说的人而逐渐灭绝。那些他到访过的岛屿也彻底成了无人区，后来因为来自非洲的奴隶，人口才重新增加，而这些奴隶说的却是克里奥尔语（créole）。

传教士对当地人语言的兴趣，给他们带来了17世纪学者的身份。传播福音的使命更多地促进了效率而非殉道。这些男人和随后到来的女人长久地定居在那里，学习当地人的语言，这样做既是为了生存，又是为了招募信徒。同时，他们的居留以长期且与当地人频繁联系为特点。这种模式和出于熟悉化的民族志一样。

收藏室、旅行、传教，欧洲精英对欧洲以外世界兴趣的增加，直到启蒙时期，都没有太多变化。然而，物品和文献的收集并没有带来任何重大的发现，因为当时的旅行者、学者和传教士之间没有形成牢固的关系。17 世纪时曾经有过一次被丧失的机会，而这一后果直到 20 世纪才被察觉。那时，古代语言的语言学专家、接近于哲学家的学者和非欧洲语言的语言学专家三者之间毫无往来，他们长期地被禁锢在传教的世界里。不过，语言学无疑是人类最古老的科学，是从古代以来构成专业的科学的知识。在 1600 年，一本真正的概论发表于罗亚尔港，那就是《通用语法》（*Grammaire générale*）。然而，严格地
87 运用方法将所有关于古典语言的知识进行重组的罗亚尔港的语
言学家，与在遥远国度因长期身处田野而得以收集新知识的传教士，他们之间却没有来往。[1] 毫无疑问，他们所面对的对象之间的等级不言而喻，一边是古代文化，另一边是野蛮人的风俗。这种等级如此强烈，真正钻研古典文化的人，不但偏爱图书馆，而且在旅行中研究，还投入到行动中，去发现财富或改变灵魂。

成功地比较了欧洲世界和欧洲之外世界的学者们，在孤独中前行，打开了很久之后才被借鉴的大门。医生和植物学家安托万·德·朱西厄（Antoine de Jussieu），在 1723 年科学院（Académie des sciences）的一次交流中提出一个关于雷石的全新的猜想。这种自上古时期就在欧洲和亚洲知名的石头，一直被认为是从天上掉下来的，这也正是它们名字的来源。人们认为它们属于自然奇珍或自然物，而关于它们天上来源的猜想一

① 在这一点上，我遵循西尔万·奥鲁（Sylvain Auroux）的观点。

直难以确认。安托万的一个兄弟，也是博物学家，同样在南美洲生活了三十六年。他有机会在那里观察那些相似的石头，并且发现这些石头都先被人雕琢，然后再被一些美洲印第安人部落当成工具使用。受到其兄弟的观察的启发，安托万提出了一个关于欧洲雷石的猜想：其中一些石头有没有在之后被称为史前的太古时代（《圣经》中诺亚时代的洪水之前）被人雕琢？ 88
这个猜想没有在科学界得到回应，因为当时的科学界并没有能力去思索如此遥远的人类历史时段。直到一个世纪之后，这个猜想才被得到确认。

拉菲托（Lafitau）神父，是一个在加拿大印第安人中传教的法国耶稣会神职人员。他来自波尔多，那也是蒙田的城市。一年之后，于 1724 年，他出版了《美洲野蛮人的风俗与早期风俗的比较》（*Mœurs des Sauvages amériquains comparées aux mœurs des premiers temps*）。他在书中解释了他思考古代人和思考印第安人的两种方式，这两种方式互相补充：历史记述使他提出了关于所观察到的风俗的猜想，而民族志的经历使他提出了关于古代人风俗的新猜想。这样的比照展现出一种对美洲印第安人特别尊重和开放的态度。我们同样可以认为神父拉菲托创建了现代民族志的路径，因为他的途径和历史学家福斯戴尔·德·库朗热（Fustel de Coulanges）非常接近。后者在近一个半世纪后出版了《古代城邦》（*La Cité antique*），该书借助欧洲之外的人类学概念重新解读了古罗马文化，并深刻影响了库朗热的学生埃米尔·涂尔干这位法国社会学的奠基人。为了从离乡的经验中汲取最佳教益，与其让一种文化无意识地影响另一种文化的解读，不如明确地将这两种文化进行比较。

然而，拉菲托神父的书在出版之时并未取得成功，尤其是在启蒙时代的哲学家那里。伏尔泰（Voltaire）嘲笑了作者的主要论点：“拉菲托从古希腊人中生出了美洲人，如下是他的理由。古希腊人有寓言，在一些美洲人那里也有。最早的古希腊
89 人打猎，美洲人也打猎。最早的古希腊人有传神谕者，美洲人也有巫师。人们在古希腊的节日时跳舞，人们也在美洲跳舞。不得不承认这些理由是具有说服力的。”对伏尔泰而言，逐词逐句的比较很平庸，比如古代舞蹈和美洲印第安人舞蹈之间的相似性。这种比较只是为了建立起欧洲古代文化和当下美洲印第安文化的亲缘关系，而这背后源自一个有关冒险迁徙的猜测。这无疑是伏尔泰嘲笑此书的原因，即这涉及一个纯粹神学的目的，为的是让美洲人也符合上帝创造亚当与夏娃的记述，而这正是启蒙时期哲学家明确批判的观点。

实际上，根据《圣经》所讲述的人类历史，印第安人和所有人一样是亚当与夏娃的后裔，在大洪水之后，成为唯一被上帝拯救的诺亚之子们。这就是之后我们所称的“人类同祖论的猜想”，即所有人只有一个共同的祖先。拉菲托和其他人都猜测在史前时期，来自亚洲和欧洲古老的野蛮人移民到了美洲。然而矛盾的是，为了搜集遥远人类的语言和文化的知识，天主教本应该代表一种集中的、有效的和美好的事物。但是，对自然或对生理学上的人进行的历史调查来说，天主教却在很长时期都是一种抑制力量。关于美洲人口的争论为圣经式的传统所阻碍，这一传统将所有人都视为亚当被逐出伊甸园之后的后

代；在大洪水时期之后，又将所有人视为诺亚的后代。在《圣 90
经》是唯一关于人类起源的合法性记述的情况下，探寻有关人
口迁徙的值得信赖的史前史知识是不可能的。当时唯一能提出
的问题是，美洲印第安人是诺亚哪一个儿子的后代？非洲人是
含的后人？欧洲人是雅弗的后人？或者，亚洲人是闪的后人？

关于古希腊人和美洲人之间文化亲缘的猜想已被长期抛弃。根据拉菲托的结论，美洲印第安的习俗可能是古代习俗的遗存。这些结论早已过时了。然而，如果抛开这个神学问题不谈，那么拉菲托的文本内容一直是无比丰富的。他民族志描写的质量，是建立在传教士与当地人之间的亲密关系和对其他传教士工作的广泛认知之上的。这种品质伴随着这样一种意志，那就是反映出当地人的观点，而这种意志通过比较未知的美洲印第安人与已知的古代欧洲来实现。这样的比较研究方法，一旦抛开对历史的或史前史的亲缘关系的猜测，将是一种强有力的探索工具。

| 启蒙时代和欧洲之外的世界

我们应当基于启蒙时代的苏格兰哲学家，尤其是大卫·休
谟（David Hume）1739 年出版的《人性论》（*Traité de la
nature humaine*），去建立一种人类的理论史。这种人类的理
论史允许在圣经式的隐喻之外，去思考自然状态和文明状态 91
之间的过渡。同时，在政治经济学奠基人亚当·斯密（Adam
Smith）的著作中，即 1759 年出版的《道德情操论》（*Théorie*

des sentiments moraux）或是 1776 年出版的《国富论》（*Richesse des nations*），他从人口、技术和资源的关系中寻找人类进化的缘由。既然如此，我们可以把他的著作同人类学的第一次尝试联系起来。马尔萨斯（Malthus）在 1798 年出版的《人口论》（*Essai sur le principe de population*）中，则以一种更为系统的方式重提了这一观点。

正像这些早期的古典经济学家们一样，18 世纪的哲学家们也投身于社会学意义上的进化论之中。该理论与自然进化论出现后的世纪中诞生的理论并不相同。哲学家们借用社会学的进化论，提出了一个假设，即人天生是善的，却随着社会的出现而堕落。不过，卢梭（Rousseau）在 1755 年撰写《论人类不平等的起源和基础》（*Discours sur l'origine et les fondements de l'inégalité parmi les hommes*）时，却非常担忧缺乏经验证据。哲学家相信自省的方法，因为他们相信人的多面性。然而事实上他们却低估了文化的多样性，尤其是欧洲之外的文化。汇聚于罗马的传教文化见证了这种语言和文化的多样性，但其注定要长眠于梵蒂冈的档案馆中。在启蒙时期的哲学家及其传承者看来，这种传教文化因过于被宗教意识形态污染而无法成为历史文献。至于探险旅行，则被认为过于简短，准确地说，以至于无法真正理解“自然状态”（état de nature）下的人。旅行见证者和思辨哲学家之间的紧张关系，妨碍了有关人类科学的知
92 识生产，而与此同时，自然科学却得益于大型探险的蓬勃发展。

用了二十五年，才只是将拉菲托把印第安人视为古老欧洲人后裔的尝试，以及布丰关于研究不同的人类多样性的问题分

离开来。然而，随着科学问题的不断出现，对于布丰来说，有关人类的圣经式记述，已不再是障碍。

布丰，或一个“人类的自然史”计划

乔治–路易·莱克莱尔克，孔特·德·布丰伯爵（Georges-Louis Leclerc，comte de Buffon）生于1707年，他既是学者，也是一位富有的工业家、锻造师和森林的所有者。作为数学家，他二十六岁时成为科学院的成员，此外，他还对植物学、动物学和畜牧感兴趣。三十二岁时，他成为国王的自然历史陈列室和植物园的总管。在加入狄德罗（Diderot）与阿朗贝尔（Alembert）一起编写百科全书这场知识探险之前，他已经出版了一部杰出的作品《自然史》（*Histoire naturelle*），其第一卷出版于1749年。他在这本书中不仅运用实验成果，包括他自己的成果，特别是关于羊的品种，以及其他从事实验的学者们的成果，同时还运用了旅行者汇报的观察报告。正是出于他的请求，夏尔·德·布罗斯（Charles de Brosses）方于1757年出版了名为《南半球航行史》（*Histoire des navigations aux terres australes*）的一系列旅游行记。作为勃艮第法院院长，德·布罗斯是布丰的童年好友。他还是语言学家、历史学家和作家。他在今天尤其因《意大利书信录》（*Lettre d'Italie*）而知名，这本信件集证明了他的文学才华和他对旅行的喜爱。他的航行
史系列，系统地编纂了所有在南半球海域以及太平洋上进行的 93
知名旅行。该系列的编纂早于为这一片区域旅行探险的辩护，那些辩护是为了证明关于即将被发现的大洋洲的猜想。在序言

中，德·布罗斯解释了他所搜集到的信息曾是商业、权力和宗教宣传的工具。同时，他还解释道，不同于旅行者的最初动机，发挥这些信息的科学用途是有可能的。

布丰和德·布罗斯之间的合作——前者在撰写《自然史》时使用了后者搜集的材料——既表明了在个人署名之外的科学的集体特征，又展现了旅行记述在科学概述中的运用。对布丰作品的阅读提醒我们，如今习以为常的自然科学和人类科学之间的区分，在 18 世纪时并不存在。材料是共同的：旅行者搜集有关人类的资料，同样也搜集植物和动物的、地质和气候的资料。但特别的是，布丰的科学既要适用于人类，也要适用于自然，即在这两种情况下，打破圣经式的记述。研究世界的起源，要与信仰神圣的创造相决裂；研究人类的起源，就要同对唯一的人类初始夫妇，也就是亚当和夏娃的信仰相决裂。因此，“人类的自然史”这个计划是真正革命性的，正如布丰的这一卷出版两年后所展现的那样，在狄德罗的百科全书中，人类学一词同时存在着双重含义。

94 在标为“人类学”的注释中，狄德罗简洁地阐述了该词的意思和圣经中的评论（Ecritures）。“人类学”一词特指一种我们今天称为拟人论（anthropomorphisme）的书写手法，即出于教学的考虑，将一具身体、一种精神状态，以及人类自己的情绪归于上帝的行为，如上帝的手指、上帝的愤怒等。但在对解剖学（anatomie）一词的注释中，狄德罗则明确指出，我们也可将人类学称为新的关于人类的自然科学。几年之后，法兰西公学院于 1776 年将实用医学讲席更名为人类自然史讲席，这一改变参考了布丰的著作。该讲席被委任给了多邦东（Daubenton），他是布丰最亲近的合作者。“人类学”一词获得了一个新的含义，这个含义直到今天还被保留在体质人类学中，那就是对人类身体的研究，但这还不是一种关于人类的普遍科学。

关于人类起源的争论持续了整个 19 世纪。这些争论将自然主义知识和神学信仰相对立。布丰曾与圣经式的历史决裂，因为它将人类历史化约为唯一一对夫妇的后裔。这种割裂是否意味着与人类同祖论的割裂，即与人类物种统一性这一断言的割裂？这是布丰没有言及的。而人类多祖论，即存在多个人类物种的断言，在基督教神学的观点看来是不具正当性的。那么，在科学上这一理论可以被接受吗？

今天，这些争论对我们来说，要比在那个时期更加晦涩难懂：史前人类和原始人类没有分离，并且我们承认已出现的人类物种的基因多元性已经跨越七百万年了，已出现的智人（*Homo sapiens*）的基因统一性也已经达到二十万年了，这些 95
时间跨度对 18 世纪的学者来说是难以想象的。

然而，在《人类的自然史》这一卷论著中，布丰坚定地捍卫以下的观点，即人都是相似的，他们都是同一物种。他所谓的不同的“人类物种的多样化”远非由于起源的不同，而是出于不同的历史原因。“一个唯一的人类物种……经受了下列不同的变化：气候的影响、不同的食物、生存方式、流行疾病和或多或少相似的个体间无限的多样混合。”

正如布丰所讨论的那样，对人类物种统一性的猜想，不是圣经式记述中一种信仰的结果，即赋予人一个共同的起源：亚当和夏娃夫妇。这种猜想可以通过语言的存在论证，因为语言明确地划分了人和动物；也可以通过杂交的繁殖力论证，它证明了在动物界同属于一个物种。因此，布丰主张，“野蛮人和文明人一样地说话，两者都自然地说话，他们都是为了被听见而说话。”我们当然可以确认不同的人种多样性的存在，但这些多样性不是固定的，就像不同的物种一样。这种多样性是环境的历史与人类关系的历史的产物。如果这些历史被改变，那么这些多样性就会消失或者彻底地被改变。

在布丰笔下，“或多或少相似的个体间无限的多样混合”
96 作为人类物种统一性的证据（既然杂交是有繁殖力的），以及对不同的“人种多样化”产生的解释，第一次以一种积极的方式出现。

旅行者和哲学家：不可能的对话

当自然科学受益于旅行者、编纂者和理论家之间的合作时，旅行者和哲学家之间的关系在 18 世纪末却变得很糟糕。直至 19 世纪末，大型的科学考察包含了所有的自然科学专家——植物学、动物学、生物学、天文学，以及人类科学专家——地理学、民族志与语言学。在年轻的自然科学领域，他们以亲密无间的团结作为标志。与之相反的是，在人类科学领域，观察者和理论家之间的关系却非常紧张。这是为什么呢？

在自然科学领域，我们已看到布丰依据德·布罗斯完成的概述，后者编纂了前几个世纪旅行者的记述。在人类科学领域，我们已经看到，蒙田受启发于让·德·莱里与希罗多德的著作，并且去使用报道人各种各样的见证。在18世纪时，一种建立于对科学工作既尊重又批评的分工上的合作，得以在自然科学领域繁荣，那为何单单在人类科学的领域里就行不通呢？

我们曾将“哲学家”称为房间里的学者，他们负责概述对人类文化的描写，却“不用离开他们的扶手椅”。这一形容后来被职业的人类学家用来批评“扶手椅上的人类学家”。像博物学家一样，哲学家曾投身于人类科学的建设，但他们的努力 97
极少涉及旅行的成果。

一些哲学家从对自然状态的构想开始进行推理，这种猜想从未得到证实，也无法被证实，即如何得以观察到不存在社会的人群？这些哲学家很少囿于旅行记述，如霍布斯（Hobbes），对他来说人天生是恶的；或者卢梭，对他来说人天生是善的。其他哲学家代替了学者型旅行家，他们与一个脱离原境并被搬移到欧洲上流社会的当地人建立一种想象的关系。他们的冒险正是对当时风俗展开一种讥讽的、政治的与社会的猛烈批评的时机。因此，孟德斯鸠（Montesquieu）于1721年出版了《波斯人信札》（*Lettres persanes*），狄德罗于1772年出版了《布干维尔航海补遗》（*Supplément au voyage de Bougainville*）。他们通过揭示外国人的出现及其改变坏境的经历，从而嘲笑他们的同代人。毫无疑问，我们今天可以将这两部作品当作出于距离化的民族志进行重新解读，它们讲述的不是野蛮人，而是所谓的文明人。

野蛮人身份的双重性同样是当时许多文学作品的核心。在

1611 年，我们已经在莎士比亚的《暴风雨》中找到两个虚构的角色，坏人卡利班（Caliban）和好人爱丽尔（Ariel），他们代表了野蛮人的两面。在他们的船遇险之后，贵族普罗斯佩罗（Prospero）和他的女儿米兰达（Miranda）生活在一座岛上，那里也住着被普罗斯佩罗用魔法成功降服的卡利班——可能是“食人者”（cannibale）一词的异位构词。这里与蒙田和莱里的贵族野蛮人形成对比。卡利班是一个半人怪兽，与充满天赋并且顽皮的爱丽尔是性格相反的双胞胎兄弟。

98 莎士比亚这部作品有很多后继者。卡利班和爱丽尔分别代表了被殖民者的两面：反抗者与顺从者，就像安的列斯作家艾梅·塞泽尔（Aimé Césaire）在 1969 年的作品《一场暴风雨》（*Une tempête*）中所描写的那样。莎士比亚自己也受到很多欧洲记述的启发，如麦哲伦（Magellan）考察团队成员的记述和一个遇难船只幸存者的记述。此外，他还读过蒙田于 1603 年被译为英语的作品。一个世纪之后，丹尼尔·笛福（Daniel Defore）的《鲁宾逊漂流记》（*Robinson Crusoe*）于 1719 年以英文出版。此书受到另一个遇难船只幸存者记述的启发。这部小说讲述了一个文明人是如何被转换到野蛮的生活之中。20 世纪的读者们只记住了一个好的野蛮人的形象，即星期五，但食人者的形象也同样存在着。

在这个对他者抱有幻想和对社会充满讽刺的时刻，出现了一些尝试，即利用二手材料的编纂，将对过去文化的继承理论化，或者将他们在地球上进行重新分配。因而，那不勒斯历史学家詹巴蒂斯塔·维柯（Giambattista Vico）在他 1725 年出版的《新科学》（*Les Principes d'une science nouvelle relative à la nature commune des nations*）一书中指出，要从历史资料中发现一种三阶段的周期，即发展、成熟与衰落，这一周期对世界所有的民族都适用。不久之后，孟德斯鸠因试图定义主导人类法律多样性的科学法则，发展出了一个基于气候影响，尤其是受到温度影响的地理决定论。1748 年，《论法的精神》（*L'Esprit des lois*）出版，它展现了特别是在野蛮人当中，习俗和国内政治制度对自然和气候的直接依赖。这种地理决定论，长期被认为是错误的，但它并没有妨碍社会学家埃米尔·涂尔干自愿从孟德斯鸠那里借用这种决定论，从而去解释文化的多样性。事实上，维柯像孟德斯鸠一样，为不同于 19 世纪的生物进化论 99
的社会进化论建立了基础。

只要旅行者不觉得自己介入到一项科学的集体工作中，他们就不会担心来自哲学家的批评。不过在 18 世纪，科学旅行成为一项真正的制度，并且这种考察大范围地联合了博物学家、画家、语言学家和民族志学者，他们出于同一个科学使命而聚集在一起。而哲学家表现出的轻蔑，破坏了这些旅行者的职业荣誉感。这正解释了布干维尔的抨击，他于 1771 年在《环球纪行》（*Voyage autour du monde*）中写道：

> 我是旅行者、水手，也就是这群懒惰傲慢的作家眼中那个说谎的人和白痴。这些作家，在房间的阴暗处，广泛地探讨这个世界和它的居民，并迫切地把自然交于他们的想象。这些人的行为是十分独特且难以理解的，因为他们

> 谁都不去亲自观察，而只是依据从旅行者那里借鉴来的观察进行写作并做出断言。不过，他们却又拒绝这些旅行者观察和思考的能力。

科学旅行最终得以正名，成为一种开销昂贵的考察，它由政府提供资金上的赞助，由学术机构提供科学上的支持。16 世纪的大型远航，这种类型的考察只保留了航行日记的做法和探险的集体维度。以下的这些混淆都是错误的，那就是将 18 世纪时以科学为武装和目标的探险者，混淆于中世纪的克里斯托弗·哥伦布以及他的犹豫与恐惧，或是混淆于与宗教战争做斗争的维莱加农的考察。

100 尽管出现了两个最早的自主性的概述，即维柯的历史演变和孟德斯鸠的地理多样性，但这两者都是对社会意义上的人进行思考，而不关心实际的人，因此，继续将博物学和民族志式的观察与奇珍收藏室的形象联系起来，这一做法在这些旅行中并没有减少。在人类科学方面，探险家的报告与房间里的概述之间差距加大。同时，那些新兴的人类学、地理学、语言学的协会，开始广泛并系统地传播新的《旅行者指南》（*Instructions pour les voyageurs*）。这些指南以同样的形式重拾旅行手册的传统，但为了做到系统而客观的描述，它放弃了培养正直的人这一人文主义目标。

在人类科学领域内，必要的概述作品是否对孤独的研究者来说过于庞大？换句话说，孟德斯鸠的工作比布丰的更为繁重吗？又或者，在社会科学领域中发现普遍的法则，换句话说，将从未以同样形式重复的现象的起因归纳出来，是一种固有的困难吗？处于这一知识的描述阶段，难道不更应该指出一种建立社会科学专有分类的困难吗？这种困难与下列事实相关：当地人所说的与植物学家相反，他们用一种不同于学者和旅行者的语言来描述自己的世界。

实际上，在18世纪时，关于社会的新兴科学，最缺乏的就是哲学家对田野材料的关注，换句话说，是旅行者和理论家之间的相互信任。一直要到1795年和法国大革命，历史的教学工作才被委任给一名出于使命召唤的旅行者：语言学家和外交官 101
沃尔内（Volney）教授。并且，除了旅行者与哲学家之间不信任的关系之外，我们同样可以思考18世纪的旅行者是否为了理解当地人的观点而有所储备？与为了改变所研究人群的宗教信仰而定居其间数十年的传教士兼语言学家相比，旅行者是否由于同当地人的接触较短而没有过于迷失？通过创造一种分钟式的民族志（ethnographie-minute），从某种程度上说，他们是否不会直面冲突或误解？

| 库克船长之死（1779年）与有关“初次接触”的论战

1779年，在桑德威治群岛（îles Sandwich），也就是今天的夏威夷岛上，库克船长被当初隆重接待他的当地人谋杀的这一事件，使他的同代人印象深刻。这一翻转显得荒谬至极，原本是好的野蛮人变成了一个丧失理智且危险的人。在事件发生后的下一代，一个美国传教士搜集到的口述材料，解释了当时发生了什么：不仅在表面上，库克被当作神而受到迎接，他的死更是证实了他神圣的本质。20 世纪时，这一事件引发了人类学家的兴趣，因为它带来了以下的问题，那就是如何还原当地人针对与欧洲人相遇的看法？

在美洲，这个问题直到 20 世纪才被解决。这源于对当地人关于征服记述的较晚发现和解读。在对太平洋的探索中，这个
102 问题曾以不同的方式被提出过。从 18 世纪 50 年代开始，法国和英国的一线科学家们，聚集在科学院和学术协会之中，鼓动他们的君主重新开始对南半球进行研究。尽管地球似乎已经被充分地认知，但人们还是假设存在一片很大的南方陆地。虽然澳大利亚的海岸已经被探索过了，但是英国的殖民直到 1788 年才正式开始。

不仅与非洲从古代就被知晓且人口繁密的情况相反，还与美洲在被征服后人口濒临灭绝的情形相反，澳大利亚这一地区的人口相对较少，并由无数的小岛和一个十分沙漠化的陆地组成。对澳大利亚的发现是在与美洲大发现极为不同的背景下进行的。启蒙时期的欧洲是一个学者不再是神学家的世界。在这里，民族之间的竞争替代了宗教之间的战争；受过教育的精英们质疑出生便带有的特权，世界公民的概念随后取代了基督教典范。同时，这也是一个自然科学服务于工业，社会科学服务于统治的世界。

1763 年，占领加拿大的战争的结束使得探险家转向太平洋。科学考察包括了无数的专业学者，他们来自欧洲的不同国家。库克的日记是一份令人印象深刻的资料，陪同他的

学者们的日记也是如此，比如英国植物学家约瑟夫·班克斯（Joseph Banks）在1768至1771年间的《日记》（*Journal*），以及年轻的德国画家和民族志学者格奥尔格·福斯特（Georg Forster）的日记。后者曾负责撰写1772至1775年间第二次旅行的报告，并于1777年在伦敦出版《环球航行记》（*A Voyage* 103
Round the World）。福斯特在里面非常清晰地阐述了现代民族志分析的原则，即要求“在使用观察者的观察之前，要首先去了解观察者”。

如果我们检验一系列对太平洋当地人的描写，这些描写在1760至1780年的连续考察中被完成，我们就会发现，对他们来说，与欧洲人相遇的当地人有两个不同的含义。1768年，植物学家班克斯在他的《日记》中给当地的首领们都起了希腊名字：赫克里（Hercule）、埃阿斯（Ajax）与吕库格（Lycurgue）。一些画家将当地人画成希腊的美女。我们仍然处在拉菲托的世界中。但其他肖像画画家批评这种理想化，因为他们反而想要寻求忠实于模特的轮廓线条和个性，并以模特自己的名字命名画作。在他们的心目中，其天职是呈现一个人本身，这个与画家相遇的人，而不是一个古老的梦。比如，威廉·霍奇斯（William Hodges）从库克的第二次旅行中带回了俄迪德（Oedidee）的画像。俄迪德是一个年轻的波利尼西亚人，他陪同考察团七个月的时间（见图12）。而约翰·韦伯（John Webber）参加了库克于1776至1780年间的第三次旅行。在众多草图中，他留下了大溪地公主波爱杜（Poedua）的草图，并为她画了多幅画像。这些画像在欧洲传播了一个面带神秘微笑的年轻美丽的波利尼西亚女性的形象（见图 13）。然而，似乎在韦伯为她画像时，她正和所有家人一起充当库克的人质，因为当时库克试图找到他消失的部分船员。

所有这些材料，文本和图像，使我们可以重建初次接触时欧洲探险家对波利尼西亚当地人的态度。反过来，如何知晓当
104 地人对欧洲来访者的态度呢？围绕库克船长之死的争论恰好与此有关。

库克船长是否以及在何时被当成了洛诺神？

1779 年 1 月 17 日，船长库克来到了岛上。由于航船受损，他在隆重出发之后又重新返航回来，而正是在这次返回后他被杀害。关于他死亡的最早记述出现在他旅程同伴的航行日记中，四十年后又出现在《夏威夷的穆奥莱洛》（*Mooolelo Hawaï*）一书中。后者讲述了这座岛屿的历史，由当地博学的基督徒大卫·马洛（David Malo，1793—1853）以夏威夷语撰写并出版。而在一个多世纪后，随着 1978 年马歇尔·萨林斯（Marshall Sahlins）一篇名为《库克船长的神化》（*L'Apothéose du capitaine Cook*）的长文出版，关于上述文本的解读，形成了一场长久的争论。萨林斯是美国马克思主义和结构主义人类学家，在他的荣誉到达顶峰之时，他先是受到历史学家们的批评，因为他们质疑他所用资料的可信度。接着又受到来自斯里兰卡的人类学家加纳纳斯·奥贝叶塞卡勒（Gananath Obeyesekere）的批评。萨林斯将他的分析建立在严肃地看待当地神话之上。这则神话将死后的库克船长转变成了一个被称为

洛诺（Lono）的夏威夷之神。对奥贝叶塞卡勒来说，萨林斯的
分析让这则欧洲古老的神话重新延续。依据这则神话，轻信的
当地人可能在白人到达之时就已经将他们当成了神。正如20世
纪的历史研究所展示的那样，这个信仰已经被西班牙人科尔特
斯策略性地利用，从而影响了最后一任阿兹特克皇帝蒙特苏马
二世。在奥贝叶塞卡勒看来，认为“当地人将第一批欧洲人的
到来解释为其中一个信奉的神回来了”这种观点，是在侮辱当 105
地人没有能力拥有理性。

争论在不断地发展，以至于萨林斯回溯当地记述的谱系，一直追溯到一位1779年库克死亡的直接见证人。他还找到了一些欧洲人的描述，这些描述涉及库克死后的几年，当地人对他进行的仪式崇拜。这些对萨林斯来说，是理解当地人如何思考的重要并且可信的线索（这正是他1995年出版的书名《“土著”如何思考》［*How “Natives” Think: About Captain Cook, for Example*］的含义）。因此，库克与洛诺神之间的等同性是合情合理的。这并不是事后被某个虔诚的传教士捏造出来的，并且这也同时解释了库克隆重的登岸以及他的死亡。实际上，当他的航船抵达港口时，正值当地人举行庆祝洛诺神重生的仪式。洛诺神是一个夏威夷的神，他的死亡和复活在每一年循环，从而保证了岛上的自然秩序。库克的航船受损而返航的时间，符合洛诺神死亡仪式的日期。而库克之死和对他到来的热情欢迎，这两者的原因是相同的：祭司、头人和岛民将库克当成了洛诺神。他们尊敬他，然后杀了他，最后将他神化。

对奥贝叶塞卡勒来说，萨林斯只是重新采纳了一个迎合欧

洲人自己的神话，却没有检验它。如果当地人把欧洲人当作神，这恰恰合理化了欧洲人自己的掠夺行为。然而，当地人并没有神化库克，他们只是简单地将他纳入他们的酋长体系中。

萨林斯的解读回到了结构理性（raison structurale）这一概念。也就是说，一个处于关系结构之中而非处于一连串信仰之中的理性。这种理性可以解释全部事件。一个宗教神话（洛诺神的复活与死亡）、一系列仪式和一个意外的历史事件（库克的到
106 来），这三者之间的文化重叠在夏威夷文化中是有意义的。这种文化重叠解释了，库克作为一个外来人，代替夏威夷的洛诺神而被杀死。奥贝叶塞卡勒则从另一个不同于重构事实和当地意义的角度做出了回应。她把问题转化成了一个伦理的争论。奥贝叶塞卡勒不仅作为底边研究（*subaltern studies*，一项国际运动，由来自前殖民地的学者组成，他们寻求从被统治者的角度重新书写人类历史）的代表人发言，还作为当地人的代表发言。她认为通过捍卫当地人的理性，可以捍卫他们的尊严。

因此，实际上，这场争论针对的是当地人的理性和心理。萨林斯绝对严肃地对待当地人的证词，并捍卫存在一种结构理性的观点。这种结构理性，是在当地人既不愿意也不知晓的情况下由外部施加于其身的。而奥贝叶塞卡勒则捍卫一种普世的个人理性的观点。这种个人理性不能将夏威夷当地人排除在外。除了西方理性和当地人理性的对立，即人类学解释的民族中心主义之外（在这种解释中，奥贝叶塞卡勒试图以当地人道德崇高的名义来围堵萨林斯的观点），还涉及人的两个概念。第一个概念通过一种结构的无意识将人描述为“阿希”（agi），

这个结构会根据语境而变化。第二个概念从字面解释了人的普遍性：人类物种的每个个体，如果被放置或迁移到另一个语境中，也会跟随同样的逻辑原则做出反应。

但是，如何理解当地人相信库克就是洛诺神这一行为的确 107
定性？在以下三者之间存在一种联系：1 月 17 日第一次登岛时为库克准备的接待，2 月 7 日由于航船受损返回时等待他的事件，以及 2 月 14 日在斗殴中被杀。这是第一次欧洲人被隆重地接待并被赠予女人，除非这些女人是自发与旅行者结合。无论如何，与其说这体现了性自由，诚如欧洲人相信的那样，倒不如说这是一种有意识的繁衍策略。头人，或女人自身，如果依照奥贝叶塞卡勒的猜想，希望和强壮的外国人交配；或者如果依照萨林斯的猜想，希望和一个神交配。今天，我们了解到这些岛屿社会也习惯于接待旅行者，即便后者来自远方。并且这些社会自愿与外来者建立持久的关系，包括亲属关系。当地女性和外来男性间的性关系说明了这个当地社会，绝没有蔑视混血，反而寻求制造混血的机会。这解释了在关于信仰的问题与库克和洛诺神的等同性的问题之前，当地人对欧洲人的态度的问题。

此外，自 20 世纪初以来，关于社会的科学终结了关于当地人信仰的非理性的争论。这种显著的非理性来自欧洲人的态度，后者认为当地人的信仰处于初级阶段。因此他们要推翻这种观点。一部分人注意到，是在早上太阳即将升起的时候，而不是在夜晚，当地人举行黎明的仪式。因为早上，人们知道太阳即将升起，并且他们的仪式将是有效的。晚上，通过经验得 108

知，即便他们满足于点亮灯，他们还是知道有被揭穿的风险。让我们举另一个例子：在中国的文本中，通过肯定皇帝支配江河的水流，来证实皇帝的权威，但我们不能据此就“认为”中国人“相信”皇帝支配着江河，而需要观察到的是，当江河不再服从他时，他便也就不再是皇帝了。仪式操纵了符号。这些符号在改造社会关系与个人情感方面是有效的，但它们在改造物质世界上是无效的。而且，这一点是每个人都知道的，包括施行这些仪式的当地人。一种迫使人们去猜想当地人非理性的解读，是一种缺乏信息元素的解读，即缺乏关于当地人知晓什么和关于他们的想法的信息。

那么，当地人看到库克第一次到达时究竟在想些什么呢？他们在想，库克到达时正巧赶上洛诺神仪式的举行，库克的表现“如同”洛诺神，而不是在想库克“就是”这个神。奥贝叶塞卡勒对萨林斯的控告是站不住脚的，因为结构的解读并不假定夏威夷人的非理性。当法庭庭长宣布开庭，每个人的态度都在这一刻发生了变化。不必假定庭长有神奇的能力，只需承认他扮演了那个每个人都期待他扮演的角色，这个角色赋予他改变行为的权威。当库克于三周后离开之时，这次启程可以被解读为洛诺神的离开。库克的表现再一次“如同”洛诺神。

然而，刚过没几天，当他和他的团队悄悄返回时，仪式被彻底打乱了。由此我们可以做出和萨林斯一样的判断，即当时
109 的情形对应了另一个仪式中的洛诺神之死。我们也可以认为，在第二次回归时，库克和洛诺神之间已不再存在一致性，反而在当地人和船员之间存在着混乱。

最后，萨林斯从事实中提取论据，这一事实便是自库克死后，他成了当地人祭祀崇拜的对象。我们可以同萨林斯一样认为，这种祭祀崇拜将两次登岛结合起来：一次使当地人为之庆祝，另一次导致当地人将他杀死。但这种崇拜可能只涉及第一次登岛，而库克之死可以被解读为一次意外。为了在这两种解读式的猜想之间抉择，必须要核实对库克的祭祀崇拜是否仅仅将他第一次登岛与凯旋的洛诺神联系在一起，还是同样也将库克之死与被打败的洛诺神联系在一起。

社会人类学是一种有关当地人解释的科学，而不是关于仅由民族志学者观察的事实的科学。人类学家不仅要分析他所观察到的事实，还要分析当地人理解这些事实的方式。这就是我们通常所说的，克利福德·格尔茨（Clifford Geertz）提出的“深描”（description dense）。它是一种包含了当地人的解释以及民族志学者的解释的描写，这种描写阐释了他们之间可能存在的分歧。对此，库克之死是一个最好的例证。这种解释的分歧是具有揭示性的意义：当地直接证人的记述、《夏威夷的穆奥莱洛》的记述、相信结构理性的萨林斯的分析，以及相信普遍理性的奥贝叶塞卡勒的分析。就像历史学家思考自己的叙述和他们的研究语境之间的关联那样，人类学家也在思考自己的叙述和学术生产的语境之间的关联。

***

正如今天我们所了解的那样，人类知识的组织是在 17 至 110
18 世纪之间建立起来的。正是在这一时期，求知的意志成为新兴使命的动力。与从前传教士的宗教天职一起，科学的专业人员的求知意志变得更加慎重，但一直富有生命力。

相反，早前的作品，从伊本·赫勒敦到萨阿贡，显得如同是与历史转折相联系的私人性的举动。这些历史转折，促使作者思考文化接触以及知识传播。

17 世纪时，正直的人思考陆地上世界的多样性，但不区分自然奇珍和人类奇珍。18 世纪时，学者们通过探险旅行推动自然科学的发展，而哲学家们利用这些旅行作为批评的武器。此外，自然科学和人类科学发展的步调也不再一致。前者包括人类的自然史，以书房里的学者和做田野的学者之间高度融合为特征。反之，在后来变为社会人类学的领域中，一旦与人类的自然史相分离，哲学家与旅行者之间就形成了鸿沟。

所有这一切发生得就好似关于社会的科学承受了焦虑之苦。这种焦虑是通过与人接触带给学者的，因为这些人正是科学研究的对象。同样，对当地人的描述游移在理想的人与哲学家认为的好的野蛮人之间。我们正是向这些哲学家寻求文明之殇的
111 解决办法，以及有关野蛮人两种相反形象（好的星期五和坏的卡利班）的答案。这两种形象更多的是文学而非科学，在 19 世纪时它们更是被用于欧洲对非洲殖民的正当化：必须要保护黑人，他们是好的野蛮人；反对拥护奴隶制的阿拉伯人，他们是坏的野蛮人。

然而，人类学这门科学至少到 1860 年都没有任何实际的用处，这是因为它在两个重要问题上犹豫不决：需要将远方人的民族志与欧洲的民族志分开吗？需要将生理上的人的科学与社

会层面上的人的科学分开吗？对于这两个问题的回答，在整个19世纪不停地轮换；并且按照回答的兴趣点是在欧洲还是在其他的大洲，民族志被分别用于民族的建立和帝国的建立。相比于体质人类学，根据社会人类学的自主性与否，关于人类的科学给欧洲的统治提供了两种不同的意识形态的辩护：像长满毛的种族主义者认为的那样，欧洲人具有自然的优越性；或像康德、黑格尔，甚至马克思和恩格斯认为的那样，欧洲人具有文化的历史优越性。

第四章

一种欧洲的人类学是可能的吗？

113 在展现出人类的多样性时，欧洲是否给自己赋予了和其
他大洲不一样的地位？这已经不是 17 世纪时的情形了。《四
大洲》这幅画虽然把欧洲画得和其他大洲一样，但她的象征
是武器和旗帜，这使她明显与美洲、亚洲和非洲的富饶相区
别。一直要等到 18 世纪末，才会出现了新的争论，这些争论
与正待建立的人类新科学的词汇有关：需要去区分远方人的
科学与欧洲人的科学吗？除了词汇，被提出质疑的，还有野
蛮人与欧洲人之间绝对的差异，此外，还有一方或是另一方
的优越性。仅在 19 世纪，这个问题就已经围绕着种族被提了
出来。此前，古希腊对野蛮人的优越性在于语言，欧洲对其
他文化的优越性则在于历史。大概在 1860 年之前，当印欧
种族理论首次出现时，就受到了著名的语言学家和历史学家
欧内斯特·勒南（Ernest Renan）以及法国体质人类学之父
保罗·布罗卡（Paul Broca）的严肃反对。然而，这并没有阻
114 止该理论在 20 世纪初的卷土重来，当德国纳粹在欧洲大地上
对被他们认为的低劣种族，即犹太人和吉卜赛人进行种族灭绝
时，印欧种族理论被用来充作辩护之词。那么，如果不陷入
欧洲优越性的幻象，应该如何去思考欧洲与世界其他地方之
间的文化差异呢？

| 启蒙哲学家与欧洲

我们还记得，蒙田在发现美洲大陆近一个世纪之后，曾断定食人族比欧洲人更具优越性，这是因为后者在宗教战争中曾

暴力地相互厮杀。启蒙时代的哲学家们试图推动科学认知的进步，从而反对偏见和宗教蒙昧主义。与此同时，他们还揭示了以下两件事：卢梭指出，在一个固定不变的社会中，出身的特权比个人功绩更重要；伏尔泰和狄德罗则指出，专制的权力蔑视其臣民的意志。这些社会意义上与政治意义上的批评，往往通过对非欧洲社会的论述来展开。

在《布干维尔航海补遗》中，狄德罗就借助一个年轻的大溪地人奥卢（Orou）的声音，来嘲笑欧洲人自命不凡的优越性。奥卢假装相信大溪地女人想要与欧洲男人结合的愿望，是出于欧洲男人在智慧上的优越性，但实际上奥卢充满自豪地观察到他们要比欧洲人更加强壮和健康，他对此非常确信。狄德罗借此嘲笑了欧洲人的文化傲慢。

启蒙哲学家们充满矛盾地去看待欧洲。当法国哲学家借用
自然状态的概念，试图让旧社会与旧制度消失时，对一个民主 115
的和智慧的欧洲的建构，伴随着一种欧洲的优越性，这种优越性是要以某种方式与古希腊时期的观念相关联，这种观念对应的是古希腊人对野蛮人所具有的优越性。亚里士多德论证了已文明化的国家对欠发达国家的治理，这是因为前者有更多的理性，并且有能力去规制后者。康德则通过历史和法律来提供证明。在上述两个例子中，他们的哲学理论不仅可以被用支配权力的欲望进行解释，还证明了他们的支配性。尼采之后的马克斯·韦伯称之为“社会论”：通过社会理论对世界秩序的证明；这种社会理论取代了神正论，而神正论是通过神学对世界秩序进行辩护。

哲学家伊曼努尔·康德在1784年，也就是狄德罗去世的那一年，出版了第九本也是最后一本书《世界公民观点之下的普遍历史观念》（*Idée d'une histoire universelle au point de vue cosmopolitique*），在这本书中，康德精彩地写道："从古希腊史开始……一直到我们的时代；我们断断续续地介入其他人的政治史中，诸如我们可以通过那些见多识广的民族，来实现我们的认知；我们因而可以从世界中我们所属的部分（这一部分很有可能在某天将他的律法施行于世界上其他所有的部分），发现一个完善公民宪法（constitution civile）[①] 的常规路径。"

既然世界上其他地区的人无法同样间歇性地介入欧洲的历史，欧洲有着一个与其他大洲不同的哲学地位，欧洲也处于人
116 类历史的中心。这种人类的历史，被解读为完善公民宪法的常规路径，授权哲学去预见它对世界上"其他所有的"部分的合法的支配。既然将公民宪法的概念与欧洲的优越性相互关联，上述那些论点的后继影响是巨大的。它们影响的首先是法国的其次是世界的人权宣言，并将这一宣言封闭在一种普遍历史的种族中心主义视域之内。从人类学的历史来看，康德的文章使得以下的观念根深蒂固，那就是社会人类学的欧洲起源，以及它与那些欧洲优越性观点之间的联系。狄德罗则完完全全地失去了位置。

但是为了能使这种优越性成为可能，欧洲人就必须与其他人

---

① 公民宪法能够通过法律来规定个体之间的关系。

截然不同，研究欧洲人的科学也应该与研究远方人的科学不同。当然，不同国别的传统没有以同样的方式来回答这一问题。

“人类学”这一术语正是在18世纪末出现在所有的欧洲语言当中，去描述一种联合起来的人类的科学，这种科学摆脱了《圣经》中展现的人类神学的历史，所有人都同意人类学是一门有待建设的科学。这种人类的科学应当处于哲学、关于自然的科学与关于社会的科学的相互交叉之下。比如，这也正是让-巴普蒂斯特·罗比耐（Jean-Baptiste Robinet）所下的定义，这一定义出现在其1778年的《道德科学的通用词典》（*Dictionnaire universel des sciences morales*）（道德科学是人们给关于社会的科学的名称）中。同样，康德教授的课程的名称“人类学”也强调了其重要性。在这门课的基础上，康德撰写了《实用人类学》（*L'Anthropologie du point de vue pragmatique*）一书，在书中他明确区别了生理学的人类学和实用人类学，后者研究 117
的是作为社会存在和自然存在的人类，今天我们称之为“社会人类学”。

然而，描述社会人类学的这些词都不是精确的或一成不变的。“民族志”（ethnographie）这一术语开始在意大利语、法语和英语中流传，但在德语中却遇到了困难。曾是康德的学生、浪漫主义哲学家约翰·戈特弗里德·冯·赫尔德（Johann Gottfried von Herder），一度参与到对德国民谣进行搜集的事业中去，他后来于1778年出版了一本文集。他从1772年起就强烈地反对大学教员施洛泽（Schlözer），后者在研究中使用了“民族志”这一术语。赫尔德通过批评这一术语，进而维护另外两个至今还在德国大学中被强调的术语。通过在单数和复数之间变化，德语事实上可以区分复数的人（指远方的人们，*Völkerkunde*，民族学）的科学和单数的人（指德国人，*Volkskunde*，民俗学）的科学。复数的人的科学，对应的是欧洲对世界上其他地域的支配的建立；单数的人的科学，对应的是德国民族的建立，这要归功于对人及其精神（*Volksgeist*）的彰显，也就是说，对德国人的语言、风俗和传统的彰显。

西伯利亚的诞生与俄国的建立

事实上，就像上文中说到的 *Völkerkunde* 与 *Volkskunde* 的对立那样，对他人的科学与对自我的科学之间的区分，并不是所有
118 国家的传统。在俄国，对远方人们的研究与对俄国人的研究之间的区别就并不存在，而“民族志”和“民俗学”这些术语从来就没有被停止过使用，它们毫无差别地被用于描述对自我和对他者的研究。正是在 18 世纪末，从波罗的海到太平洋的大量土地被俄国占领，这些土地也就此成了被系统研究的对象。自 1645 年起太平洋被俄国波及，而形容西伯利亚的则是一块具有异质性且人口稀少的亚洲区域，在这里共存着文化上相近的土著人，不但有爱斯基摩人、拉普人、因纽特人，还有蒙古人和被流放的欧洲人。

第一批探险者在沙皇的授意下从整个欧洲而来，他们不仅对这些土地感兴趣，还对拥有这些土地的人们感兴趣。1725 年对西伯利亚第一次的探险，是在沙皇彼得大帝的要求下，由原籍丹麦的俄国航行者维他斯 · 白令（Vitus Béring）组织的。这

次探险的目的是去检验西伯利亚是否与美洲相连。白令发现并非如此：中间有一块海峡将两处分开，后来人们将这块海峡命名为“白令海峡”。白令亲手绘制了一幅地图，图中展示了不同的人群：雅库特人（yakoute）、科里亚克人（koryak）、楚科奇人（tchouktche）、伊文克人（evenk，也被称为通古斯人，toungouse）、坎查达尔人（kamtchadal，或称为伊特尔梅内人，itelmène），以及千岛群岛（îles Kouriles）上的阿伊努人（aïnou）。不过，白令这次并没有抵达美洲。于是，他在1733至1743年间组织了更为昂贵的第二次科学探险，共有三千名参与者。这一次，他最终抵达阿拉斯加，并且确认了西伯利亚与阿拉斯加之间被大海分隔。

1768年，圣彼得堡科学院的自然史教授、德国博物学家彼得·西蒙·帕拉斯（Peter Simon Pallas），展开了一段持续六年、途经西伯利亚的航行，他原本的计划是直抵中国，但最终 119
因健康问题而放弃。这次航行困难重重，帕拉斯多次感到了气馁。他的一个同行者染上了鸦片瘾并最终自杀，另一个同行者在位于今天的塔基斯坦（Daguestan）被山民部落囚禁致死。帕拉斯最终航行了三万公里，当他返航时，带回了重要的博物学和民族志观察材料。他同样也是《所有语言的比较词典》（*Dictionnaire comparatif de toutes les langues*）的作者，这本书一开始是用俄语完成的。

在俄国，对西伯利亚人的兴趣，在整个18世纪都没有减弱。为了重组那些来自所有探险的材料，多本综合性著作被出版。例如，从1776到1780年，J. G. 格奥尔基（J. G. Georgi）出版了一本汇编，名为《对俄帝国所有生民的描述》（*Description de tous les peuples vivant sur l'Empire russe*）。不久之后，民族志成了一门被应用于管理人民的科学，就像1822年出版的《管理西伯利亚土著人方式的条令》（*Code sur la façon de gouverner les autochtones de Sibérie*）中所展现的。在同一时期，美洲的美国也建立了与印第安人事务局（Bureau of Indian Affairs）相关联的民族学局（Bureau of Ethnology）：如果美国人建立了关于移民的概念，而俄国人建立了关于斯拉夫灵魂的概念，那么他们两者都对为了管理和认知“本地人”（peuples natifs）而担忧。

在俄国，斯拉夫人和非斯拉夫人都被同样一门学科研究，如果用一个词来描述，那就是“民族志”，今天仍然是这种情况。建立从人口上说纷繁复杂的俄罗斯民族，与建立有着大片领土和成千上万土著居民的帝国，这两者有着同样的困难。21世纪初，我们在俄罗斯还可以听到十种不同的语言，其中三分之一在高加索地区和位于欧洲的俄罗斯境内；而对于人口来
120 说，官方统计有20%的人口都是“少数民族”。

社会人类学因此成了一门统治之学，其中包括在苏联时期，人类学家和语言学家曾负责帮助地方精英去拯救他们的语言和文化。从彼得大帝统治起，无论是关于人类的科学还是其他的科学中，欧洲的科学都在为沙皇服务。否则至少要接受这些科学都属于“大俄罗斯帝国”，属于作为欧洲人的俄国人，属于高加索人和西伯利亚人。三个世纪以来所延续的各种文化政策，都偏向于对差异的尊重，尤其是在制作俄国护照时，都

要标上“国籍”或是“少数民族”。不过对犹太人来说，他们要面临的则是偏执、侮辱和屠杀的风险。

自 18 世纪起，在中欧和斯堪的纳维亚的其他地区，在家乡的民族志或民俗学，都成了民族主义学者偏爱的工具，这些学者希望能以此支持各种群众请愿。对家乡的民族志因而与对远方人的民族志分开发展，后者是为国王或国家服务。为自己人民服务的民俗学，以及为权力服务的对他者的民族志，它们之间的差异在欧洲只出现了两个例外：俄国以及大革命之后的法国。

法国大革命与民族志

在旧制度下的法国，对未知地区的大型发现和对远方人群的民族志，要比对法国土地上人群的民族志，更使国王格外感兴趣。 121
直到法国大革命才拉近了分属上述两个研究范畴的学者。民族志在民族与帝国之间、自我与他者之间很迟才出现普遍主义，这种普遍主义与革命的计划有关，在这个革命计划中，知识被用来为人民服务，并且得到国家机构的支持。

只是直到 1800 年，在近处和在远方的两种人类学之间的旧有区分，才被根本地质疑。转型出现在两个致力于知识和教育的国家机构之中，它们分别是一座博物馆和一所学校。国家自然史博物馆继承了国王的收藏室，它专注于自然科学，并且以保存自然物和脱手人造物的方式挑选它的收藏。借此机会，人们试图创建一个“古物博物馆”，该博物馆中已经重新整理了古人和蛮族的书籍，这在某种程度上是在延续拉菲托的事业。

与此同时，哲学家、历史学家和旅行家沃尔内在法国大革命之后的三年间建立的高等师范学校中进行的教学，得到了学者们的回响：为了知晓被研究的人群的语言和风俗，无论他们处于哪一个大洲，沃尔内都推崇直接的调查。

短命的机构

1789年，宗教神职人员的财产都被掠夺、分散、变卖和摧毁。从1790至1796年，那些在艺术、科学和文献上的收藏完全被纳入了国家“遗产”。与革命相接近的艺术界和科学界，
122 很快就活动起来去创建一个以“国家遗产”为名的新学说。他们的观点是，那些最为珍贵的财产，不能被变卖而应该由国家机构保管，并且由公众进行研究和展示，从而成为人民和人类的财产。这些机构于是便接收了教士们的财产、逃亡的贵族们被充公的物件，以及军队在欧洲被占领的其他国家搜刮的藏品。

在所有负责保存遗产的新建机构中，自从1792年起，国家图书馆替代了皇家图书馆。一座致力于艺术收藏的博物馆，在同一年被决定建立在卢浮宫中，卢浮宫原本是法国国王的宫殿。1793年，国家自然史博物馆替代了创建于17世纪的国王收藏室与皇家花园。藏品的重新分配被快速地进行，这次重新分配推动了对知识边界的重新定义：手稿学和钱币学，工艺品与自然科学。

对民族志物品的搜集处于风暴的中心。古物博物馆的新计划，预示了国家自然史博物馆藏品中，自然物种（植物、动物标

本、矿石藏品……）与人工制品之间的分配，我们今天称人工制品为“物质文化”（工具、纺织原料、祭祀器物……）。自然物种由国家自然史博物馆收藏，人工制品则在 1797 年被转移至临时坐落于国家图书馆的古物博物馆。

自 1799 年起，这一计划被放弃，上述藏品被试图与欧洲 123
古物藏品合并，后者委托于卢浮宫博物馆收藏。当带有艺术特征的古物在卢浮宫被重新布展时，国王收藏室中的欧洲藏品还被放在国家博物馆中，并且在徽章陈列室中展出；至于那些来自欧洲之外的藏品，则四散多处，甚至还被丢失，直到 1878 年才成为特罗卡德罗民族志博物馆（musée d’Ethnographie du Trocadéro）的一部分。

我们值得暂时停留在这一时期，因为对国王收藏室的重新分配，揭示了新的知识轮廓，也可能揭示了其中某些领域的政治意图。只有关于人类的自然历史，才能被保留在国家自然史博物馆，被拒绝的是与自然相对的人类物种。人类社会的历史本身被划成了两个分支：欧洲史与世界其他地方的历史。欧洲古物中的手工制品也被分成了两个部分：艺术制品与贵重制品。艺术制品主要是雕塑和纪念碑，被安放在卢浮宫并归属于艺术史。贵重制品主要是由古钱币学家研究的钱币，它们被存放在了徽章陈列室。

然而，世界其他地区的物质文化，则成了所有科学与政治意图的弃儿。我们可以对这一时期做一个总结，那就是督政府喜欢民族志，而执政官却无动于衷。这种兴趣缺失一直持续到 19 世纪末。一个总体的、体质的和社会的人类学计划似乎因此就被放弃了。一个结合了欧洲与欧洲之外的人类学计划也同样如此。当沃尔内于 1795 年在历史教学中，在 1799 至 1805 年
124 的人类观察者学会（Société des observateurs de l'homme）中，以及在 1800 年的省政府中，都只剩下了一些痕迹。仍然保留下来的，只有一个遗产，那就是对调查的发明。

沃尔内的角色

我们还记得，启蒙时代的法国，没有能够在旅行者与像狄德罗那样的哲学家之间建立合作关系，而在旅行者与像布丰那样的博物学家之间却建立了合作关系。必须要等到 18 世纪末，1795 年高等师范学校第一学期的课程随后被出版，成了与布丰的《人类的自然史》类似的综合性事业，并且在关于社会的科学、历史学、地理学和经济政治学等领域产生了影响。

历史学的课程主要是由革命派哲学家沃尔内负责，他从 1783 年起就花了两年时间游历埃及、叙利亚和巴勒斯坦。作为贵族和食俸者，沃尔内于 1787 年出版了《1783、1784 和 1785 年游叙利亚与埃及记》（*Voyage en Syrie et en Egypte pendant les années 1783, 1784 et 1785*）。1789 年，他是立宪大会的议员代表，并且积极参加了革命。当沃尔内的《废墟》（*Ruines*）在 1791 年出版大获成功之后，他就成了一名文学作家，他随后来到科西嘉岛，推行一项农业计划，虽然这项计划失败了，但他在这里认识了拿破仑并与他过从甚密。沃尔内选择了匿名致敬伏尔泰和费尔内（Ferney，位于伏尔泰在热内瓦居住地附近的公社）。正是因为沃尔内，旅行哲学家的形象更为饱满了。

1795 年，督政府要求沃尔内在高等师范学校开设一门历史课程。他的教学属于公共教育改革计划的一部分，这一改革 125
计划特别建立在孔多塞（Condorcet）的遗著之上，这就是同于 1795 年出版的《人类精神进步史表纲要》（*Esquisse d'un tableau des progrès de l'esprit humain*）。对于沃尔内来说这是一个展现历史学方法准则的机会，这一准则被视为人类社会的普遍科学，并且建立在旅行者历史学家和他们所研究的人群之间的直接联系之上。

仍然是在 1795 年，沃尔内出版《旅行者使用的统计学问题》（*Questions de statistique à l'usage des voyageurs*），旨在指导那些外交人员和商人进行观察，这本书后来于 1813 年被重印。书中内容实际上是细节较少的观察指南，去撰写的远方国家的地方志，这种地方志包含了与地域、经济、历史和政治相关的核心信息。在沃尔内的影响下，哲学家与旅行家之间的鸿沟似乎被填平了。布丰的自然科学在经过五十年之后，包括考古学、历史学、人类学和语言学在内的社会科学，配备了系统知识的工具。需要注意的是，在沃尔内最初的旅行记录中，他就已经开始使用自己的方法了。不过这种方法被一位修道院院长批评，后者指责沃尔内只不过是简单地重拾传教士们长期以来就已然知晓的方法。大革命下受到沃尔内培养的反宗教的历史学家们，以及由罗马教廷培养的天主教传教士们，两者的目的相互对立，因而很难聊到一起去，不过他们却有着相同的语言学和民族志的才能。

在那些新的关于社会的科学中，语言知识的重要性不应该

被低估。对沃尔内来说，就像对布丰那样，正是语言，并且经
126 由语言的多样性，才能来定义人类种族。此外，与远方人群的直接接触只有在获取语言知识的情况下才有可能。虽然许多针对被研究人群的字典和语法书，早已被旅行家学者使用了，但是在复辟时期之后摆脱院士与法国贵族议员的身份时，沃尔内才有机会去为语言学辩护。今天，沃尔内比较语言学奖由法兰西学院（Institut de France）对外颁发，以资奖励那些对古典的、欧洲的和欧洲之外的语言研究。

虽然沃尔内没有使用“民族志”这一术语，而是使用了“历史学”，我们今天还是很容易从他的著作中找到当代民族志方法的准则。事实上，相比于对二手材料进行分析来说，沃尔内坚持直接观察更具有优越性，并且还在他的课上分享他个人的经验。他在中东两年的旅行，使他得以理解一种与他自己如此不同的生活方式：这就是我们今天所说的“出于熟悉化的民族志”。我们还意识到，在沃尔内的课上，他还运用了他作为革命代表人物的经验，革命代表人物的身份使得他对民主的实践条件非常注意，尤其是政治集会的组织结构。我们可以认为，他同样拥有对他生活的内部进行观察的能力，换句话说，就是我们今天所说的一种“出于距离化的民族志”。

在 1795 年的课上，沃尔内所说的“历史学”，不仅指的是对残骸、遗址、铭文、金属和手稿的研究（这些成为历史学和考古学的材料），还指的是对惯习、风俗、仪式和宗教的研究
127 （这些成为社会人类学的材料），更指的是对语言的研究。语言、考古学和社会人类学：这些构成了“历史学”。而相比于

美国的传统，在法国对人类社会中的知识进行建构时，历史学要显得更为核心。美国的传统清楚地划分出了两个部分：一端是国家的历史，它先是研究欧洲人口，并且对“年轻国家”的政治事件感兴趣；另一端是对他者的人类学，它包括所有与美洲印第安人相关的方面，研究哥伦布发现美洲之前的社会的考古学、研究“美洲人”的体质人类学、研究印第安文化的社会人类学，以及研究美洲印第安语言的语言学。从中我们可以看到“当地人”的概念的重要性，这一概念在美国代替了欧洲人的领土概念。而在法国正相反，整个 19 世纪，国家的历史学就是对从古至今的风俗进行研究，中间没有断裂，就像那个后来遭受批评的陈词滥调“我们的祖先高卢人”一样。

在第一次前往中东旅行的几年之后，沃尔内获得机会展开他的第二次远行，这次的目的地是美国，这是因为他对美洲印第安人感兴趣。当他从前往费城的旅程返回后，沃尔内于 1821 年出版了《对印第安人或北美野蛮人的总体观察》（*Observations générales sur les Indiens ou Sauvages de l’Amérique du Nord*），以及一本迈阿密词汇表和《美国的气候与土地图表》（*Tableau du climat et du sol des Etats-Unis*）。语言学、地理学和历史学都参与到了直接观察之中。沃尔内学习和研究语言，这使得他可以与报道人保持私人的关系。在他的游记中，他总是会提及那些观察者的名字，同时，他还转写了他们的话语（为了语言学研究）和观点。在费城，沃尔内与一位迈阿密头人一起工作，这位头人被 128
戏称作“小乌龟”，沃尔内描述了这位头人特殊的实践以及与白人的友情。曾经在叙利亚的时候，沃尔内就已经与一位贝都因人

（bédouin）的头人相谈甚欢，这位头人最后对沃尔内说："你就像我们一样。"

在余生中，沃尔内虽然无力再去远行，但他继续观察着眼前的事物。借一次讨论语言的机会，沃尔内证明了即使在欧洲国家的内部，也有着阶级的划分："带一个农民或工人到我们的科学委员会来，你们将会看到有多少词他们是无法理解的；让他们追寻一种理性和一种叙事，并且知道他们不会去使用我们的动词的多个语态和时态。"（《论语言的哲学研究》［*Discours sur l'étude philosophique des langues*］，1819 年版）

在他受人尊敬的学术生涯中，沃尔内通过强调直接调查、观察、语言学习和重组材料的原则，创建了历史科学和比较语言学。他仿照自然科学模式建立社会科学的计划，受到一批致力于对观念进行经验分析的哲学家的认同，这群哲学家以"观念史学者圈"而知名，他们对 19 世纪的遗产感兴趣，尤其对心理学感兴趣，同时也对人类学感兴趣。从此以后，它们就被定义为"体质与道德的人类科学"，被用来对远方人群进行研究。

1795 年，沃尔内的著作和古物博物馆的计划被纳入同一个学术运动中，这个学术运动旨在建立关于人类的经验科学，并且反对一种哲学的人类学，后者被视为一种缺乏经验事实的玄想。
129 这一运动既是科学的又是政治的，因为它涉及通过发展公共教育和改善政府职能，进而巩固大革命的成果。该运动来自这样一批学者，他们都是稳健派，不希望回到旧体制，又怀有慰藉地看到恐怖时期的终结。在他们眼中，科学的进步应当先于教育的进步，并且这种进步伴随着人类政府的持续性改良。这些学者得到了督政府的支持，然而执政官和帝国却抛弃了他们。

学者群体

这些学者处于两个学术社群中：一个是活跃于 1799 至 1805 年的人类观察者协会，随后它就被遗忘和消失；另一个是诞生于 1804 年的凯尔特学院（Académie celtique），1814 年变更为法国古物收藏家协会（Société des antiquaires de France）。法国古物收藏家协会聚集了对法国民间地方史感兴趣的历史学家和考古学家，并且在 19 世纪时成了一个备受尊敬的学者团体。上述两个社群的分配，标志着法国人类学的两种分支的划分：一种分支研究远方人群，与博物学家接近，但很快就消失了；另一种分支研究欧洲的古物，逐渐接近于考古学和历史学。

既然国家自然史博物馆自愿排除关于社会的科学，那么关于这种整体人类的科学计划，便没有受到官方机构的关注。1798 至 1801 年之间的埃及远航，就因更加偏向自然科学而完全不平衡。不过，1800 年博丹（Baudin）前往澳大利亚的远航，似乎回归库克船长和拉彼鲁兹（La Pérouse）的经典模 130
式。博丹远航的前期准备工作，被委托给了人类观察者协会，该协会聚集了医生、博物学家、语言学家和哲学家。在国家自然史博物馆的推动下，博丹的这次远航有大批学者响应和参与，就像以下两艘远航船的名字展现的那样：地理学家号（Le Géographe）与博物学家号（Le Naturaliste）。博丹的这次远航同样也有政治目的，那就是为法国对澳大利亚最终的征服做准备。人类观察者协会为此撰写了两篇方法论的指南。

这次远行委任博物学家居维叶（Cuvier）从事人类体质的研究；他因而撰写了《比较解剖学讲义》（*Note instructive sur les recherches à faire relativement aux différences anatomiques des diverses races d'Hommes*）。居维叶虽然还年轻，但已经处于他学术声誉的顶端，他只希望在远航中能搜集到颅骨，如果还有可能的话，得以搜集到完整的骨骸。他并不完全信任那些学者型旅行家，他只是让他们去搜集标本，这些标本最后都要被送到那些真正的学者那里去。

这次远行还委任热昂多（Gérando）进行人类道德的研究。热昂多当时不到三十岁，不仅曾在德国游历，还自学成才，他因为一篇论文而成名，这篇论文指出建立于自然语言之上的理性与数学理性之间的对立。他的指南是《论观察野蛮人时遵循的多样方法》（*Considérations sur les diverses méthodes à suivre dans l'observation des peuples sauvages*），这是一本专门面向旅行者的书，这些旅行者游历"所有的国家，这些国家在道德和政治形式上不同于欧洲的国家"。对于出现的那些社会，我们不再清楚，但后面我们将看到，它却受到格里高利（Grégoire）主教和夏普达（Chaptal）部长的质疑。指南的第一点是担心在
131 既没有翻译也没有字典的情况下，观察者与土著人之间无法相互理解。身体语言可以引起很大的兴趣，尤其是在同时期出现的符号语言。不过，着重强调的还是学习的条件和土著语言的标记法，没有这些，任何值得信赖的观察都是不可能的。我们在热昂多的思想中不仅能找到沃尔内的影子，还能看到在库克船长的航行中所采用的德国民族志方法。

指南还有一份特别引人注目的现象清单作为补充，这些都是旅行者必须观察的个体或集体的现象，这些现象可以揭示出土著人的物质文化、情感和观点。即便在今天看来，问卷的细节性仍然令人印象深刻。尽管与当地人的关系问题没有被涉及，但还是强调了远航成员可能会遇到的危险。

与此同时，博丹船长寄给时任国家自然史博物馆馆长朱西厄的信，不仅展现了希望与土著人建立关系的企图，还体现了远航成员中某些学者表达出的侵略性。我们是否必须就此得出结论，是水手们而不是学者们发展出了沟通的艺术？

事实上，博丹的远航是一场人类的悲剧和政治的失意。危险并不是像之前担心的那样来自土著人，而是来自旅程中悲惨的医疗卫生条件。在前往埃及的远航中，就已经展现了欧洲人面对气候和未知疾病时的脆弱性。那次远航共有一百六十七名学者、工程人员和艺术家，而博丹的这一远航只有分布在两艘
远航船上的二十四名学者、艺术家和技术人员。二十四个人 132
中，有十个人在第一次中途靠岸时就染上了疾病；八个人在远航途中死亡，其中包括博丹本人，他在返航的途中死去；只有六个人毫发无损地回来了，其中有博物学家弗朗索瓦·佩龙（François Péron），他和地理学家弗雷西内（Freycinet）合写了航行报告。不过在回来的六年后，他也死于结核病。拿破仑征服澳大利亚的计划，以这一场早逝的梦结束。

然而，这次艰难远航搜集带回的一百五十件珍贵的民族志物品，在国家自然史博物馆的同意下，被安放在了马尔梅松（Malmaison）城堡，这座城堡专供约瑟芬（Joséphine）皇后

消遣。在约瑟芬皇后的儿子欧仁（Eugène）死后，这批奇珍便于 1815 年被掠夺，后于 1829 年被变卖。如果藏品清单曾对外公布的话，这些奇珍就不会连一点痕迹都无法找到了。

18 世纪末，学者群体与科学远航构成了一个真正的小型国际学术圈，其知识之间的网络非常密集。在学术关系之外的家庭、友情与世俗的对话，在这里被视为常规。不同国籍的学者相互积极地合作。我们可以看到西伯利亚先是被一个丹麦人发现，随后又被一个普鲁士人发现。库克船长的远航由英国海军部组织，但这场远航的收藏品今天却被保存在柏林民族志博物馆（musée d'Ethnographie de Berlin），这是因为普鲁士民族志学者格奥尔格·福斯特在这场远航中扮演了首要的角色。自然科学与社会科学之间相互交流，有时甚至融合成一体。这些充满激情的学者，都是启蒙时代哲学和政治思想的继承者。他们
133 中的某些人甚至直接参加了法国大革命，另一些人也在远处满怀敬佩之情。所有人都希望建立一个新的世界，在这个新世界中可以保存大革命的成果，而不再回到旧世界。

这个学术圈既研究欧洲，又研究世界的其他地方。洪堡兄弟的例子尤其可以说明这一点。弟弟亚历山大·洪堡（Alexandre Humboldt）是一名游历拉丁美洲和中亚的博物学家；大他两岁的哥哥威廉·洪堡（Wilhelm Humboldt）则是专攻欧洲语言的语言学家。他们通过分享共同的志向并相互鼓舞，都在各自的专业上做出了令人瞩目的贡献。亚历山大·洪堡因其对地理学和博物学知识的贡献而闻名，尤其是他在 1799 至 1804 年完成的《新大陆春分区的游历》（*Voyages aux régions équinoxiales du Nouveau Continent*）；与此同时，威廉·洪堡在 1799 至 1805 年研究了巴斯克语（basque）之后，于 1810 年创建了柏林大学，随后又于 1820 年出版了一本语言学与哲学概论，书名为《论人类语言结构的差异及其对人类智力发展的影响》（*Sur la différence de structure des langues humaines et son influence sur développement intellectuel de l'humanité*）。威廉·洪堡和亚历山大·洪堡处于欧洲范围内密切国际学术社交的中心，我们就此可以把关于人类的科学的发展，看成后革命（postrévolutionnaire）欧洲的构建。

| 民间文化或普世文化？

然而，法国大革命的普遍主义思想失去了领地，1848 年新
的革命，坦白说呈现了民族主义的趋势。19 世纪上半叶，欧洲 134
的研究在内部自我发展，德国的民俗学流派出现，被视作最为革新的思潮，它使得法国的后革命企图黯然失色。这种德国民俗学流派通过了解国家领土上民间文化的多样性，继而去削弱它们。

事实上，在欧洲比较语言学的首次突破之后，对民间文化的调查便处于非常不同的政治和民族语境。在德国，就像在中欧和斯堪的纳维亚地区一样，这些调查介入了极为盛行的浪漫主义和民族主义运动，这场运动自 1760 年就在英国开始了，它伴随着奥西恩（Ossian）盖尔语诗人的发明，这些诗人是一群气势高昂的“假”文人。而这场运动最终导致了 1848 年意大利、奥地利和德国的革命，革命的目的是保卫人民并反抗欧洲

范围内的帝国。从 18 世纪开始，自身的民族志成为民俗学，并且伴随着在那些不属于独立国家的人民中出现的国家意识。民族（nation）的观念在这一时刻和语境下诞生了，它建立在人民的特性之上而不是君主的意志之上。团结在语言、文化、语言学家和民族志学者之下的人民，着手搜集材料，从而在经验层面上证明他们的共同体的思想和命运。

人民的概念被德国学者建立，他们强调这一观念建立在语言统一体（相同的人民说相同的语言，以此证明将所有说德语的人口都视为德国人）和文化统一体之上。这一理论后来被奥匈帝国
135 推翻，它由不同的人口组成，同时也是德国和意大利的联合体。在奥匈帝国内，人民被分布在不同的公国之中。在那个时期，在被政治化了的环境中，通过种族来定义人民，并不成问题。

最初的口头文学调查，由洪堡兄弟的后一代，格林兄弟（雅各布和威廉）进行，他们只有一年不在一起，其他时候都共同工作。在德国进行法律研究之后，他们前往巴黎发现了语言学和图书馆学。不过他们尤其是因为《格林童话》（*Contes de l'enfance et du foyer*）而举世闻名。两兄弟中的一人于 1811 年出版了一本中世纪诗歌集，开启了爱情诗的知识，这场赛诗会也被理查德·瓦格纳（Richard Wagner）写进了 1868 年的歌剧《纽伦堡的名歌手》（*Les Maîtres chanteurs de Nuremberg*）中。德国民间文化最终配备了建立在语言学和民族志之上的文本内容。

在整个 19 世纪，童话文集的工作在很多国家被继续进行了下去，其中最为著名的是丹麦人安徒生，他从 1860 年就开始搜集童话。但是在 20 世纪，当我们发现童话在欧洲范围内的

普世性之后，格林兄弟那里经常出现的童话的民族主义维度便消失了。这种普世性尤其出现在俄国语言学家与民族志学者弗拉基米尔·普罗普（Vladimir Propp）那里，他于 1928 年出版了《故事形态学》（*Morphologie du conte*）。此外，格林兄弟还曾围绕着一些女性进行童话的搜集，其中包括胡格诺派女性（见图 18），也就是说，由于宗教的迫害，从法国逃往德国的新教加尔文派女教徒。在这种情况下，什么才是文化的国家身份认同呢？

大革命时期法国的调查

在法国正好相反，民族在上述的 18 世纪以来的学者运动之 136
前就已经出现了，民族归属的问题也不是以同样的方式被提出来的。相比于调查运动在世界其他地方占优势的情况，在革命年代的法国，调查运动的情况恰恰相反：革命年代下的调查运动由新的权力指挥，而世界其他地区的调查运动则是独立学者的事业。第一次革命调查推动它的支持者们去实现根除民间文化的目标，从而去成为一个新人、一位法国公民，并且还要说法语。

格里高利主教，一位在法国大革命光辉的人物，于 1794 年曾撰写过一篇关于法国语言状况的报告。报告来自一场对法国方言使用的调查，由地方通讯员来回答一份五十多个问题的列表。虽然缺少来自法国中部地区的反馈结果，但这一地区的人主要说法语。不过，格里高利总结出，法国仅有五分之一的人口说或懂法语。

1800 年，拿破仑政府的官方数据《统计年鉴》（*Annales*

de statistique）宣布了第二次调查。调查的开场参考了库克船长、拉彼鲁兹和拉瓦扬（Levaillant）的远行，其中拉瓦扬是非洲之行。之所以要参考他们，是为了论证在法国进行的调查。新的省级调查由夏普达部长负责，他是一位著名的化学家，他向省长们发出调查的命令，这些省长都是直接来自法国大革命的高级公务员。我们仍然可以从中再次找到沃尔内的思想。省长们接下来要求地方调查员们，除了传统的人口和经济收入的兼容数据
137 外，还要对地方特性的描述进行分析。

最终，调查成了省长对他的下属们的“巡察”。调查者们还求助于地方贵族们，并且在观察中受到地方警察的指导。贵族们回答关于他们的同胞们所遵循的习俗的问题，尽管这些贵族在社会层面上与他们的同胞们并不相同。一些贵族对他们很了解，另外一些则不太了解。虽然为调查者准备了问卷，但调查的结果却五花八门。沃尔内坚持的一种理想的直接调查，在此转变成了经由中间人的调查。

不过，1800 年的工作还是使得地方精英与新的地方政治代表相遇，后者指的是大革命创建的行省的省长。法国行省制的特点，虽然与旧制度下的法国同样多样，但又是如此不同，那是因为旧有的土地、教区和区域单位消失了，取而代之的是被彻底划分的九个行省。

1804 年迎来了重要的后续阶段。我们可以把地方特性描述为“古代性”（antiquités），它涉及语言、遗产或习俗。事实上，为了进行研究而创建于 1804 年的凯尔特学院的成员们，共享了这样的假设，那就是原初的语言是凯尔特语，并且土地上

的地方文化有着共同的起源。对这些成员来说，需要超越文化
多样性，并且超越欧洲其他民族的模式，从而建立民族共同体
的合法性。他们因而希望重新找到一门凯尔特语言，并将其假
设为在罗马人占领之前，就已经在法国土地上被人们使用的共 138
同语言。他们同样希望在迷信中区分出习俗、口头文学和共同起源的遗存。为了上述目标，他们制订了一份面向当地学者的观察指南，并在 1804 至 1812 年间由警察局发放。在凯尔特学院的创始成员中，我们可以找到一位省长、一位外交官和许多接近拿破仑政权的学者。

凯尔特学院的工作成果被小说家广泛使用，从巴尔扎克到乔治·桑（George Sand），他们以此来描述农民的风俗，这些农民在那时被看作内部的野蛮人，例如，就像巴尔扎克的小说《朱安党人》（*Les Chouans*）所展现的那样。在法国，民族共同体是对建立国家的人口多样性的一种反潮流。因而需要去发明一种高卢文化和凯尔特语言来摆脱多样性。这可以追溯到在拿破仑三世时期盛行的一场运动，以及对阿莱西亚（Alésia）的维钦托利（Vercingétorix）的发明，甚至一直延续到当前高卢人阿斯泰利克斯（Astérix le Gaulois）的成功。

如果格里高利主教试图通过废除方言，来削减法国语言的多样性，那么他同时也试图维护那些为欧洲和世界所歧视的人群。20 世纪的人类学扩展了权利普世主义与文化普遍性之间的关系：权利普世主义重建了研究者的公民道德，而文化普遍性则弥补了学者在事实上的错误。格里高利首先在 1787 年的一篇在梅斯学院（Académie de Metz）发表的论文中，为犹太人进

行辩护，他控诉了欧洲政府的残暴与不公。接下来，在 1794 年
139 的黑人之友协会（Société des amis des Noirs）中，他成了主张废除奴隶制的主要工艺家。然而奴隶制在 1802 年又被执政官重新建立。作为国立工艺技术学院的创始人和拿破仑帝国的参议员，格里高利一生都在与奴隶制抗争。他于 1831 年去世后，奴隶制终于在 1848 年被彻底废除。

1808 年，当对德国民间文化的品味在德国境内达到顶峰时，在法国，格里高利主教用法语发表了一篇辩护词《论黑人文学》（*De la littérature des Nègres*），来支持那些屈服于欧洲强权的人们。拿破仑帝国经历了一段殖民地抗争非常激烈的时期，这与那些在殖民地激起废除奴隶制的动荡有关。尤其是在圣多明各，引发了对殖民地移民后代的屠杀，该殖民地也于 1804 年以海地的名字宣告独立。

格里高利的著作被视为对以下论点的辩护，那就是“黑人”文化对世界文化的贡献。通过解释人类物种是亚当的后代，语言的多样性是巴别塔之后神灵的惩罚，格里高利将他革命的政治信念与宗教信念相互融合。但是，在语言与种族之间（“黑人”［Nègre］一词很明显是种族的范畴），什么创造了文化？他的这本书想要证明，相比于欧洲人，黑人在智力、道德和文学上具有融入性。就像他承认的那样，在这样一篇更为理论而非经验的辩护词之后，格里高利出版了一系列《关于在科学、文学和艺术上卓越的黑人的生活与著作的概述》（*notices sur la vie et les ouvrages des Nègres qui se sont distingués dans les sciences, les lettres et les arts*）。与此相关的人数是相当少的，

格里高利主教援引主教、军人和学者的话，他们这些人有的待在各自国家，有的则来到了欧洲。格里高利论述了，皮肤的颜色或颅骨的尺寸对智力毫无影响。因此，他以欧洲文化的尺度 140
来衡量了这些黑人的智力。这位抨击文章的作者，处在了体质人类学和社会人类学的交合点，而这种交汇是出现犹豫不决的19世纪的前提。

通过格里高利的形象，正是教会、科学与政治发起了为人类物种统一性或人类同祖论的共同申诉，而它的成果就是奴隶制的废除。不过，格里高利混淆了对文化的经验描述，这种描述来自对事实的观察；同时也混淆了对种族之间法律平等的经验描述，这种平等来自对新规范的维护。不过，这两个科学上的错误，在他辩护的勇气面前，显得无足轻重。他的辩护证明了，欧洲种族优越性这一意识形态，在19世纪初的欧洲并非毫无抵抗地被推行。

印欧语言与雅利安种族

在半个世纪的体质人类学和种族理论之后，我们要跳到1862年，从而强调对一个欧洲种族进行抵抗的特殊问题。

1859年，语言学家阿道夫·皮克泰特（Adolphe Pictet）在日内瓦出版了一篇论文，名为《印欧起源或原始雅利安人：论语言古生物学》（*Les Origines indo-européennes ou les Aryas primitifs. Essai de paléontologie linguistique*）。他从大量能够得出存在一种印欧语言的比较语言学研究中，提出了存在一种印欧种族的假设。

141 不同种类的被命名为印欧语言之间的亲缘性，自 17 世纪以来就为人知晓了，它指的是一种古代语言的整体，从中产生了大多数现代欧洲语言。印欧语言群包括古希腊语、拉丁语、古波斯语和梵语，其中梵语是自公元前 4 世纪就被证明使用了的印度教的宗教文本语言。在 19 世纪初，大量重要的比较语言学研究，细化了这种语言共同起源的假设：在德国，弗朗兹·博普（Franz Bopp）撰写了一本印欧语言学比较语法书；在瑞士，阿道夫·皮克泰特则在凯尔特语与梵语之间寻找关联。

1862 年，一位比利时语言学家，奥诺雷·沙维（Honoré Chavée），先担任讨论课教师后来成为自由思想家，重新提起并且系统化了阿道夫·皮克泰特关于雅利安种族的观点，为此他出版了小书《语言与种族》（*Les Langues et les races*）。沙维声称通过将语言学定义为科学，他科学地证明了人类多祖论。他还总结了闪语族语系和印欧语系之间的区别，并将这两种语系都回归到它们各自使用人群的起源，也就是说，存在两个不同的人类种族：雅利安人和闪族人。

上述学说自从 1862 年出现起，就成了刚成立的巴黎人类学协会（Société d'anthropologie de Paris）组织辩论的内容。这一学术协会的创始人是卡里斯玛式的保罗·布罗卡，他是医生和体质人类学家，他坚持不懈地推崇一种科学的人类学，不过那时人类的自然史和社会史之间还没有区分开。作为众多短期存在的学术协会之一，巴黎人类学协会虽然也使用相同的术语“种族”，但是超越了以往对民族学（古希腊语中指“人的科

学”）对象的定义：它要研究的是“体质组织、智力与道德特 142
性、致力于区分种族的语言和历史传统”。这种把“种族”视为体质、语言和文化集合体的定义，在 1862 年引起争议之后，被巴黎人类学协会细致地抨击。

在布罗卡组织的研讨课上，沙维混淆了语言学论据与种族论据的观点，同时受到医生和语言学家批评。医生们强调，对于说印欧语言的人与说闪族语言的人来说，他们的话语器官在严格意义上都是相同的。语言学家们强调，不可能去证明种族差异与语言和文化差异之间的关联。在这些语言学家中，我们可以发现欧内斯特·勒南，他已经因为 1855 年出版的《闪族人语言通史》（*Histoire générale des langues sémitiques*）而小有名气，随后又因为 1863 年的《耶稣的一生》（*La Vie de Jésus*）而暴得大名。这本书第一次认为耶稣就是与他人一样的普通人，因此我们可以对他进行历史的研究，而不是神学的研究。勒南是一位显赫的学者，作为语言学和历史学专家，他的观点与布罗卡坚持的自然科学的人类学虽然并不相同，但可以互为补充。

在 1862 年的争论中，出场的医生和语言学家一致同意，有必要明确地区分两种学科。语言的历史与人类的生物史无法兼容。语言学的集体性，即说同样语言的所有个体，并不是被生物亲缘性定义的集体性的反映。以“雅利安种族”为名的印欧种族共同体的假设，从科学的角度看就是无稽之谈。我们可以
说布罗卡和勒南是进步主义、反宗教且反对反动派的公民，但 143
他们都没有在政治层面上进行争论。正是科学的理性让他们如此做的。

这场争论对语言学和体质人类学都是非常重要的。它发生在1902年美国人类学协会决定将人类学划为四个分支（语言学、考古学、体质人类学和文化人类学）的四十年之前。[1]1902年起，相似性消失了。在法国，语言学家们，尤其是印欧语系和闪族语系的专家们，要比研究其他大洲人类的专家更加受重视。前者的研究对象——古代与《圣经》，要更为高贵。而在美国，历史学识的弱势，相反促进了人类学智识的强势：美国史属于美洲印第安人史的一部分，而美洲印第安人史实际上就是人类学。

1862年的争论，在法国没有产生制度上的重大后果。它只是重复了业已建成的分界。年轻的人类学还局限在体质人类学，并且依靠在博物学家和医生建立的机构之上：国家自然史博物馆和布罗卡任主席的巴黎人类学协会。印欧语言学家们，被幸运地从史前史和生物学中分开，于1864年组织成立了巴黎语言学家协会（Société de linguistique de Paris）。但是这一
144 协会并不与研究其他大洲的语言学家们合作，后者在同时期与研究物和物质文化的民族学创建了共同的协会。换句话说，法国人类学成功地避免了语言学和体质人类学之间的危险关系，不过付出的代价是将对近处的科学（由印欧语言学和历史学主导）和对远方的科学（对远方人的语言学和民族志）进行区分。于是，1858年法国以两个最常被研究的大洲的名字，创建了美洲与东方民族志学会（Société d'ethnographie américaine et orientale）。这一学会很快就成为民族志学会，该组织旨在研

① 见本书第六章。

究每一个大洲：美洲、非洲、中国和日本、大洋洲，但从不对欧洲感兴趣。

如果说 1862 年的争论以及它坚定的结论对今天的我们如此重要，那肯定是因为雅利安种族的理论。它虽然没有科学的依据，但在今天的政治用途中仍然常见。雅利安种族理论尤其服务于德国纳粹政权下的理论学者。这种理论超出了政治的边界，例如德国人的民族志提出德国对欧洲的帝国主义征服；除此之外，该理论还为出现在欧洲土地上的针对非雅利安人的犹太人和吉卜赛人的种族集中营辩护。

在欧洲，1848 年的革命弘扬了欧洲人民来自语言和文化的多样性，从而建立新的国家并且摧毁旧的帝国。但是反动派的学者却对旧制度充满乡愁，这种旧制度强调一个面对其他大洲的欧洲统一体。革命之后，我们知道欧洲文化是复数的：斯堪的纳维亚文化不同于德国文化；就像历史学家儒勒·米什 145
莱（Jules Michelet）在 1833 年的《法国史》（*Tableau de la France*）中精彩指出的那样，法国代表了南方文化与北方文化的聚合点。那么对于那些对贵族欧洲失去的统一体怀有乡愁的人来说，还剩下了什么？答案就是种族。

这正是阿蒂尔·德·戈比诺（Arthur de Gobineau）伯爵在 1853 至 1855 年出版的《论人类种族的不平等》（*Essai sur l'inégalité des races humaines*）中所要辩护的，尽管这本书在刚出版时并未引人注目。该书并不声称是科学的著作，而是一本文学抨击小册子，一本自认为不为人知的浪漫主义作家的悲观作品。作为法国驻巴西大使，戈比诺经历了被法国知识分子称赞的巴西年轻政权的阴影。那些法国知识分子有奥古斯特·孔德（Auguste Comte），他的“秩序与进步”的箴言至今仍被刻在巴西的国旗上；还有本雅明·贡斯当（Benjamin Constant），他起草了巴西宪法。巴西因而是杂交混血的标志。而戈比诺的观点，则像四个世纪之前的波马·德·阿亚拉那样，将那一时期所有的不幸，都归结于杂交人种。戈比诺从杂交人种的退化中提炼出了种族理论。

要不是戈比诺的理论被 20 世纪的一位种族理论家休斯顿·张伯伦（Houston Chamberlain，1855—1927）使用，戈比诺的书就要被世人遗忘了。张伯伦远不像戈比诺那样有着优雅的悲观主义，他重拾了雅利安种族的理论以及作为其基础的印欧语言学。作为剧作家理查德·瓦格纳的女婿，张伯伦是一个归化德国的英国人，并且保持着德国与英国之间的敌意，他的理论后来受到希特勒的重视，从而为 1918 年德国的战败复仇。事实上，希特勒从他的书中看到了超越国家民俗学框架的手
146 段，这一手段旨在发展一种更宏大的欧洲种族理论，而这对希特勒首次征服德语国家（奥地利、匈牙利和波兰）非常有用。

***

当关于欧洲的人类学被视为与关于其他人的人类学完全分开时，这种不可化约的欧洲特性的理论的历史，凸显出了政治的风险。欧洲民族主义的突飞猛进，强烈适应于一种“人民的科学”，后者给予了前者意识形态的基础。但是，当欧洲统一体的问题被提出来时，这种欧洲的统一体不可能建于“欧洲人

民的科学”之上，这种科学不会去反思以下两者的混淆：一个是戈比诺所说的处于种族优越性之上的欧洲人，另一个是康德所说的处于历史优越性之上的欧洲人。

人类学这门学科多次走到了这条死胡同的尽头。第一次，人类学摆脱了语言 / 种族的混杂，这首先是源于 1862 年在巴黎关于欧洲的争论，接着在 1902 年于美国人类学协会成立时，在普遍意义上，区分开了体质人类学和语言学。第二次，在人类学学科的妥协之后，在被占领的欧洲，人类学与纳粹德国合作，后来直到 1952 年在联合国教科文组织的手册与克洛德・列维－斯特劳斯的《种族与历史》的指导下才重建人类学开创性的路径。至少在学术界，上述两次绝境使随后的人类学远离了欧洲种族优越性的意识形态幽灵，同时远离了尚存争议的欧洲历史优越性的意识形态幽灵。第三次绝境何时到来还不得而知，至少自 20 世纪 80 年代以来，学科重新将欧洲人类学定义 147
为一种“对西方社会”的人类学，也就是说，是对欧洲优越性幻象的批判性研究。

整体史、“底边”研究和“西方的”人类学在 21 世纪汇聚在一起，从而在终极阶段之前去分析西方社会与“世界上其他部分”之间的关系。所谓终极阶段，是指消除“西方的”人类学与“他者的”人类学之间根本虚假的划分，这是因为将人类学定义为“远方人类的科学”（对我们来说的远方？）加速了学科面对欧洲中心主义的指控与辩护而产生的灭亡危机。无论是科学的还是政治的原因，都不可能去将欧洲从世界的其他部分中分开。

第五章

从颅骨到文化

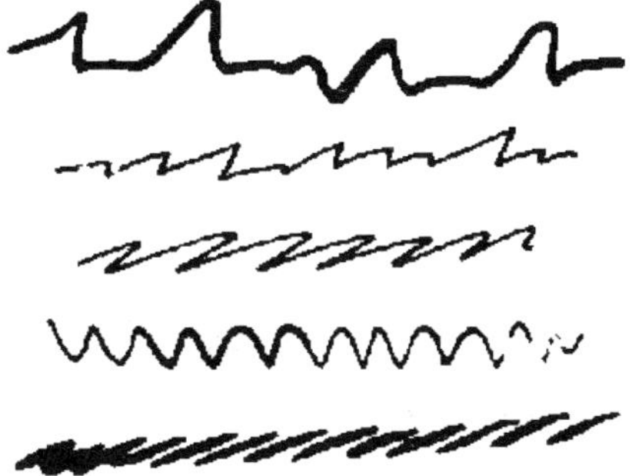

149 18 世纪是科学旅行的世纪，由于在观察者与理论学者之间有着和谐的工作分工，促进了自然科学的发展；但相反的是，这却引起了从事民族志探险的旅行者与学院或本土哲学家之间的冲突。19 世纪是对人类物种和人类起源充满争论的世纪。曾经只有一个人种（人类同祖论）还是有多个人种（人类多祖论）？如果上帝不是按照他自己的样子创造了人类，被 18 世纪的旅行者发现的那些原始人是介于猴子与人类之间缺失的环节吗？他们是我们生物学意义上的祖先吗？一旦承认他们完全的人性，那么问题就来了：他们是否还停留在欧洲人已经超越的人性发展阶段？

人类学作为研究人类的自然史，诞生于 18 世纪；而在 19 世纪末，人类学成为一门研究原始文化的科学。人类学是如何从对颅骨的观察转变到文化的理论？如何在史前史、体质人类学与社会人类学之间进行区分？又如何在生物演变和社会演变之间画出分界线？

| 种族、颅骨与身体遗存

150 18 世纪末期见证了多个介于自然科学、医学和人类学之间的理论，在作为假设被学术界进行讨论之前，这些理论就已经在常识和文学中形成了一种偏见。

1795 年，德国博物学家布鲁门巴赫（Blumenbach）用拉丁语撰写了《人类的自然多样性》（*Des variétés naturelles du genre humain*）一书的第三版，在这一版本中他与其导师林奈

（Linné）保持了距离。[1] 林奈在他用拉丁语撰写的关于物种分类的伟大著作《自然体系》（*Système de la nature*）的1758年版本中，按照17世纪收藏柜的模式，对人类物种进行划分。他先区分出了四个地理学意义上的大陆：美洲、欧洲、亚洲和非洲；接着他又按照体液与性格特征的中世纪理论，描述了生活在这四个大陆上的人类的颜色与“气质”。这种区分虽然后来被遗忘，也受到科学的批评，但还是在欧洲文化中留下了痕迹。在他看来，美洲人是“红色”且“易怒的”，欧洲人是“白色”且“多血质的”，亚洲人是“黄色”且“忧郁的”，非洲人是“黑色”且“冷静的”。不过，在这四个大洲的代表中，存在的差异并没有意味着一个种族相比于另一个种族具有优越性。

在布丰与林奈之后，布鲁门巴赫确认了人类物种的唯一性，
并且对它的各种变体非常感兴趣。相比于林奈定义的四大洲上的
种族，布鲁门巴赫在1795年做了些许更改。他称欧洲人为“高
加索族”，同时在已经著名的四个变体上增加了第五个“马来 151
族”，这指的是太平洋群岛上的人群。对第五个种族的增加，使
得布鲁门巴赫做出了一个阶序性的排列，这种排列首先将白种人
放在了最高位置，接着又在高等种族和低等种族之间安排了两个
中等种族，低等种族分别是黑人和黄种人，美洲人种介于白人与
黄种人之间，而（太平洋群岛的）马来族人则介于白人与黑人之
间（见图20）。我们可以认为，对大西洋和澳大利亚人所在的

① 我在此遵循的观点来自史蒂夫·加·古德（Stephen Jay Gould）的《人类的负面尺度》（*La Mal-Mesure de l'homme*，Paris，Odile Jacob，1997[1987]）一书。

第五大洲的发现，撼动了美洲大发现以来所获得的相对平衡。欧洲至上的意识形态在布鲁门巴赫的图表中找到了有效的表达，即便发明者的名字后来被淡忘，这种表达却一直被广泛传播。如今仍在使用的“高加索人”一词，在国际医学语言中，指的就是“白种人”。

与此同时，奥地利解剖医生弗朗索瓦·约瑟夫·高尔（François Joseph Gall）产生了在大脑形态与个体性格之间建立关联的想法。这些把面容与个性联系在一起的理论并非新鲜事，它们可以追溯到古代时期。1775 年，这些理论在拉瓦特尔（Lavater）的影响下再次流行了起来，拉瓦特尔是歌德（Goethe）的朋友，他将关于面容的科学准则系统化，并称之为面容诊断（physiognomonie），其目的在于通过个体的面容诊断来推断其道德个性。这种方法被小说家广泛使用，特别是巴尔扎克。这种方法在描写人物时，可以使外貌与道德相互对应。

这些理论被高尔进一步发展，他用颅骨替换面容，并且给这些理论一个智识的外表，从而使它们在好的社会中更加流行。高尔动身去搜集他自己铸造的半身石膏像，接着又去贫民
152 窟、疯人院和监狱或是符合标准的人们那里搜集死人的颅骨。他的收集为人知晓后一度引发了公众的担忧。我们可以在一堆档案中发现一份请求书：1802 年皇家图书馆的馆员在他的遗嘱中写道，希望在他死后不要分割开他的头颅和尸身。高尔发展出的这门科学被他的弟子们命名为“颅相学”（phrénologie）（见图 19）。对颅骨的兴趣，持续了整个 19 世纪。

对人类变种的科学分类和对颅骨的新兴趣，正是在这种语境

下，使得对人性最著名的否定之一出现了，它涉及伟大的学者、比较解剖学专家居维叶对萨蒂杰·巴特曼（Saartjie Baartman）的展示（见图 21），萨蒂杰·巴特曼以“霍屯督维纳斯”（Vénus hottentote）这一绰号更为出名（人们称南非的第一代人为“霍屯督人”）。

图中这位年轻的女人是一个南非荷兰裔农场主的奴隶，令英国外科医生震惊的，是她与众不同的身形、过肥的臀部和鼓起的性器官。1810 年，她二十岁的时候被带到伦敦，随后她又在英国、荷兰和法国的舞台上获得了令人疑惑的知名度。她给自己取了“霍屯督维纳斯”这一接近古希腊语中“美臀维纳斯”的绰号。“美臀维纳斯”描述的是古希腊雕像的一种特殊类型，在这种雕像类型中，欲望女神掀起她们的长裙露出曼妙的臀部。

1815 年，当她在巴黎去世之后，她的尸体受到国家自然史博物馆的博物学家的检验。这些专家总结认为，从她的身体特征来看，她所属的种族与猴子有着近似性。在她去世后不久，
声誉正隆的法国博物学家乔治·居维叶解剖了她的尸体，并且 153
取出了她的大脑和性器官，放入已经铸造完成的模具中。1817 年，居维叶在国家医学院（Académie nationale de médecine）给出了他的结论：“我们的这位博施玛讷人（Boschimane）有着比黑人更加凸出的口鼻，面部要比蒙古人种之一的卡尔木克人（Calmouque）更长，鼻骨也要比其他任何人种更平。特别是从最后一点上看，我从来没有看见过比她的头更像猴子的人类头骨。”

作为比较解剖学专家，居维叶通过对脊椎动物化石，尤其是对大象和猛犸象的研究，创建了古生物学。他之所以并不直接对人类的研究感兴趣，是因为他无法在与猛犸象相同的地层中找到人类的化石。我们要把以下的发现归功于他，那就是被发掘出的中世纪以来的所谓人类巨型化石，事实上却是大象的化石。他发展了一个叫作物种起源“灾变论”（catastrophiste）的理论，这种理论假设在不同的灾害之间的期间内，物种具有稳定性。居维叶并不是以人类学家的身份，而是以一个严肃的博物学家的身份来检验萨蒂杰·巴特曼的，这种身份使他可以摆脱对人性起源的宗教偏见和部分种族的优越性。居维叶生前饱受赞誉，身后却遭受了批评，特别是巴尔扎克将他写进了新的讽刺小说《给想获得尊严的动物们使用的指导书》（*Guide-âne à l'usage des animaux qui veulent parvenir aux honneurs*）。

令人震惊的是，直到1974年，萨蒂杰·巴特曼的器官模
具和骨架还在巴黎的人类博物馆展出。1994年南非声明索回
她的遗骸，在2002年交还之后，她的遗骸在南非克伊克伊人
154 （khoïkhoï，对霍屯督人的当今称呼）社区的政治典礼上被仪
式性地焚烧。她的故事也成了众多小说和虚构作品的素材，其
中包括阿德拉迪夫·克奇彻（Abdellatif Kechiche）于2010年
拍摄的电影《黑人维纳斯》（*Vénus noire*），以及一部漫画。

在展览会上面向学者团体的对萨蒂杰·巴特曼的展出具有舞台的特征，这一特征也并没有影响去提醒人们这是以科学与教学为目标的展出，属于医学实践中的对病人的展示。除此之外，对萨蒂杰·巴特曼的展出还揭示了观察者和被观察对象之

间能够保持多远的距离。对萨蒂杰·巴特曼进行展出，这种程度的距离，一方面，在国家的层面上是不可容忍的，就像法国关于病人权利的法律规定的那样；另一方面，在与远方陌生人的关系上也是不可容忍的。从21世纪去回顾这个事件，我们可以在欧洲与原始人的文化边界上找到两点业已被接受的价值观。第一点，在法国，对人类身体遗存的普遍尊重，是自1994年的生物伦理法案制定以来，就被承认的根本性原则。第二点，丧葬习俗的纠正性角色，成为南非人要求身份认同的基础。正如希罗多德强调的那样，也正像秘鲁的印第安人尝试向西班牙人解释的那样，丧葬仪式是文化认同中最为重要的维度之一。

| 生物演进、社会演进：理论进展

从广义上说，19世纪的科学以两大革命为标志：一个是生
物学的革命，另一个是人类学的革命。这两大革命是从对事实
的观察向总体理论过渡的来源。在生物学界，达尔文通过提出 155
针对现存物种的进化理论，开创了现代科学。在人类学界，
摩尔根通过提出人类社会演进的理论，建立了社会人类学，
并且与生物学家将当代人类理性化的意图相区别。不过，达
尔文之后生物学界的所有发现，都被用来确认达尔文理论的
原初洞察力；然而与此同时，被马克思和恩格斯重新拾起的
摩尔根的理论，很快就被人性历史中更为巧妙和中立的概念
超越了。

达尔文不曾是一个人类学家

查尔斯·达尔文（1809—1882）的形象，主导了19世纪的科学舞台，他于1859年出版的《物种起源》（*L'Origine des espèces*），也被看作当代生物学的诞生证明。达尔文在书中提出了进化论，根据这一理论，所有生物、植物和动物的物种共享了相同的起源，这些物种遵循自然选择的准则。这本著作很快就在整个欧洲被翻译和讨论，它引发了教会人士的公愤和知识群体的热情。在成为理论家之前，达尔文就像我们所知道的上一个世纪的旅行家们那样，在远方的土地上旅行。1831年，二十二岁的他登上了小猎犬号（*Beagle*）远航船，随后在全世界展开了为时五年的旅程，这段旅程对他的这本著作至关重要。

19世纪60年代，关于人类种族的问题，特别是围绕人类同祖论还是人类多祖论的问题，争论得不可开交。我们可以像
156 人类同祖论假设的那样，给当今的人类指定一个唯一的起源吗？还是说像人类多祖论假设的那样，认为存在不同的种族，并且这些种族都按自己的方式演化呢？这一问题在学术界被提了出来，同时也在学术界之外产生了回响：对人类生物同祖论的忠诚或是拒绝；以及对欧洲人种与原始人之间生物亲缘性的拒斥或承认。

达尔文到1871年才将自然选择的理论应用到人类的物种起源问题上。《人类的由来》（*The Descent of Man*）一书的法语书名被错误地翻译成《人类的血统》（*La Descendance de l'homme*），实际上应该被翻译成《人类的祖先》（*Les Ancêtres de l'homme*）。在这本书中，达尔文以强烈支持只存

在一种人类物种作为开篇。通过强调情绪的普遍性和人类的智慧，他描述了人类物种薄弱的变异性：

> 美洲土著人、黑人和欧洲人有着和其他三个无论被叫作什么名字的种族一样的智力；然而，当我们与火地岛人（Fuégiens）生活在小猎犬号边上的时候，我观察到他们中许多微小的性格特征，这些性格特征展现了他们与我们在精神上有多么相似；我还可以对一个纯血的非洲人做出同样相对的描述，纯血的非洲人是我以前就有过联系的。

接下来，通过重拾布丰支持人类同祖论的论据，他汇集了对杂交丰产性（fécondité des hybrides）的证据，并且强调由混血组成的社会的活力，比如巴西社会。

他同样提出了对某些人口灭绝的解释，特别是在与欧洲人建立联系之后的太平洋的土著人。从包含了婴幼儿的“死亡表 157
格”和生育率分析出发，他展现了人口灭绝的快速性，其原因较少在于疾病，而更多在于风俗的改变和大幅的迁徙。20 世纪，人口学家质疑了某些被流放的人口的低生育率，如苏维埃革命之后迁往西欧的白俄罗斯人。美洲大发现时期某些美洲印第安人部落的消失，也被归结为上述原因：自愿流产、拒绝哺育甚至集体自杀，这些都能够导致文化变迁的剧烈性。我们可以把这种集体的自愿消亡归因于生存的文化条件的消失：既然大家都失去了所有的意义，活着还有什么好处？没有走到这一步，达尔文感兴趣的是为生存而战的人类变种。在达尔文访问火山岛人时，一个女子就一直抱着婴儿坐在雪中看着远航船：达尔文对此所做的结论是，这个女子已经放弃了为后代的生存而斗争。

达尔文支持人类同祖论的主要论据，与进化论的准则相关。在自然选择理论可以解释种族的变体或人类的次属时，这种理论也可以认为“所有的人类种族来自唯一的一个原始祖先”，还可以毫无偏见地质询处于当前人类物种之前的变种，以及他们可能灭绝的条件。

达尔文的观点融合了自然演进中迟缓的意识和为了生存而竞争的假设，这源自他对经济学家马尔萨斯《人口原理》
158 （*Essai sur le principe de population*）一书的阅读。达尔文的进化论在生物科学界和史前史学界获得了普遍的成功，这一理论还能与后来的不少发现相匹配。进化论在 1865 年孟德尔（Mendel）对遗传法则的发现之后被强化，随后又在 20 世纪发现基因法则后再次被强化。此外，由于破除了对人类起源的禁忌，进化论还解释了被发现的史前人类标本。

在知识界，进化论以玩笑的形式普及开来，这些玩笑引发了反教权主义。于是，1870 年，法国人类学家和医学家保罗·布罗卡在巴黎人类学协会的一场讲座上，重新组织了他曾写给一个同事的话：“我宁愿是一个进化了的猴子，也不愿是一个退化了的亚当。”

然而，从原始人知识的角度来看，达尔文的新科学是缄默的。确切地说，进化论满足于重拾古老性的偏见，时而将它们正面重组，时而将它们负面重组。原始人正是当今人类生物学意义上的祖先，达尔文在《人类的由来》中总结道：

> 我后悔去思考这本书的主要结论，要是知道人类在某种形式上来自某种低等的组织，很多人知道了这一点后将会非常不适。但我们来自野蛮人的事实毋庸置疑。

当涉及其他生物的主宰时，达尔文毫不犹豫地把物种的起源回归到一种古式的生活形式，这种形式与当前的生物多样性没有明显的关系。但当涉及人类时，达尔文突然靠向世系并且 159
压缩了时限，其目的在于展现出文明人是由野蛮人传承而来。换句话说，将人性的较高级阶段靠向暂时低级的阶段。再一次，我们没有理由去批评居维叶不是一个人类学家，而是一个解剖学家；同样也没有理由去批评达尔文是一个生物学家，而不是一个人类学家。

易洛魁人的亲属关系

社会人类学的创始人路易·摩尔根（Lewis Morgan），比达尔文晚出生九年。他的代表性理论著作系统化了他对亲属制度的观察。该书出版于1871年，在这一年达尔文关于人类起源以及泰勒关于原始文化的书也出版了。摩尔根的这本书中的素材来自人类学第一批田野民族志的经验，摩尔根在田野中累积待了三十多年。摩尔根是安大略湖边上罗切斯特地区的律师。在当选为旨在维护黑人和印第安人的进步党议员之后，摩尔根在城市的文学俱乐部里遇见了易洛魁部落的塞讷卡印第安人（Indiens seneca）。这些人越来越平等地与地方知识精英对谈，而这些知识精英都是为了保留官方地名中印第安地名的抗争者。

摩尔根 1851 年出版的《易洛魁联盟》（*League of the Ho-De'-No-Sau-Nee, or Iroquois*）是一部多重意义上杰出的田野民族志作品。摩尔根自己参与了易洛魁人秘密社会的活动，并且为了理解当代社会，他还与伊利·S. 帕克（Ely S. Parker）合作，后者二十三岁，是塞讷卡部落中的一名易洛魁人（见图 22）。这位由传教士抚养长大的杰出的报道人，在做法律方面的研究。
160 摩尔根将这本书视为合作研究的结晶，并且将这本书献给了帕克。随后，帕克加入了支持废奴的美国南北分裂战争。在这场战争中，帕克当上了尤利西斯·格兰特（Ulysses Grant）将军的秘书，后来在 1869 与 1871 年之间又担任印第安人事务局的秘书。

摩尔根对语言知识的掌握使他发现，易洛魁人用来描述亲属关系的词语（或亲属关系术语）是类分的：他们描述的是一种“亲属的级别”，换句话说，分享同样亲属地位的一群人，而不是像在欧洲语言中，描述的是亲属之间的关系。例如，在法语中，我们用“我的 oncle”来称呼与我父母同代人中所有的男性，其中包括父母的兄弟（血亲）或父母姐妹的配偶（联姻）。需要强调的是，这些“oncle”不是我的父亲，但他们是我的家庭的近亲。相同地，我们用“我的 tante”来称呼易洛魁人区分的四种人：父亲的姐妹、母亲的姐妹、父亲兄弟的配偶和母亲兄弟的配偶。由此可见，欧洲的亲属关系术语并不是像在易洛魁人那里被分成四个不同的群体。我父亲的姐妹属于我所在的父系血亲中，而我母亲的姐妹则属于我所在的母系血亲中，其他两种则属于另外两种分别与我父系和母系血亲“联姻”的群体。

在易洛魁人中，就像在所有类分式亲属制度体系中那样，按照不同人所属血亲的不同，存在着不同的称谓，而同一个词被用来称呼同一个群体中的所有成员（我们通常称之为一个“级别”［classe］，这一词来自“类分式亲属关系”术语，或者为了强调它的政治维度，而称之为“氏族”［clan］）。有些语言用“mère”这同一个术语，来描述属于母亲这一边的所 161
有女性，例如母亲的亲姐妹和她的某些堂、表姐妹。

对术语的强调使我们得以理解当地人形成的对亲属关系的呈现，以及与这种亲属关系相连接的价值。我们可以区分长期以来被使用的两种类型的术语：一种是参照术语（terme de référence），也就是说，在我向第三人谈及她时，一般称她为“我的 mère”；另一种是指称术语（terme d’adresse），也就是说，在法语里我直接喊她为“maman”。我可以用同一个词“mère”来向第三人描述我母亲的所有亲姐妹和她的堂、表姐妹。我也可以用“maman”一词直接去称呼她们，或者只对生育或抚养我的母亲使用这一术语。此外，对亲属关系的研究必须要辅以对行为的观察：我是否有向我所有的“类分式意义上的母亲”表达了相同的敬意与亲近吗？

摩尔根在易洛魁人中的第一项研究，建立了对亲属制度的细化分析。这项研究进而展现了美洲印第安人和全世界的亲属关系体系的极端多样性，特别是这些多样化的可能性还相互融合在一起。

接下来，为了拓展他结合了语言和行为的分析，摩尔根还强调了民族志学者与全世界之间重要的对应关系。为了与他的同侪进行对话，同时也为了在他的分析著作中补充来自古代历史中的数据，摩尔根在欧洲展开了旅行。在他的同侪中，英国进化论人类学家们非常活跃地围绕在爱德华·泰勒（Edward Tylor）的身边，泰勒此时正在准备他的著作《原始文化》
162 （*Primitive Culture*），并且通过补充来自古代历史中的材料，完成他的综述性研究工作。1877 年，摩尔根出版了《古代社会》（*Ancient Society*），这本书对马克思主义人类学产生了深远的影响，但这也使得这本书在尤其是美国的学术界内被失去信任。事实上，受英国进化论学派的影响，摩尔根认为所有的社会都遵循着相同的历史道路，这与马克思主义正统经济学中的“生产力发展”较为接近，所有的社会都经历相同的阶段：将这些社会进行划分，就是为了检验这些社会到达了哪一个阶段。虽然这一假设后来被社会人类学放弃了，但是在今天的一些经济学分支理论和政治话语中还是能看到它的影响：正是在这种假设之上建立了“经济发展”的假设，一些经济比另一些经济更加“高级”，以及有些社会相比于其他社会发展得较为“迟缓”。

摩尔根把亲属制度看作原始社会和古代社会的基础，在这些社会中，正是通过继承制度来影响了财富与权力的社会再分配，同时又通过信仰体系来影响亲属关系的呈现。摩尔根基于对亲属制度的认知，描绘了三种社会阶段：蒙昧、野蛮和文明，以及介于其中的不同过渡阶段。弗里德里希·恩格斯在他1884 年的著作《家庭、私有制和国家的起源》（*L'Origine de la famille*, *de la propriété privée et de l'Etat*）中扩展了摩尔根的论述，恩格斯的这本书在20世纪成了马克思主义人类学的核心参考书。

向社会的各个方面扩展：技术、政治、经济和宗教，这种建立在亲属制度差异之上的比较，接下来很快就迎来了批评，
即便亲属制度仍然是人类学中受到偏爱的领域。事实上，正是 163
亲属制度使得我们更好地去增长知识。亲属制度之间的比较，似乎比其他的比较更加理性，这是因为这种比较解放了一个既受限又有普遍性的领域。似乎可以在“亲属制度体系”这一范畴下独立研究与人类相关的各个方面：语言学体系、表征体系和规范体系。不同的人都可以与亲属制度研究扯上关系，这种研究范式从1972年皮埃尔·布迪厄的研究起才被抛弃。不过，亲属关系的变体及其复杂性，早就使得人类学家放弃了以下这样的观点，即一个人比另一个人更加“进化”或者更加“高级”。最终，对亲属关系的研究，在诸多形式主义的研究中还是带来了一些技术上的精湛技艺。这些亲属关系领域的特征，使得人类学与它理想中的科学化更加接近了。

社会人类学中的进化论可以被简单地表述。所有的人类社会经过相似的发展阶段。因此，原始社会可以被用来观察它的之前阶段，而这些阶段都是今天的欧洲社会已经超越的。这一理论赞同一种建立在人类不断进步的基础上的哲学，而人类进步的最高阶段就是西欧的文明，这种哲学我们在康德的著作中就能看到雏形，接下来又不幸地出现在黑格尔和马克思的哲学生涯中。不过，进化论社会人类学家还是在以下两个方面有着

功绩：一个是与进化的自然论保持距离，另一个是在文化和生物学之间建立纯粹的分隔。进化论社会人类学在一段时间内，
164 向人类学家提供了一种整体的框架，去比较不同的社会，并按照这些社会可能所属的不同历史阶段将它们进行分类。

以下就是摩尔根在 1877 年的《古代社会》一书的序言中解释的，美洲印第安人对人类历史知识的重要性所在："美洲印第安人部落的历史和经验，为相对应条件下我们自己的祖先的历史或经验，提供了或多或少真实的形象。属于人类历史的一部分，美洲印第安人的制度、技术、发明和实践经验，展现了非常大的也是非常特殊的价值，这种价值超过了印第安人种族自身的价值。"

文化进化的理论接下来找到了两个受到偏爱的领域：技术和宗教。这两个领域同样使他们对原始社会进行分类，这要归功于博物馆内搜集的物品和民族志文本中搜集的记叙和神话。这两个领域成为区分原始社会和现代西方社会的方式：现代西方社会以不平等的技术发展和较少的宗教影响为特征。因此，原始社会可以被用来研究人类的过去。令人害怕的是，这些原始社会就在观察者的眼皮底下逐渐消失，既然现在进行的对所有民族志描述的汇集，已经构成了人类历史画卷的全部，那也就没有必要去研究每一个社会的地方历史了。

史前史与体质人类学中的材料与方法

19 世纪中叶对于所有的人类科学来说，是一个理论的爆炸
165 期。在博物馆和学者中不断增多的资料，逐渐促进了正在形成

中的不同学科：对于史前史来说的工具与骨骼化石，对于体质人类学来说的颅骨模型和晚近的人类遗骸，对于社会人类学来说的近代工具、问卷调查的回答和当地文本的汇编。挑选工作并不是一个预先设计好的计划，而是伴随着发现和摸索而进行的。摄影术也引起了不安：它所记录的是一个种族类型还是生活方式？

19 世纪初，在居维叶的理论足迹中，有着这样一个假设，那就是野蛮人可能成为当今人类的生物学祖先，这一假设在欧洲史前史发展之前，就已经被博物学家们严肃地检验过了。对人类在欧洲立足的最早的发现，当属法国的雅克·布歇·德·佩尔特（Jacques Boucher de Perthes），他在 1847 至 1867 年之间，系统地发掘了索姆省（Somme）的海湾，并提出了对被切割的燧石的第一次分类。1856 年，尼安德特人（Neandertal）被偶然发现。与他们相关的两件化石分别已经在 1830 和 1848 年发现，但还要等到 1908 年，才发现了他们相对完整的骨架，从而确认了他们是与当前人类不同的人种，他们在生活了好几十万年之后，于距今几万年前消失。

作为达尔文好友之一的托马斯·赫胥黎（Thomas Huxley），不仅是达尔文理论的宣传者，还戏称自己为“达尔文的哈巴狗”，他于 1863 年发表了一篇名为《人类在自然中的位置》（*La Place de l'homme dans la nature*）的论文。赫胥黎试图从远方的某种人群中，找到一个“消失的环节”，从而得以追溯 166
从猴子变成人的谱系。他特别将尼安德特人的化石颅骨与仍然存在的原始人颅骨进行了比较，希望从中寻找物种演变的痕迹。这种关于进化的新理论，虽然远离了人类多祖论的假设，但似乎还不足以摆脱这样一种假设，那就是野蛮人的落后性，以及他们与猴子的相似性。

自 1887 年起，荷兰学者欧仁·杜布瓦（Eugène Dubois）试图在热带地区寻找“消失的环节”。他先是在印度尼西亚后来在荷兰的殖民地担任军医，在此期间，他并没有去测量仍然存在的原始人的颅骨，而是组织了多项寻找化石的系统考古发掘。1891 年，在构成印尼的所有岛屿之一的爪哇岛，他发现了一块股骨和一片颅骨，他认为这些属于“猿人”，其古希腊语的意思就是类人猿。这场发掘并不为 1940 年之前的学术界所熟知。这块化石的主人从此就被命名为“爪哇人”，我们知道他们生活在距今好几十万年以前。

史前史的进步使得处于中间阶段的原始人的形象在猴子与人类之间形成了阻碍。在欧洲和世界各地，化石人相继被发现。就像当前的欧洲人一样，非欧洲的人们也远离着他们史前的祖先。

在整个 19 世纪，颅骨科学激起了博物学家和旅行家的兴趣，但也改变了重心。高尔和巴尔扎克痴迷于特殊人的颅骨，这些人包括天才、疯子或是罪犯。探险者也因为所遭遇的人群的颅骨特征而激动不已。因此，1840 年，迪蒙·迪维尔（Dumont
167 d'Urville）在太平洋地区的科学考察中，探险者带回了按照高尔的半身模型制作的 50 块半身石膏像。一位院士曾向这一行为致敬：“对大西洋人的搜集……使得人类学进入新的道路……，因为不再去寻找这些人，而是这些人在某种程度上自己来见观察者，这些观察者包括哲学家、历史学家和生理学家。”直到20世纪初，民族志的诸多博物馆都堆满了那些被搜集的颅骨，而这些搜集从来没有实现过被许下的科学诺言。

法国人类学家和医生保罗·布罗卡因为对大脑感兴趣，所以也就对颅骨感兴趣。通过研究失语症（说话困难），他在19世纪60年代发现了大脑中导致失语症的区域：这就是语言区，我们今天称之为“布罗卡区”。1875年，他在巴黎人类学协会发表了《颅骨学与测颅法教学》（*Instructions craniologiques et craniométriques*），该文随后便在全世界的体质人类学界广为流传，并成为参考文献。长期以来，“人类学”一词在法语中都有着生物学的内涵。例如，布罗卡的弟子、医学与人类学家同时也是比较解剖学材料的保管人保罗·托皮纳尔（Paul Topinard），在1876年出版了一本人类学教科书，该书在博物学家和旅行家中取得了巨大成功。他在书中给出了简单的定义：“人类学是自然史的分支，处理的是人类和人类种族的问题。”

颅骨科学的假设之一是头脑尺寸与智力容量之间的关联。或
者说，在“才能”（capacité）一词的背后，也有着容积的含义， 168
这就是为何在整个19世纪，大脑的尺寸以及由此而来的颅骨的容积，完全说服了学者、医生、犯罪学家和人类学家。体质人类学先是发展了测颅法，随后又发展了人体测量学，但这两种方法既没有成功地证明不同种族之间的差异，又没有预言出人类的命运。不过，这两种方法却对人类的呈现方式产生了效果：我们从对单个的人性的呈现转向对文化物种或人类的绘图式的或成像式展现。因此，自1815年起，处于太平洋的画家们，开始去展现的，既不是

理想之美，也不是现实人物，而是文化的类型，正如以下这幅雕刻画的名字：《桑德威治岛上土著人文身的方式》（*Manière dont les naturels se tatouent dans les îles Sandwich*）。伴随而来的是这样一种观点，那就是之所以要去与那些人相遇，并非因为他们是有趣的，而是因为他们“代表”了一种文化和生理的类型，这是一种介于画家和他消失了的或是至少更为抽象的模特之间的关系。对观看这些画作的公众们来说，这种关系同样导致了对土著人的一种去人格化，甚至是一种去人性化。从中我们可以发现一种抽象的窥淫癖，这是一种近似于公众对待霍屯督维纳斯的态度。

从 1840 到 1850 年的半身雕像和 1850 年以来的摄影中，我们可以发现一种新的客观距离的痕迹，这已经成了规范。接近 19 世纪末期，其中一批摄影师是令人生畏的。发生在那些被视为真正的人类“物种”的土著人身上的，是为了能拍摄他们，这些土著人被运送和组织到特殊的地点，通常是学校的课堂上
169 和市政厅中。或者是这些土著人，被按照贝蒂荣（Bertillon）发明的人体测量模式，从不同视角进行拍照，这种拍照方式就像当时囚犯初入监狱和工人初入工厂一样。这些被拍照的人们有着恐惧的眼神，就好像他们被所有人谈论。土著人与旅行者之间的相遇、摄影和获得姓名都不成问题。与他者的关系不再具有人性，而是转变成了国家雇员和被管理者之间的匿名关系。从绘画到摄影作为科学辅助的转变，结合了学者和土著人之间关系的新氛围。这不但改变了对图像使用的惯例，而且改变了与远方人类有关的想象。

反对种族的遗传学

如果人类学家关于大脑和面容的科学调查，对今天的我们来说已经过时了，这要归功于比较生理学自身的发展。事实上，自 20 世纪以来，医学就拥有了测量人口之间生物近似性和判断个体身份的新工具。建立在遗传学分析之上的生物识别技术，替代了人体测量学，尤其是在警方对个体进行身份认定的领域。生物识别技术自 21 世纪以来还被运用在护照制作中。犯罪学使用血液分析来定位罪犯，它再也不需要去对容貌进行分析了。血液分析，以及接下来对人类基因组的译码，不仅可以被用来描述两个人血缘之间生物关系的可能性，还可以被用来比较不同的人群，从而检验关于集体迁徙和内婚制 170
（intermariage）之下杂交混血的假设。遗传学很少被拥有其他资源的历史学家使用，去研究移民和跨国婚姻，但遗传学对考古学家和史前史学家却非常有用。没有遗传学，他们就无法重建谱系。但需要注意的是：由于缺少书面材料，对遗传学的使用，改变了以下这个亲属关系的社会概念，那就是出于联姻的合法血缘关系，被出于再生产的生物观念替代，这似乎是令人担忧的。

遗传学总是使得人们从根本上放弃了以下的假设，即人类之间的生物性差异。遗传学检验出了人类之间，无论他们在地理和形态上有任何差异，都存在着遗传学上的巨大亲缘性。遗传学同样质疑了不同来源的人类之间常见的杂交性。以上是两个自布丰以来就被一些博物学家广为传播的假设。如今，遗传学指向了对环境的重要性或是对“表观遗传学”（épigénétique）

的证明，从而来解释变迁。遗传学还再次发现了人类学家弗朗兹·博厄斯在1910年就已经发现的令人瞩目的结果。博厄斯针对一万名来自中欧和西西里的美洲移民后代的身体和颅骨形状进行研究，他根据儿童头颅指数（indices céphaliques，对头部的测量，来自古希腊语“*kephalaia*”，意思是“头部”）、体重和身高的数据，指出这些移民后代在美洲大地上生活十年之后，身形都发展了变化。通过检查在法国出生的儿童的健康记录，我们也可以做出同样的测量，增长曲线来自相似的数据：身高、体重和颅骨周长。不过，他们的家长根据来源地区的不同，就有着非常不同的生
171 理特征；至于那些孩子自身，当他们抵达美国时也非常不同。但是，儿童身上的这些差异在美国生活了十年之后便逐渐模糊了。平均说来，最重的一组减重最多，最瘦弱的一组增重不少，颅骨原本较长的一组颅骨变圆，而颅骨原本较圆的一组则变长了。既然涉及的是出生在移民之前的儿童，为了解释这种差异的减少，与美国本土人的杂交混血儿在此被排除在外。因此，正是在环境中，我们必须去寻找这种身体同质化的解释。

然而，这是一种自然环境还是社会环境？气候理论强调的是自然环境。如果涉及社会环境的话，那么自19世纪末以来由埃米尔·涂尔干推崇的一种以社会的方式进行的社会解释，可以延伸出一套基于社会的生物学解释。这也是如今研究身体被社会生产的一群社会人类学家选择的分析路径。这些学者研究社会规范的重心、自我管理的实践、对美学整形外科的诉求，

以及对精神状态的转译，这些我们今天都可以称为在身体姿态上，甚至是在运动表现中“（拥有）伦理”。

| 什么是欧洲以外民族志的素材？

一旦向体质人类学提出人类物种的生物多样性的问题，并且向史前史学家提出人类起源的问题，我们应该如何去描述人类社会的多样性？当核心的问题被这样清晰地界定时，社会人类学 172
也就能够得到发展。社会人类学的第一个假设，特别是被摩尔根和聚集在泰勒周围的英国学派提出的，指的是不同的社会在唯一的尺度上的演进；这种假设很快就被德国的传播主义学派批评，后者偏向一种“文化借用”的假设，指的是每一个社会都被它的邻居影响。对于上述的两种情况，必须要进入到一种广泛的比较工作中去，在上述两种假设因为简化而被抛弃之后，这种比较的工作仍值得延续下去。

这种比较的意愿推动了这样的一种方法，那就是以可靠的方式去搜集经验的数据，这些数据有规律地被以《人类学的询问与记录》（*Notes and Queries on Anthropology*）为名出版，该书在英国和美国两处发行。此外，社会人类学还受益于民族志博物馆的盛行，这些民族志博物馆积累物品，其发展有利于殖民主义新阶段的国际活力。所谓殖民主义新阶段，指的是英国、法国、德国和比利时等殖民帝国在非洲的扩张。19 世纪末以内陆非洲的发现为标志，就像 18 世纪曾以太平洋的发现为标志一样。由于非洲的殖民化与社会人类学的职业化都是当代出现的，在 20 世纪欧洲与非洲的想象中，这两种现象通常是相互关联的。

非洲的位置

欧洲人出现的最后一块处女地就是非洲大陆，在此之前只有
173 非洲的海角长期知名。同样发生在非洲的，是在欧洲强权的激烈殖民竞争语境下，欧洲人对外的最后一波探险潮，尤其是沿刚果河而上的探险。不同殖民帝国之间对非洲的瓜分，从官方上来说，开始于 1878 年，那时正是斯坦利（Stanley）的刚果探险之后，比利时国王召开了布鲁塞尔地理大会。接着到了 1885 年，俾斯麦（Bismarck）召开了柏林大会，目的在于缓解由于欧洲国家在殖民非洲时互相产生的张力。我们知道，这些张力引发了第一次世界大战，而在战争结束后，德国被剥夺了所有的殖民地。在两位著名的英国探险家利文斯通（Livingstone）和斯坦利之后，主要是来自比利时和德国的探险者们，他们“在田野中”获得的那些民族志知识，在后来的国际大会中，都被地理学家和政治人物使用了。相反，严格意义上的社会人类学，始终与那些土地的争端保持着距离。

一份人性尺度的档案

《人类学的询问与记录》的四个版本，分别在 1870 至 1920 年之间出版。完整的书名细化了这些教导是“为了那些身处非文明国家的旅行者和居住者服务的”。这本书涉及的是一项由汇聚了两大著名协会的英国人类学共同体所完成的集体工作。第一版本的计划包含了与颅骨和身体测量相关的问题，但

是社会人类学的部分在这个计划中也已经是非常重要了，我们可以从中再次找到热昂多 1795 年的“指南”（*Instructions*） 174
中的部分内容，他撰写这些内容是为了指导博丹前往澳大利亚的远航。社会人类学很快就占据了这本书。书中的问题列表促使民族志学者去建立“抽屉里的方志”（monographies à tiroirs），我们在后面会这样恶毒地称呼它。这些问题列表的准则，是在世界上累积人类社会总体的标准化数据。这一体系建立在一种分工上，这种分工与 18 世纪以来的自然科学较为接近：民族志学者填充那些文件，然后再被一个“在房间里”的人类学家分析。尽管这种做法在整个 20 世纪都被批评，但还是被实行着，至于那些批评则与以下的事实有关，那就是这一做法忽视了在知识建构中调查关系的角色。

调查问卷被广泛发放，调查的结果自 1930 年起就被汇总在耶鲁大学的人类关系区域档案（*Human Relations Area Files*）中，这是一份至今仍然有用的档案。这个巨大的电子和手写并存的档案，以出版索引和关于人类社会整体的民族志数据为形式建立。在一开始，《人类学的询问与记录》能做到的只是将大量由出于好意的业余人员拼凑且分散的观察，转化成可供比较的数据。社会人类学家的一部分能量，被用来培训“去非文明国家的旅行者和居住者”，这些人往往是有着不同身份的欧洲人：传教士、商人、企业主、殖民地官员、士兵、食力者、外交官，还有土著人自身。实话说，这样的计划与旅行一样古老。在这个 19 世纪末期，新鲜的是这个计划被人类学这样新生的职业重新拾起。人类学希望在机构、图书馆或博物馆中积累 175

这一系统收集的成果，其目的在于从中提炼出建立在比较之上的理论。换句话说，通过这种档案工具，负责描述的民族志学者与负责理论化的人类学家之间的科学分工，至少在那时是可能的并且具有正当性。

民族学在西伯利亚与美国西部的诞生

当欧洲国家瓜分非洲之际，19 世纪 70 年代末，俄国与美国也圆满完成了对出现在他们国土上的土著人的殖民化。俄国完成了对西伯利亚的占据。美国则艰难地结束了与印第安人的战争。美国军队在翁迪德尼（Wounded Knee）的屠杀，象征性地标志了 1890 年军事对峙的结束。超过三百名拉科塔族印第安人（Indiens lakota）被美国军队杀害。在俄国就像在美国一样，与土著人关系的“和平化”，经历了一段民族志工作的紧张时期，这些民族志作品被一个特别的立法机构翻译了过来。

在俄国，N.V. 卡拉克夫（N. V. Kalacov）于 1876 年出版了《搜集有关民间法律习俗的民族志材料的计划》（*Programme pour recueillir les matériaux ethnographiques sur les coutumes juridiques populaires*），这本书的受众更多是俄国民族志学者，而不是国际公众。西伯利亚人遭到了俄国的殖民，众多语言学家和民族志学者参与了殖民活动，他们有着双重的任务：一方面维护西伯利亚人的身份认同，另一方面确保西伯利亚人对俄国政权的好感。那时的俄国政权已经开始在西伯利亚地区发展
176 基础设施，尤其是交通，从而保证这个大陆上大量的矿产资源能够实现价值。但是这种殖民化从来就不是一种对人口的殖

民。西伯利亚是俄国政府的财富仓库，却不是俄国人民的。相反，劳动力很快就短缺了。西伯利亚的人口太少而无法满足工业需要。此外，与 16 世纪开始的殖民化不同，18 世纪的殖民化无法再拥有奴隶的资源。

于是，俄国通过建立地球上最令人震惊的强迫劳动制度，发明了另一种奴役人口：西伯利亚苦役犯。这些人自 18 世纪就存在了，因为彼得大帝（Pierre le Grand）将犯人连同他们的妻子和儿女一起流放到这里。20 世纪时，伴随着古拉格（Goulag）的建立而得到惊人的扩张。古拉格是一个巨大的流放集中营体系，目的是关押政治异见人士。然而，在这些囚犯和西伯利亚土著人之间没有强烈的关联，后者先是被沙皇俄国后是被苏维埃政权相对保护了起来。1989 年之后苏联共产主义的终结，不仅意味着古拉格监狱体系的瓦解，还标志着西伯利亚人民向古老习俗的回归，这些习俗可以在俄国和苏联的民族志文本和电影中被重新寻得。而那些古拉格囚徒们的记忆却只能以游魂的方式被展现。需要注意的是，这种基于苦役犯的殖民模式，同时取代了奴隶制和自愿殖民，这种模式曾经被大英帝国运用于 1788 至 1868 年的澳大利亚，也被法国运用于 1864 至 1924 年的新喀里多尼亚和 1854 至 1938 年的圭亚那。

在美国，美国民族学局（Bureau of American Ethnology）于 177
1879 年成立，这是美国国会的决议，是为了将美洲印第安人的档案和物件从美国内政部转移至史密森学会（Smithsonian Institution）。约翰·鲍威尔（John Powell）这样一个卡里斯玛式的人物得到委任，他是一位多次领导了对美国西部探险的地质学家。他本身也出自开拓者的家庭，这些开拓者曾是美国南北内战时北方军队的士兵。在创建民族学局之后，鲍威尔致力于对人类学研究的组织工作，这些研究包括了民族志、考古学和语言学。

初期的民族学与印第安人事务局之间的地方性关系并不简单，其中印第安人事务局较为老旧，是公共秩序的保证。人类学与军队或者确切地说与警察之间的分界线起伏不定，这是因为与印第安人事务相关的更多是内部秩序，而不是外交关系。因此，同样的土著人可以被用作翻译、间谍或报道人，他们相继为军队和科学服务。在这个世纪的早期，我们看到的是，当伊利·帕克在为军队工作并成为第一个在印第安人事务局中扮演领导角色的印第安人之前，他首先充当了路易·摩尔根的报道人。而在这个世纪的末期，乔治·亨特（George Hunt）先是成为人类学家博厄斯（见图 23）的报道人，在为法庭充当翻译之后，又成为摄影家爱德华·柯蒂斯（Edward Curtis）的报道人，并且最后因为服务于人类学家的行径而被军队定罪。第一次，乔治·亨特参加了被禁止的仪式：夸富宴（*potlatch*），这是因为他的人类学家老板要求他去搜集歌舞。第二次，他贩卖
178 了盗墓所获的颅骨，尽管一个印第安人可以声称那些骨骸属于他的祖先，但美国法律还是禁止他们搜集那些颅骨。

国际竞争中的民族志博物馆

在所有的发达国家，自 19 世纪 60 年代以来，民族志物品的收集都在特别的博物馆进行了重新分配，这些博物馆同时也从事人类学研究。那些大型的民族志博物馆大多在 19 世纪的最后三十

年里被建立，其建立的背后是激烈的殖民竞争。有一些博物馆继承了以往私人收藏柜中的藏品。这种延续性正是柏林博物馆和荷兰莱顿博物馆的情况，它们同时是 17 世纪私人收藏柜和 18 世纪探险搜集物的继承者。我们后面将会说到，巴黎的特罗卡德罗民族志博物馆，也是追溯到 18 世纪的国王收藏的可怜的继承者。

相反，一些博物馆完全是新的。这正是斯德哥尔摩诺尔迪
什卡博物馆（Nordiska Museet）的情况，这座博物馆收藏的主
要是浪漫主义运动之后发现的斯堪的纳维亚文化。纽约的美国
自然历史博物馆（American Museum of Natural History）也同样
是这种情况，在这座博物馆内展现了人类学与科学的近似性，
以及与美洲民族历史的疏远性。后者在哈佛的皮博迪考古与民
族学博物馆（Peabody Museum of Archeology and Ethnology）
被展出，在这个私立博物馆中保存着里维斯（Lewis）和科拉克
（Clark）于 1804 年初次远航太平洋时的收藏品。在牛津的皮
特·里弗斯博物馆（musée Pitt Rivers）也保存着私人收藏，
这些收藏品按照技术演进的顺序进行排列。上述一部分新兴博
物馆受到商业界的资助，例如皮博迪博物馆和先位于里昂后位 179
于巴黎的吉美博物馆（musée Guimet）。当 17 和 18 世纪的收
藏流露出集中的政治权力时，19 世纪欧洲的收藏新动向则产生
了失序的狂欢，这部分与非洲的殖民热潮有关。非洲被来自世
界的探险活动传播得越来越远，而在这些探险活动之后建立了
不少永久性的机构，例如在 1897 年布鲁塞尔人的国际探险中，
就建立了特尔菲伦博物馆（musée de Tervuren），这次探险与
比利时在刚果的殖民开发有关。工业进步与欧洲种族和技术至

上的意识形态辐射给了所有人。因此，特罗卡德罗民族志博物馆必须要展现出人类的进步，这种倾向是与生物层面和社会层面无法分开的。

私人收藏者、摄影者和学者大量搜集物品、图像，以及考古或民族志材料，并且参与到威望的战争中去，这种威望的战争，是殖民主义强权之间战争的化身。而殖民主义强权也展现在国立大型博物馆与举办世界性展览的大都市之间。

| 在田野中：文献、科学和疯狂的经历

当社会人类学在美国和欧洲的大都市中建立，当科学著作和论争不断多样化，物品不断累积，数据也被档案化，欧洲人与土著人之间“在田野中”的关系要变得前所未有的异质化：
180 曾经长期出现的传教士与此接近，但他们并不知道那些新的探险者和“老式的”科学考察。

在传教士那里，对当地文献的收集因为以下的事实而变得简化，那就是字典和语法已经被创建。1873 年，一位在马达加斯加传教的法国耶稣会士弗朗索瓦·卡莱（François Callet，1822—1885）神父，出版了一篇用马达加斯加语撰写且作者佚名的文集《这是一个马达加斯加的故事》（*Tantara ny Andriana eto Madagascar*）。这本书的内容涉及马达加斯加岛从神话时代到拉苏赫琳娜（Rasoherina，1863—1868 年在位）女王的统治之间历代国王的序列、谱系、言论和神话，这些内容都在 15 年内被搜集，随后很快以《国王的故事》（*Histoire des rois*）为名

被翻译成法语。

当这些记述被搜集之时，欧洲与马达加斯加之间的关系正处于历史转折期。马达加斯加这座岛屿在 1500 年被葡萄牙人发现；虽然随后就成了法国经济利益的核心区域，但它还是保持了一个独立的王国的状态。19 世纪，新教的传教士把这里看得越来越重要。为了转写马达加斯加语，自 1820 年起，拉丁字母被使用，然而直到那时，当马达加斯加的学者们转写他们的语言时，用的还是阿拉伯字母。1830 年，《圣经》被翻译成了马达加斯加语；1875 年起，一本英文的学术杂志在岛上出版发行。1869 年，继承拉苏赫琳娜的新女王皈依新教。在这种情况下，卡莱神父的工作便在拉苏赫琳娜女王去世之后停止了，似乎可以说是永别了。二十多年后，当欧洲强权瓜分非洲时，英国接受了法国占据这片岛屿的意图，从此引发了长期的动荡。

1960 年独立之后，卡莱神父出版的这本集子对马达加斯加 181
民族产生了新的重要性。这本集子今天被视为历史遗产的一部分。这个案例并不是孤证，在土著重夺身份认同的政治运动时期，19 世纪末的大量人类学作品获得了新的生命。这些运动从上述人类学著作中汲取资源，来书写他们自己的历史或者重振他们的习俗。这样对人类学历史的使用，并没有改善土著人与当代人类学家之间的关系，当代人类学家们对他们遥远的前辈的工作也产生了质疑的倾向。这不仅因为那时的文集无法呈现出细节，尤其是在考虑到民族志学者与土著人关系时；还因为在殖民时期由欧洲人调查的材料，在今天看来令人充满怀疑。

然而，殖民地人类学还是走了一条被土著人尊敬的道路，就像夏尔·德·富科（Charles de Foucauld）在摩洛哥所见证的历史那样。在以士兵、探险者和地理学家的身份进行了一番冒险之后，夏尔·德·富科先是成为苦修会士，后来又成为隐修会士，并用余生编写了图瓦雷克人的字典和语法，这两本书至今还很权威。与此同时，夏尔·德·富科写的图瓦雷克语诗歌集，受到了图瓦雷克知识人的推崇，他们对夏尔·德·富科诗歌中的细节和语感非常留意。晚生了一个代际的路易·马西尼翁（Louis Massignon）则把他的一生献给了非洲和阿拉伯文明研究，这种研究强调伊斯兰教与梵蒂冈二世的进步天主教之间的融合形式，梵蒂冈二世似乎远离了 21 世纪由于相互无视而导致的宗教紧
182 张。在这种新的语境中，被马西尼翁于 1906 年研究的一个形象浮现了出来，他就是非洲人莱昂（Léon），一个 16 世纪出生于光复全岛之前的西班牙，随后来到了摩洛哥，被莱昂教皇十世收养，并且是用意大利语完成并于 1530 年出版的《非洲描述》（*Description de l'Afrique*）这本好书的作者，他展现了有益的挑战者的形象。他也被写进了阿敏·马卢夫（Amin Maalouf）1986 年的小说中，书名就叫《非洲人莱昂的旅程》（*Léon l'Africain*）。我们在这里注意到一丝欧洲霸权之前的民族志的痕迹，这种痕迹在 19 和 20 世纪新的殖民和后殖民语境中被重新拾起。

19 世纪末期，在非洲新的探险的事实，不但与 1815 至 1860 年之间的探险在科学上拉开了距离，而且还与颅骨学和人体测量摄影技术拉开了象征性的距离。探险者们忍受着艰难的医疗卫生条件，与担忧且具有敌意的土著人妥协，就像伴随着他们的行路日记和风景刻画里呈现的那样。当我们今天阅读这

些时，尤其是读到与 1874 至 1884 年刚果河探险有关的记述，就会发现这是一种完全不同于埃皮纳勒（Epinal）的形象，我们可以从后者中找到正在进行的科学和征服的文明。[①] 白人探险者是一小撮被孤立的人，周围被土著人环绕，土著人也很快从同盟者转变为敌人。白人探险者们不得不面对这种“可怕的非洲热病”，斯坦利称这种热带的疾病为“自我的非洲”（Afrique en moi）。他们屈服于极端生活的卫生条件，这种极端生活意味着对他们的动力和情感的控制（见图 24）。尽管经过了多次努力，这些白人探险者与土著人的接触还是必须经 183
由友情、家庭和性关系上的亲近，没有这些他们就无法学习语言，也无法理解他们所见证的事件；换句话说，没有这些，他们就无法生存。减弱控制，离开自我，接受理性的停滞：探险者经历的是麻醉的、恍惚的和疯狂的体验。约瑟夫·康拉德（Joseph Conrad）在他刚果河探险经历的十年后所写的两个文本，美妙地描述了这些忧郁的、先驱的全部世界：一个是 1896 年名为《进步的前哨》（*Un avant-poste du progrès*）的新闻，另一个是 1899 年的著名小说《黑暗的心》（*Au coeur des ténèbres*）。然而，他却忽略了使得探险者生存下去的东西：家庭的舒适，这种舒适来自他们同“家庭妇女”或成为厨师的苏丹妻子们之间不可见的关系。为了塑造他们胜利的英雄形象，欧洲的探险者们掩藏了他们的这些日常生活条件。

① 参见乔纳斯·费边（Johannes Fabian）的《在我们的思维之外：中部非洲探险时的理性与疯癫》（*Out of Our Minds. Reason and Madness in the Exploration of Central Africa*，Berkeley-Los Angeles，University of California Press，2000）。

***

在 19 世纪，关于人类的科学通过放弃纯粹哲学的思辨，重组了经验的知识。这种正在孕育中的学科，其特征的不同之处，取决于相同的素材来源：旅行者和博物馆。第一种素材来源是旅行者，他们不但受到了越来越好的培训，还越来越专业化。他们可以用绘图和笔记的方式，以不同的类型来记述相同的远行。随后他们委托博物馆来将他们的记述分类整理，并为学者和公众服务。这些制度既致力于对生理意义上的人进行研究，又致力于对社会意义上的人进行研究。大部分的博物馆都试图能把它们的收藏延伸到不同的大洲。大量被收集的物品，
184 组成了今天自然史博物馆和民族志博物馆的基础。自然物种（石头、活着或成为标本的动物、植物、种子……）推动了对自然进行描述的事业。人类创造的物品（从凿刻的石头到编织的器具）也已经成了考古学和民族志伟大假设的支柱。

但是 19 世纪的学者还对另外两种物品着迷，这两种物品在我们今天看来一个是难以容忍的，另一个则已经丧失兴趣：人体遗骸和风俗录（catalogues de coutumes）。面对人体遗骸的憎恶，首先标志着直接面对远方人的态度的根本转变。接下来，远方人的丧葬仪式也得到了庄重的尊重。如果我们相信希罗多德的描述，这种尊重在波斯帝国就已经存在了。面对风俗录不再有兴趣，则展现了向通过文明阶段来划分文化的进化论的火力全开：我们不再将一个社会或一种生活方式简化成一系列的物品或仪式。我们试图去理解他们的重要性，这些重要性依据调查的背景而各不相同，而这些是风俗录无法记录下来

的。因此，为了理解殖民体验和民族志素材，我们必须要去阅读对旅行本身的记述。

19 世纪人类学的历史，当涉及科学的进步时，让我们感到乐观。事实上，由于相邻领域的科学发现，人类学中许多粗糙的理论都被抛弃了。因此，19 世纪 50 年代史前史的诞生，使得在 1870 年之后原始人像猴子一样的形象被逐渐抛弃了。更为激烈的是，在 1862 年巴黎围绕雅利安民族的争论之后，在对欧洲人 185
种的研究中，语言学和体质人类学之间也产生了分野。

19 世纪人类学的历史，当涉及科学的进步所带来的影响时，也同样可以让我们感到悲观。当雅利安种族的理论在科学界死而复生的时候，尽管当时的科学界中有着布罗卡和勒南二人有效且有力的反击，但这种理论还是在一些误入歧途的学者们的帮助下，于 20 世纪重新出现。最后，当学者们不再相信原始人是猴子与人类之间的中介时，这依然不能阻止那些在殖民地任职的普通欧洲人对原始人的忧惧与虐待。19 世纪科学知识的进步，并没有对殖民地产生好的影响，就像教皇对 16 世纪的拉斯·卡萨斯的支持，尽管展现了欧洲教廷权威的精神，但也没有阻止西班牙殖民者进行扩张，更没有阻止去虐待和征用印第安人。

第六章

社会人类学的黄金时代

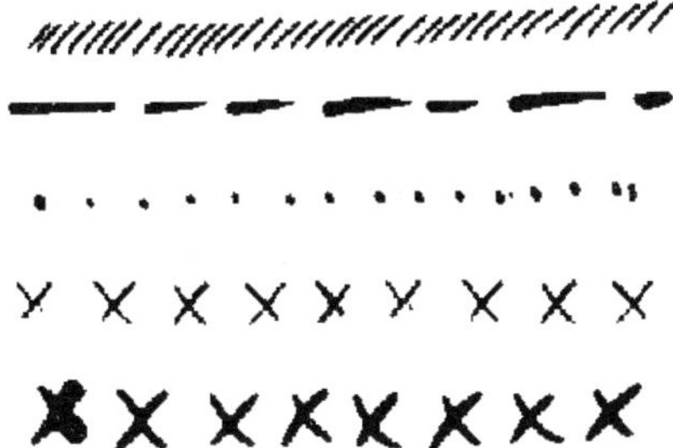

187 1885 年象征性地标志了欧洲人类学与它的研究对象之间的再次联合。正是在这一年，弗朗兹·博厄斯（Franz Boas）在德国完成学业之后，前往加拿大去研究他在柏林时就熟识的贝拉库拉印第安人（bella coola）。博厄斯在美国开启他的学术职业生涯，并且持续性地影响了美国乃至全世界范围内的人类学。尤其是对 1902 年创办的美国人类学协会来说，博厄斯在其中扮演了至关重要的角色。这一协会的主要研究对象是美洲人，并且从四个维度组成了人类学研究的四个领域：数量众多且形态各异的美洲语言研究、被视为处在社会或文化人类学之下的美洲文化研究、对哥伦布时代之前物质遗存的考古学研究，以及对人类体质的研究。

就社会与文化人类学这一年轻的学科而言，第一次世界大战之前的时期充满了制度上、智识上、审美上和世俗意义上的成功。社会人类学最早的教席分别由泰勒于 1883 年在牛津和博厄斯于 1889 年在纽约各自创立。法国的学者们则聚集在涂尔干及其名下创办于 1898 年的《社会学年鉴》（*L'Année sociologique*）杂志周围，通过密集地运用已出版的大量民族
188 志材料，来构建关于不同社会的普遍性理论。其中，初级社会（sociétés élémentaires）的地位尤为突出。原始艺术也强力推动了西方艺术的复兴，早期的见证包括在 1889 年世界博览会上，刚果的手工小雕像被关注原始艺术的画家保罗·高更（Paul Gauguin）买下并进行再创作。詹姆斯·弗雷泽（James Frazer）爵士在《金枝》（*Le Rameau d'or*）中宏大的理论也是在第一次世界大战之前出版的，在 1908 年被翻译成法语并经过

多次修订之后，这本书很快就成了畅销书。弗雷泽的理论不仅给法国知识界带去了源自社会人类学，同时又与宗教史相近的观念，还向人们展现了他广阔的雄心。

| 奠基

围绕摩尔根与泰勒的早期进化论者，将文化定义为社会人类学的研究对象。在他们之后的下一代，人类学这一学科则被两位同样出生于 1858 年的学者分别牢固地建立在大西洋的两端。博厄斯以更加严谨的经验方法的名义，对引起理论争议的不成熟的比较性论点进行了批评。涂尔干和他的学派则使用不可或缺的民族志事实，来建立对社会事实的理论研究，而这种社会事实，又区别于生理学和心理学的事实。随后，上述这两人的工作又被他们为数众多的后继者接续了下去。

博厄斯：从柏林到纽约

鉴于博厄斯在美国扮演了科学意义上、制度意义上和教育意义上举足轻重的角色，他的个人特质值得我们特别关注。博厄斯同时还是一个摆渡人，他融合了德国文化地理学派与经由摩尔根 189
而形成的、带有进化论色彩的美国人类学。至于他从事田野工作的方法，则呈现出了人类近似性意义的特征，这一点被他出众的通信内容证明，有时他的航海日记也成为补充证明材料。

博厄斯的美洲生活开始于同贝拉库拉人的相遇。在对体质研究和对地理学的回归之后，博厄斯从围绕位于加拿大北部巴芬岛

（Baffin）的因纽特人而展开的远航归来。随后，他便开始为德国柏林民族学博物馆工作。后者于 1885 年举办了一场由带着面具的印第安贝拉库拉人进行的歌曲与舞蹈表演。演出团的队长汤姆·亨利（Tom Henry）与其他九名贝拉库拉人成员，以及另外一名生活在温哥华北部、英属哥伦比亚的爱斯基摩人一起，在欧洲停留一年时间进行表演。博厄斯对他们非常热情。他记录下了这些人的歌曲并且学习他们的舞蹈，后来又出版了一本关于他们语言的小册子，并且写了一本有关他们神话的书。随后博厄斯又前往位于温哥华和西雅图之间的美国、加拿大国境线去研究这些西北太平洋海岸的邻居们。

从 19 世纪到 20 世纪初，由博物馆或由其周边举办的有关原始人的展览，普遍遭受广泛的批评。然而，这些展览还是揭示了两个不同的现实。其中的某些展览，旨在向欧洲公众呈现殖民化将技术与人文的进步带去了低等的种族。而另一些展览，形成了艺术巡回展，地方土著被雇用来向公众进行自我展
190 示。因此，这些展览以它们温和的方式推翻了公众对作者缺席式艺术的日常认知，而这些原始艺术作品，既然被视作“不属于任何人的东西”，即无主物（*res nullius*），就是创作出来因因相袭的。相反的是，这种景观艺术本该属于它们的创造者，它们本无法与其作者分离（见图 26）。因而，这些本属于部落艺术家们的艺术作品应当避免被那些欧洲合作者们掠夺。

原始部落的艺术品，在美学上遭受了一个世纪的剽窃，它们虽然成为 20 世纪欧洲艺术家灵感的重要来源，但这些作品的原作者却没有享受到任何好处，直到 20 世纪末的一些懂得国际艺

术市场运作的部落艺术家才真正掌控这种展览模式。作为澳大利亚土著的毛利人画家，在被艺术收藏家于20世纪80年代发现之后，曾经提出过他们的条件：他们原本希望自己在沙子或者土地上绘制的画作，可以在展览结束时按照合同的规定被销毁，然而它们最终却被售卖。因而，这些艺术家希望能够使得毛利传统艺术的时间性特点与艺术领域中临时艺术品之间相互调和。

博厄斯曾经在柏林博物馆馆长阿道夫·巴斯蒂安（Adolf Bastian）的指导下，学习德国的社会人类学。后者在1881年出版过对泰勒《原始文化》一书进行理论回应的作品。巴斯蒂安反对历史始终向当代文明发展这一进化论的视角，他在联结孟德斯鸠与布丰的理论的同时，强调地理决定论的重要性：在他看来，是环境的多样性解释了文化的多样性。对于“文化区”（aires culturelles）理论的信徒们而言，地理要素在人文性的层次上并不可能实现，然而在地理区域的层次却得以实现。 191
从这种地理区域中，我们可以追寻特定习俗的传播（例如木乃伊的制作）、特定的物品（例如耕地的犁）、特定的语词，以及特定的艺术动机。

同一个文化物在相互距离很远的地域的出现，使得我们可以假设，这一物品曾被某一社会从另一社会中借用。因此，民族志应当是这样一种研究：关注物品、语词、风俗乃至“文化迁移”（transferts culturels）的过程。然而，对这一假设的过度轻信，使得传播学派假定某种接触自始至终地存在。在这种接触中，他们又相信可以观察到来自远距离社会的物品之间明显的近似性。

自 1896 年起，博厄斯同时抨击在他看来是不成熟的两种理论：进化论与传播论。在《人类学比较方法的局限》（*The Limitations of the Comparative Method of Anthropology*）这一经验研究的奠基性文本中，博厄斯为真正意义上严肃的描述性民族志辩护。而在两年后出版的另一篇文章中，博厄斯强调去区分仍然处于混淆状态的三种知识领域：种族、语言与文化。而《种族、语言与文化》（*Race, Language and Culture*）也成了他 1940 年出版的最后一本论文集的书名。对体质表象，即对种族的研究，应当与对语言的研究分开；同样地，对语言的研究，也应当与被定义为文化的风俗和信仰的研究分开。对种族的研究从属于体质人类学，对语言的研究属于语言人类学，而对文化的民族学研究，则与社会学近似。上述三个领域的研究应当同时进行，它们三者间也应该相互联结，但在任何意义上它们都不能相互混淆。

192 1899 年，博厄斯在哥伦比亚大学获得了美国第一个人类学教授席位，他在那里领衔人类学系直到 1937 年退休，两次世界大战之间所有的美国职业人类学家，几乎都是他的学生。在田野调查中，博厄斯研究语言，实践测颅法（既在印第安人中，又在欧洲移民的儿童中进行），采集地方语言的文本，并为博物馆和展览馆收集颅骨、技术物品和艺术品。他在上述诸领域中都表现得出类拔萃。他还为 1892 年的芝加哥世界博览会创立博物馆志（muséographie）的新样式。博厄斯在学科中的许多领域都出版了根基性的作品，他对此进行了区分：1911 年出版的美洲语言学教科书、1917 年出版的夸扣特尔人（kwakiutl）语法、一些关于比较解剖学的论文、对地方语言研究的论文集，以及最后但也不容忽视的关于艺术史的几本书。无可争辩地，博厄斯在社会人类学与艺术史领域的遗产是最为重要的。

博厄斯像他所处时代的民族志学者们那样，以相对快速与延展的方式从事田野调查。他同时也在所到之处大力培养民族志学者。对他来说，最好的民族志学者是既忠实可靠又有能力掌握地方语言和文化的“本土民族志学者”。1888 年，博厄斯三十岁时遇见了年长于他、当时四十岁的乔治·亨特。乔治·亨特的父亲是苏格兰人，曾任哈德森海湾公司的职员，负责与印第安人协商后者猎获的珍贵动物毛皮。乔治·亨特的母亲与妻子都是印第安人。他自己则为印第安人事务局充当翻译。在被博厄斯雇用之初，以及之后从事由博厄斯支付薪水的任务期
间，乔治·亨特还曾于 1909 至 1914 年短暂地离开博厄斯，成 193
为摄影家爱德华·柯蒂斯的布景助理。在广为流行的艺术与遗产活动领域，他们对美洲印第安人的多样性进行拍摄。亨特是理想的文化中间人，而他也以此为生。

博厄斯与亨特之间的学术合作并不是没有张力的。在他们相遇之后的第十年，也就是 1898 年，博厄斯决定从此搜集文本，而不再搜集人体尺寸和颅骨。强烈的失望感等待着他们：这一任务要比预计的更加困难。在与印第安部落的公开会面期间，博厄斯向他们告知了上述的新工作。亨特后来因此成为“（保存）你们律法和叙事的匣子”。印第安人的回应十分负面，以至于只有亨特自己的几个姐妹们愿意配合工作。事实上，在夸扣特尔人文化中存在两种类型的叙事：面向公众制造

的叙事，以及与亲属群体和权力相关的秘密故事。博厄斯和亨特对秘密故事更加感兴趣。这也是“匣子”的意识使得印第安人反应消极的原因。收集律法和叙事，被印第安人视为以不明所以的动机去偷窃他们的文化。考虑到必须得到叙述者的同意和信任，偷窃土著文化要比偷窃颅骨或者物品更加棘手。

亨特对于夸扣特尔人的兴趣并不是纯粹学术性的，他曾多次表达了由于观察本身而带来的个人愉悦。夸扣特尔文化对他来说，既亲近又相对陌生。亨特在夸扣特尔印第安人中长大，但他的母亲却是特林吉特人（tlingit），特林吉特人与夸扣特尔
194 人时而为盟友时而为仇敌。亨特自己又迎娶了夸扣特尔头人的女儿，并且向其子女灌输他们母亲家族“头人”的地位。帮助博厄斯收集文本也成为亨特的政治策略。

对物品和文本进行“收集”的隐喻，本是从自然科学与植物绘图实践中借鉴而来的，却使得民族志学者与土著人之间的关系陷入僵局。亨特所搜集的文本，并不像列维－斯特劳斯在《神话学》（*Mythologiques*）中所搜集的那样，即并非由不具名的民族学家收集到的神话，也没有把这些文本的变体进行编号。亨特的文本还涉及包含某些特定政治与象征力量的知识。博厄斯曾习惯说，他本想理解的文化，是“像在印第安人中原初呈现的那样的文化”。但不管亨特的自我身份认同是多么不清晰，或许也正是多亏了这一点，他才是理想的对话者。他身为混血，但并不隐瞒这一身份。他来自特林吉特人，但又被他妻子的夸扣特尔人家族接纳。他为给他提供报酬的博厄斯工作，但同时又兼顾个人的政治利益。如今，亨特的后代十分众多。他的后人

中很多也被视为土著艺术家，他们还创建了一个网站，乔治·亨特在网站上则被以民族学家的身份向大众介绍。出乎意料的是，虽然理解像在印第安人当中呈现的那样的原初文化，这原本是非常困难的，但博厄斯的计划最终还是成功了：乔治·亨特使得博厄斯和他们的读者，进入到“印第安人”的思维模式中去，尤其是进入到文化认同的复杂游戏中去。

法国与英国的学术空间：社会学与民族学

在同时期，欧洲的知识构造却是十分不同的。在大英帝国，
社会人类学主要与宗教史进行对话。法国社会学学派的建立既 195
基于一方面与哲学，另一方面与历史学进行批判式的对话，又基于对来自英联邦的民族志材料的依附。事实上，涂尔干的作品就体现出一种“集体智慧”，其中十几位年轻的学者聚集在一起，在 1898 年创建了《社会学年鉴》杂志，并毫无间断地从事他们的研究工作，直到 1914 年第一次世界大战爆发。

涂尔干着重讨论了罗伯森·史密斯（Robertson Smith）关于献祭（sacrifice）的观点，对于后者来说，在犹太宗教中，作为禁忌的神圣性属于“传染性”的现象，即经由“身体的接触”传播。通过接触禁忌物，人们面临死亡的危险；通过接触神圣物，人们则被净化。罗伯森·史密斯这位苏格兰人类学家，通过对希伯来语与阿拉伯语神圣文本的解读，追寻苏格兰改革教派眼中的异端。对于涂尔干和他的学派来说，正如亨利·于贝尔（Henri Hubert）和马塞尔·莫斯（Marcel Mauss）有关献祭的论文所指出的那样，最为重要的社会现象就是献祭，这是因为它是勾连

“献祭者（神甫）”和“献祭物（牺牲者）”的双重中介，并且悖论式地维持着神圣与世俗之间的分离，也只有在这些短暂的集体欢腾时刻，社会才真正存在。

在深层次上，这些理论的讨论建立在对民族志材料的共享基础之上。自 1898 年起，亨利·于贝尔与莫斯在《社会学年鉴》杂志上负责书评的撰写，这些书评涉及全世界范围内，尤其是英国、德国和意大利出版的有关民族学和宗教史的作品。由此，他
196 们构建了一个从出版物中搜集“社会事实”的卓越的图书馆，而这种方式不同于三十年前由他们美国与英国的同行们出版的《人类学的询问与记录》。《人类学的询问与记录》给予旅行者与居住者以指示，而《社会学年鉴》则专注于阅读大量专业且可靠的文献，从中发展出社会学的旨趣，并且索引出关键且有用的信息。这一项工作为于贝尔与莫斯关于献祭（1899 年）和巫术（1903 年）的研究提供了分析材料，同时也为涂尔干于 1911 年独自出版的《宗教生活的基本形式》奠定了基础。

孔德视“社会学”为最难也是最后出现的终极科学，而借用这一术语的涂尔干学派，在某种程度上追寻的则是一种在生物学事实与社会事实之间断裂的取向，而社会事实也特别为进化论等社会人类学先驱们所关注。当涂尔干强调用社会事实，而不是用生物学也不是用地理学，来解释社会事实这一绝对必要性时，他重新勾连了英国与美国的人类学家，对于后者而言，既不是种族也不是气候就能解释文化的差异。因此，涂尔干使得达尔文与孟德斯鸠有关社会的科学同时陷入尴尬的境地。

然而，涂尔干拒绝社会进化论提出的蒙昧人（Sauvages）、

导言　离乡的经验

Source：LSE

1. 布劳尼斯娄 · 马林诺夫斯基在特罗布里恩德岛，1918 年

2. 罗伯特 · 赫兹在战壕中，1914 年

第一章 在欧洲霸权之前

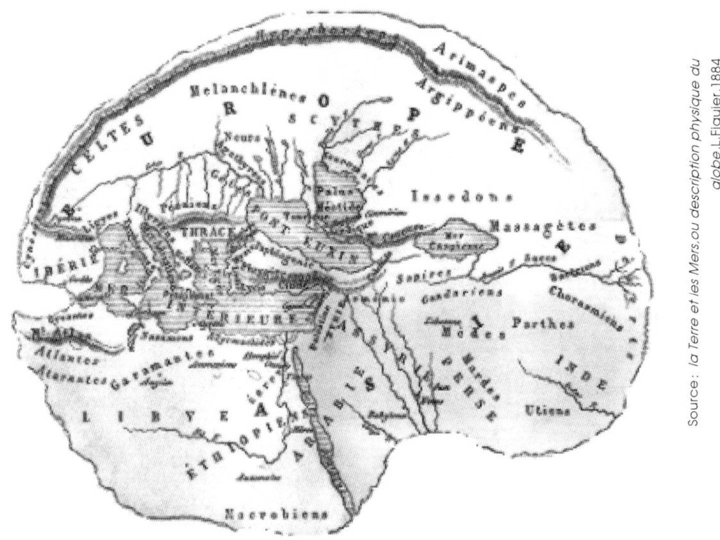

Source：*la Terre et les Mers,ou description physique du globe*,L.Figuier,1884

3. 希罗多德看见的世界，公元前 5 世纪

Photographie：© Vassili Tsarenkov, 2014

4. 波斯波利斯的波斯帝国臣民的代表，公元前 5 世纪

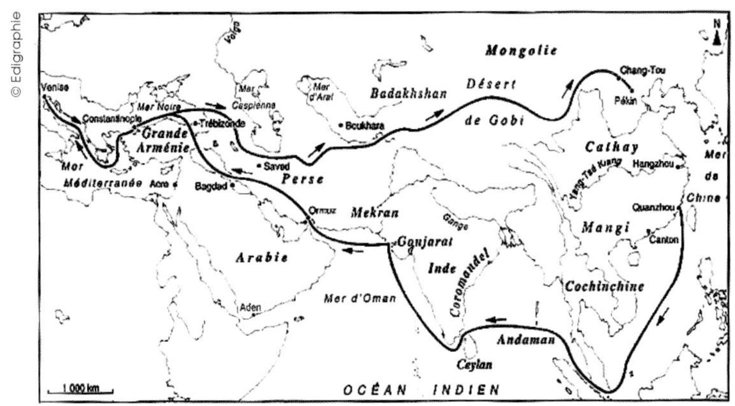

5. 马可 · 波罗游历地图，1270 至 1300 年

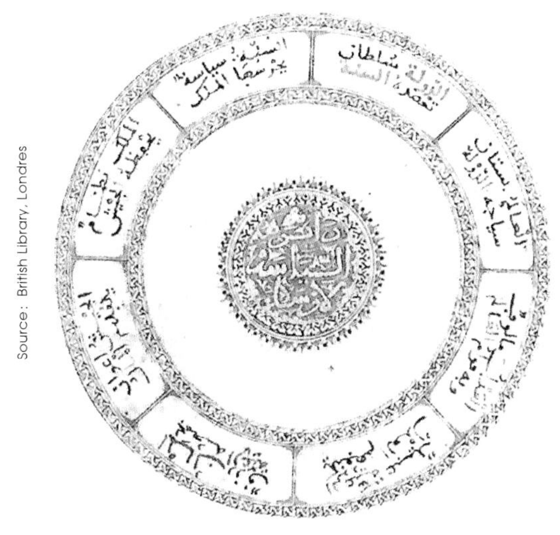

6. 伊本 · 赫勒敦的权力图式，1378 年。“历史绪论”的插图。图像的中间表示“亚里士多德政治圈”。小的环形论点以循环的方式阅读:“世界是一座花园，它的栅栏是国家 / 政府；国家 / 政府是一种权力，它被用来维持法律；法律是一种政治，它的保障是王权；王权是一种秩序，对它的保护依靠军队；军队是一种辅助者的团体，对辅助者的维系依靠金钱; 金钱是一种津贴，它的提供者是臣民; 臣民都是奴仆，保护他们的是正义；正义应当进入臣民的习惯中，因为正义支撑着世界，世界是一座花园……”感谢侯达 · 阿尤布 (Houda Ayoub) 的翻译

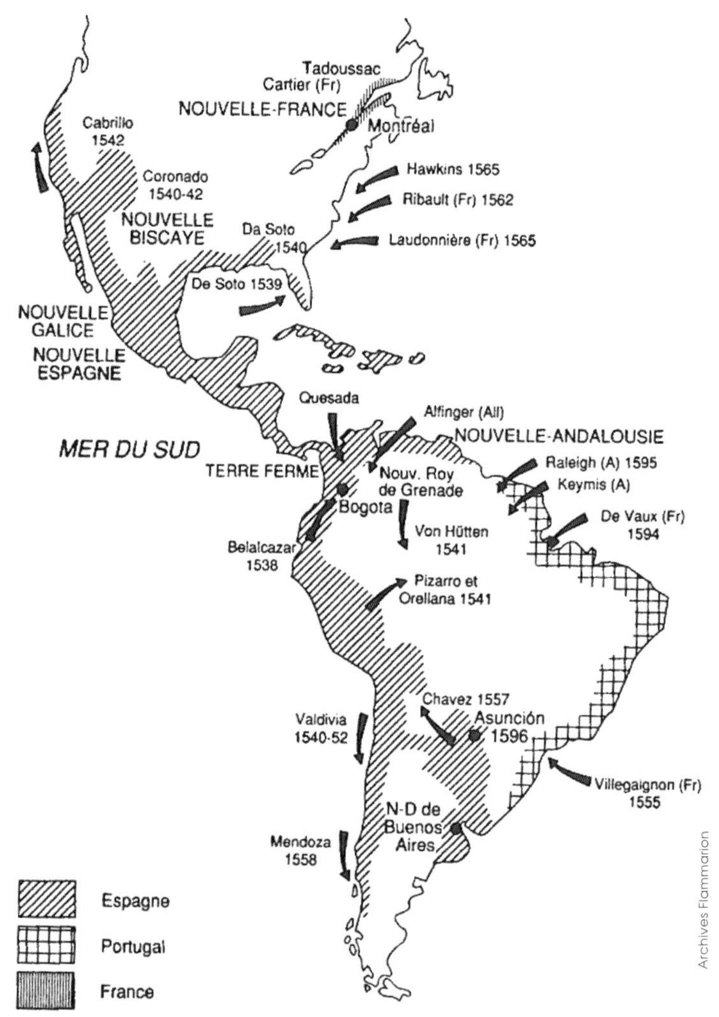

Archives Flammarion

7. 欧洲人在美洲出现的地图，1560 年

Source: Real Academia de la Historia

8. 玛琳切的肖像插图，伊格纳西奥·马努埃尔·阿尔塔米拉诺（Ignacio Manuel Altamirano），1874 年

Source：Bibliothèque laurentienne, Florence

9. 玛琳切在科尔特斯与蒙特苏马二世之间，《佛罗伦萨手抄本》，1520 年

Source: *Histoire d'un voyage faict en la terre du Brésil*,Jean de Léry,1580

10.《图皮纳巴人一家与菠萝》，让 · 德 · 莱里雕刻，1558 至 1578 年

Source: *El primer nueva corónica y buen gobierno*,F.G.Poma de Ayala,1615

11.《可怜的印第安人》，波马·德·阿亚拉绘制，1615 年

Source：National Library of Australia,Canberra

12.《俄迪德》，威廉·霍奇斯绘制，1775 年

13.《波爱杜公主》，约翰·韦伯，1777 年

Source：National Maritime Museum,Londres.Photographie：© Arkesteijn

14. 让 · 凡 · 科赛尔，《四大洲》，1664 至 1666 年。欧洲

15. 美洲

16. 亚洲

17. 非洲

18. 多尔蒂亚 · 维芒（Dorothea Viehmann）与格林兄弟，路易 · 卡赞斯坦（Louis Katzenstein）绘制，1894 年

Source：*Ausgewählte Werke*,P.J.Möbius,1905

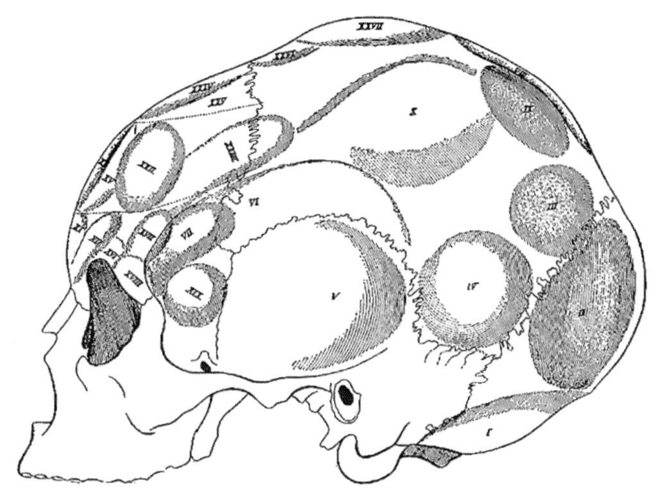

19. 颅骨图，弗朗索瓦 · 约瑟夫 · 高尔绘制，1799 年

图中分别是高尔（分别用德语、法语和英语）命名的区域名称：Ⅰ. 再生产的直觉；Ⅱ. 对后代的爱；Ⅲ. 依恋、爱慕；Ⅳ. 对自我和财产保护的本能；Ⅴ. 贪婪的欲望；Ⅵ. 狡黠；Ⅶ. 对所有物的情感；Ⅷ. 傲慢、忠诚、高位（对自己的高估）；Ⅸ. 虚荣；Ⅹ. 审慎；Ⅺ. 对事物是事实的记忆，可完善性；Ⅻ. 对地域的感知；XⅢ. 对人的记忆；XⅣ. 对词语的感知，口述记忆；XⅤ. 对语言的感知；XⅥ. 对色彩关系的感知，绘画的才能；XⅦ. 音乐的才能，对声调关系的感知；XⅧ. 对数字关系的感知；XⅨ. 对构造的感知，建筑的才能；XX. 比较的洞察力；XXⅠ. 形而上学的精神；XXⅡ. 苛刻的精神；XXⅢ. 诗歌的才能；XXⅣ. 仁慈、怜悯、温柔；XXⅤ. 模仿能力；XXⅥ. 宗教情感；XXⅦ. 坚决、持久、毅力

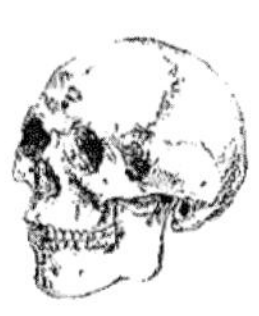
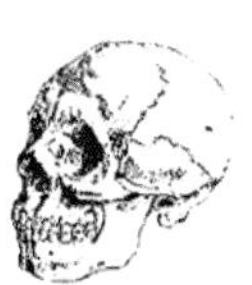
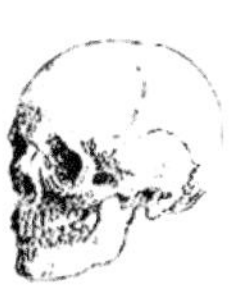
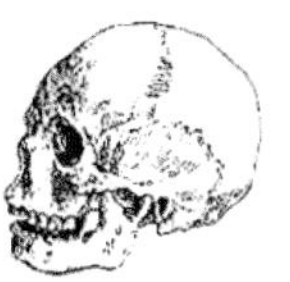
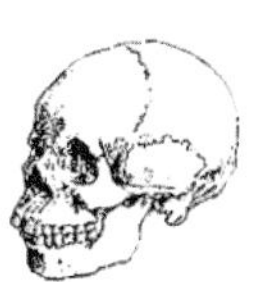

20. 布鲁门巴赫的人类种族图式，1795 年

从左至右：东方人、美洲印第安人、高加索人、马来族人和非洲人

Source：bibliothèque nationale de France,Paris

21. 霍屯督维纳斯，铜版画，1815 年

Source：US National Archives and Record Administration,College Park

22. 伊利 · S. 帕克中校（左数第三人）站在格兰特将军辖下的总部前，1865 年

23. 弗朗兹·博厄斯与印第安人乔治·亨特一家，1894 年

Source：APS

Source：*Les Belges dans l'Afrique centrale*, Ch. de Martrin-Donos,1887

24.《尼迪西亚的女苏丹》，1890 年

25. 人类博物馆的塞内加尔展览橱窗，1942 年

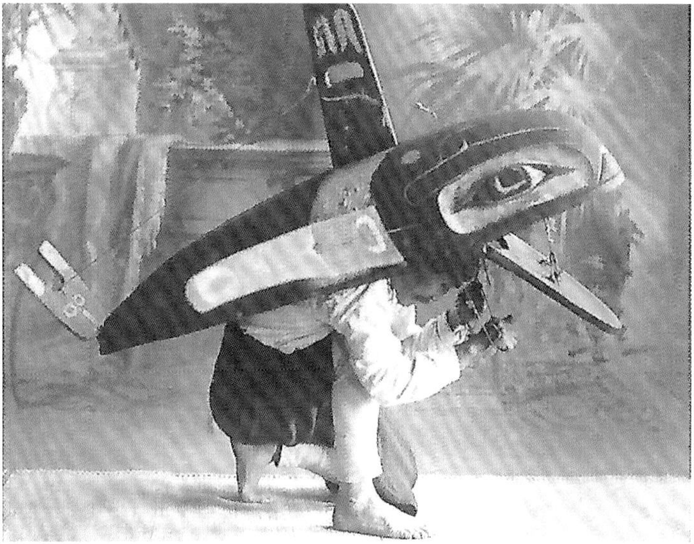

26. 逆戟鲸的舞蹈与面具，弗朗兹·博厄斯的摄影，1904 年

27. 日尔曼·蒂利翁在奥雷斯山脉，1935 年

第七章　处于风暴中的学者们

28. 鲁兹·德·卡斯特罗·法利亚对正在拍摄南比夸拉印第安人的列维-斯特劳斯的摄影，1937 年

29. 弗朗兹 · 法农在卜利达医院，1956 年

野蛮人（Barbares）与文明人（Civilisés）的划分，他取而代之的是“初级社会”与复杂社会的差别。对他而言，在劳动的社会分工中，社会被划分为不同的层次，初级社会处于劳动分工的零级，展现的是机械团结（solidarité mécanique）。处于这一社会 197
中的每一个成员都有能力精确地从事与他人一样的工作，他们是可以相互取代的。复杂社会则面临着非常沉重的劳动分工，即有机团结（solidarité organique）。每一个人都在他们各自的领域，致力于对社会的全面生产。

即使对复杂社会的研究比对初级社会更加困难，并且假定需要其他的方法论工具，尤其是对统计学的使用，也即便初级社会与复杂社会一样都属于社会学的范畴，涂尔干还是拒绝了强化对初级社会的研究。阅读涂尔干和他弟子们的早期作品，我们可以认为博厄斯对社会人类学与社会学之间相互合作的呼吁，在他没有提出之前，就已经被涂尔干学派听见了。

民族志在英联邦，尤其是澳大利亚和新西兰繁荣发展。在亲近土著的职业生活范围里，民族志成为科学远航与长期居住的成果。由阿尔弗雷德·哈登（Alfred Haddon）于 1898 年领导的托雷斯（Torres）海峡远航就成为第一种类型的代表：这位负责人，和其他许多人一样，在遭遇土著之后，便成了笃信社会人类学的生物学家。哈登作为工厂主的儿子，接受的是自然科学教育，曾经是一个坚定的达尔文主义者。他前往将新几内亚与澳大利亚一分为二的托雷斯海峡，原初的动力来自海洋生物学。然而，他在 1888 年首次航行时却沉迷于对土著艺术的研究，这在他看来是对形式及其变化的研究。1898 年，他与包

括心理学家、语言学家和音乐学家在内的其他六位同事重游故
198 地。他们的这次远航配备齐全：照相器材、摄影机、留声机，以及用来测试不同土著感官的器材……一些土著报道人在1871年受传教士影响而改信基督教，为了与他们维持良好的关系，哈登在这一地区停留了足够长的时间。哈登请土著重造了他们在改宗之后就放弃的仪式用品，并且转录了与此相关的、以他们名字来命名的叙述。当哈登离开时，当地管理者们担心土著人参与哈登的研究会引发动荡。这毫无疑问重新赋予土著人自身价值以意义，并使得他们重新确认自己的文化认同。

斯宾塞与吉朗（Gillen）在1901到1902年的远航，则给第二种类型提供了绝佳的案例：由于成员之一出现在现场而可能进行的一种长期调查。弗兰克·吉朗曾是澳大利亚阿兰达（arunta）地区跨洲电报站的站长，此时，他与自1887年就外派到墨尔本担任生物学教授的英国人瓦尔特·巴德旺·斯宾塞爵士一起，在1896年开展田野调查工作。这次远航的成果，如今可以在网站中免费获得，[①] 而在当时则为涂尔干的《宗教生活的基本形式》（*Les Formes élémentaires de la vie religieuse*）一书提供了最为核心的分析素材。莫斯曾于1905年对此写过书评，在他的一生中也从这些素材中提取了许多案例来进行仪式分析。实话说，斯宾塞与吉朗的这次远航的成果，还被詹姆斯·弗雷泽爵士持进化论观点的《金枝》一书使用，不过这本书认为澳大利亚土著部落是最为原始的人类的观点，如今已经

① http://spencerandgillen.net/.

过时了。此外，西格蒙德·弗洛伊德（Sigmund Freud）也在其《图腾与禁忌》（*Totem et Tabou*）一书中提炼了这些素材，并 199
揭示了持续一个世纪之久的精神分析与社会人类学之间的复杂关系：在宏观理论上反对民族志。这是因为许多核心的澳大利亚土著部落的调查，很容易以两种方式展开：要不就是像弗雷泽和弗洛伊德那样，以远观的方式从这些部落中找到相近的显著特征；要不就是以相反的方式，像莫斯和涂尔干那样，同部落联系得更加紧密，并对不同部落的变迁感兴趣。

澳大利亚和新西兰同样也为其他杰出的民族志学者提供素材。英属殖民地在建成之后，就从不忌惮土著人。一些土著成员可以和民族志学者建立友好的关系，并满足后者的好奇心。这是因为在欧洲学者的眼中，土著人很快就会被视为最“原初的人”，他们的文化因而也被值得关注。例如，我们可以举出埃尔斯通·贝斯特（Elsdon Best）的例子。他在民族志博物馆找到职位之前，曾于1895到1910年间担任毛利地区道路的负责人，他可以同土著人进行语言交流，基于他们相互之间的亲密关系，他还发表了大量论文。贝斯特用毛利语同他的土著报道人保持了令人肃然起敬的通信，作为报道人之一的塔玛提·拉奈皮里（Tamati Ranaipiri）后来由于莫斯的《论礼物》（*Essai sur le don*）一书，在人类学家圈中享有盛名。因为拉奈皮里在贝斯特《豪的精神》一文中叙述的故事，被莫斯视为理解“对收到的礼物进行回赠”的强制性的关键。如果你把收到的礼物转赠给我，而我却不对你进行回礼，那么我就会因为“礼物之灵”而面临死亡之虞。莫斯遵循土著人自身的解释（豪［*hau*］

200 的力量，“被给予的”事物的力量），然而在 1950 年列维－斯特劳斯以“毛利圣人”的称呼嘲讽拉奈皮里之后，对后者叙事的解释就变得多元了。

从 19 世纪 90 年代起，在包括土著人在内的法属殖民地居民中培养优秀的民族志学者，引发了莫斯的兴趣。他意识到，相比于受英联邦影响的地区拥有丰富的民族志材料，受法国影响的地区则相对薄弱。我们可以假设，在法属殖民地和位于非洲的英属殖民地，殖民管制的状况从没有像澳大利亚和新西兰那样失去平衡，这使得田野调查更加困难。同样要指出的是，诸如美洲印第安人和西伯利亚人，都面临在体质与文化上双重消失的威胁，而这也激起了民族学家的使命感。

| 延伸

哈登远航的十五年之后，伴随着大量民族志的探险和进化论，19 世纪末的大英帝国逐渐得到了传扬，但随之而来的却是进步幻象的破灭，这种破灭与对殖民主义最初的批评相关。W. H. R. 里弗斯（W. H. R. Rivers）曾经在 1898 年参加过托雷斯海峡的远航，之后于 1914 年出版了两卷本的《美拉尼西亚社会的历史》（*Histoire de la société mélanésienne*），在书中他描写了在已经失去生存品味的美拉尼西亚人群中，文化的变迁引发了一些负面结果。他的书被诗人和编剧 T. S. 艾略特（T. S. Eliot）使用，后者将之视为面对进步时英国大众阶级幻想破
201 灭的隐喻。水晶宫，1851 年伦敦第一届世界博览会中的神奇

之地，是非常遥远的。英国社会应该因为技术进步的幻灭而失望，这种技术的进步也没有带来任何社会的进步。现代性的海市蜃楼开始消逝了。

接下来的第一次世界大战标志着欧洲社会人类学的断裂。曾经围绕在涂尔干周围的好几个青年才俊都葬身于前线，涂尔干自己也在他痛失独子和那些年轻的弟子们之后伤心离世。德国人类学在 1918 年殖民帝国衰落之后也没有振作起来。至于美国人类学，它需要做的是哀悼它的偏爱之物：大量消失的美洲印第安文化。

不过，对于民族志来说，新的纪元开始了，民族志从次要的技术转变成了获得人类学知识的首要条件。在战壕里的罗伯特·赫兹、在太平洋一个岛上的布劳尼斯娄·马林诺夫斯基，以及在新喀里多尼亚的新教神父莫里斯·林哈特（Maurice Leenhardt）在同一时期都发现了这一点。社会人类学的方法问题，从此就完全从博物学模式中解脱了出来。无论是在战壕的极端体验，还是在英属和法属殖民地的大后方，学者与他们研究对象之间共同的相似性都浮现到了前端。这些新的体验通过定义社会人类学新的职业标准，在两次世界大战之间收获了它的成果。

罗伯特·赫兹，从阿尔卑斯山到战壕

从 1913 年起，涂尔干学派中的杰出社会学家之一，罗伯
特·赫兹偶然发现了他对宗教事实进行调查并分析其复杂性的 202
兴趣。当他居住在山间时，为了见证一场民间仪式，他花费了

一年时间去询问在他居住的山间参加仪式的各种人，他们包括村民、巴黎移民、地方学者，以及辖区与罗马教廷的神职官员。通过问询，赫兹积累了历史档案。他从整体上分析了作为复杂社会现象的祭礼和朝圣，从中可以看到两个主教辖区之间的关系、法国和意大利两国边境线周围的情况，以及以下两种人之间的关系：一种是法国一侧的山民，他们以牧羊为生；另一种是意大利平原的人，他们在经济上更为富有，在政治上也更有分量。通过分析文人文化与传说的不同民间版本，赫兹对延续了多个世纪的史前祭礼做出了重新解释和假设，面对基督教的福音传教和生活方式的现代化，这种史前祭礼只是被转变了，但并没有被摧毁。赫兹在理论探索时，对调查充满了热情，没有调查他就无法进入民间文化的多样性中去，唉，然而他的同侪们没有分享这种热情，他们表现出的倾向却是讽刺这种“在户外”的民族志，并把它视为食利者的消遣。

1915 年，当他去世时，人们才发现他正在从事另一项直接调查。这一次调查围绕的是前线的士兵，这个调查与欧洲民俗学家们的问题相关。赫兹从调查中发现了语言学标记法的重要性，并且分析了各种信仰之间的矛盾性。他的好友马塞尔·莫斯在 1928 年出版了赫兹的全部著作，然而其中这两次直接的调查却相对不引人注意。

203 在那些战壕中，欧洲的知识分子们对他们曾经从没有接近过的人突然产生了认识。对此，两次世界大战之间所有参战国的文献中都有着痕迹。罗伯特·赫兹以系统的方式进行调查，并且利用与他所在军团中一部分人来自同一地区的优势，向他的战友们询问关于谚语和村庄固有表达的问题，赫兹继而做了关于语言学和民俗学的笔记（见图 2）。其他的学者们也做笔记，在极端的环境中从他们职业活动的延长线上“拿”到一些东西。马塞尔·莫斯被靠近他的兄弟军团感染，在那个军团中尤其有不少澳大利亚士兵，莫斯观察了他们按照自己文化行走、阅兵和游泳的不同方式。战后，莫斯运用这些观察结果发展了对作为文化现象的“身体技术”（techniques du corps）的分析。在这项分析中，他发展了初步的观察，从而去质询由他人产出的民族志材料。战壕提供了这样一种机会，那就是获得民族志意义上文化偏移的经验。

我们同样也可以延续历史学家马克·布洛赫（Marc Bloch）从战争经验中激发出的反思，这当然很少归功于他那难以被理解的日记和充满暗示性的笔记，而更应该归功于他 1921 年的论文《战争的假消息》（*les fausses nouvelles de la guerre*）。这一参考书目式的评论见证了一个小的学者共同体的存在，这些学者试图去客观地观察他们所经历的一切。一位比利时民俗学家、研究欧洲的民族志专家，研究了在没有自由媒体的情况下，关于德国暴行的谣言的传播。马克·布洛赫观察了信息传播的场所，例如分发食物时排的长队，强调了审查 204
对假消息传播的重要性。他的史学才能，使他得以分析他自己观察到的东西，继而又将他对观察分析的结果，用于解释他要研究的部分历史材料。

马林诺夫斯基在特罗布里恩德岛

同样也是在第一次世界大战期间，但要在悲剧性较少的环境中，“民族志学者”这一人物诞生于原籍波兰的人类学家布劳尼斯娄·马林诺夫斯基的笔下。他在 1914 至 1918 年之间被迫待在了被澳大利亚占领的特罗布里恩德岛上。马林诺夫斯基 1884 年出生于克拉科夫，后来前往英国学习社会人类学。当战争开始的时候，他刚获得了大学的资助去澳大利亚做实地研究。作为奥地利公民，马林诺夫斯基很快就被英国和澳大利亚当作敌人对待，并且面临被拘禁的危险。不过在牛津大学教授们的支持下，他得到了澳大利亚当局的许可往来于澳大利亚广袤的土地，并且可以获得延长他的调查的必要资源。马林诺夫斯基于是便在澳大利亚一直待到了 1918 年，并两次居住在特罗布里恩德岛上，这是一座今日属于巴布亚新几内亚的岛屿。

马林诺夫斯基于 1913 年发表的对涂尔干《宗教生活的基本形式》的书评，是他最初的几篇文章之一。他的田野很有可能受到阅读这本书的影响，在这本书中，涂尔干强调了宗教生活的社
205 会属性，并且具体提出了社会周边区域的问题。在特罗布里恩德岛，其周边是库拉（*kula*）的长途流转，库拉使得在岛屿上相距几百公里的土著人相互之间得以交流。通过研究其中一个岛屿上的土著人，马林诺夫斯基认为他完全处理了这个社会总体的文化，这让他于 1922 年出版了精彩的民族志《西太平洋上的航海者》（*Les Argonautes du Pacifique occidental*）。

这本书很快就成了经典，特别是由于他书写得流畅、生动且清晰。马林诺夫斯基没有隐藏他的榜样是小说家约瑟夫·康

拉德，后者同样是移居英国的波兰人，他也用英语写作。康拉德的小说以严肃的方式叙述殖民化，并且就像在《诺斯特罗莫》（*Nostromo*）一书中那样描写虚拟的人物，同时又带有科学的细节。马林诺夫斯基在他基于涂尔干理论的严肃的民族志分析中，还展现了三个他在学习期间掌握的理论：19 世纪波兰民族主义知识分子的语言学和民俗学文化，波兰是他的出生地；他在莱比锡学到的经验主义心理学；德国经济史领域丰富的传统。因此，马林诺夫斯基就将这些针对社会的科学的最重要的发现，都运用到了社会人类学中，而这些发现，在此之前还只是被运用在欧洲社会。

马林诺夫斯基以优雅的方式，理论化了我们所说的“民族志的魔法”：只有长期的出现在土著人中，并且没有翻译或中间人的调解，才可以去观察“日常生活中的无法估量之物”。参与式观察由此诞生，从此以后，民族志学者似乎成了孤胆英雄，他们即便感到无聊，也要待在那些隐匿着无法预料的事物 206
的地方（见图 1）。马林诺夫斯基清楚地批评科学考察的范式，这一范式提前得到了充分的准备，但被判定他们所搜集的，是那些“应该”让土著人成为土著人之物，而不是他们原本真实之物。马林诺夫斯基同样批评由殖民地居住者从事的民族志，这些“小白人们”更多的是被他蔑视而不是去使用。马林诺夫斯基发明了没有中间人的民族志。被白人看扁还被剥夺关于殖民的知识，又被不明就里视其为腻烦者的土著人容忍，马林诺夫斯基在他当场写的《日记》（*Journal*）中记载了大量日常的不满，这本《日记》直到 1967 年之前都没有被出版。

马林诺夫斯基创建的这种方法，与一种被称为“功能主义”的理论密不可分，这种理论提出被研究的社会都是相互关联的，并且每一种因素都构成一种维持稳定性的“功能”。但什么才是这种关联和稳定的总体社会呢？这涉及土著人的那些整体，如说同一种语言，在相同的群体中互相认识，遵循相同的习俗？语言、习俗与身份认同之间的相互叠合，已经被博厄斯在美洲印第安人的案例中批评了。被应用于岛上社会的功能主义公设，使得马林诺夫斯基得以发现他研究的总体社会与库拉的流动有关，库拉圈超越了他所居住的岛屿的边界。马林诺夫斯基继而将这一理论应用到在规模和结构上都更为多样的社会中去。在这些社会中的每一个被观察的土著人，都没有意愿成为群体的发言人，而这些群体的边界已经被确定。直到 20 世纪末，这种“总体化”才被当成经典民族志的盲点而受到批评。

207 马林诺夫斯基对社会人类学的影响是巨大的。他在英国人类学中扮演的角色，就像博厄斯在美国人类学，以及莫斯在法国人类学中扮演的一样：这三个人物在 20 世纪 60 年代的三个国家培养了一大批优秀的人类学家。

从 1922 到 1940 年，来自欧洲各地与英联邦的学者前往伦敦经济学院（London School of Economics），围绕在马林诺夫斯基的周围学习社会人类学。他的朋友与对手，A. R. 拉德克里夫－布朗（A. R. Radcliffe-Brown），同样代表了社会人类学的功能主义学派，同时也被视为埃米尔·涂尔干的弟子。相比于处于伦敦的马林诺夫斯基，拉德克里夫－布朗则在英联邦开启他的学术生涯，他于 1921 至 1925 年在南非的卡普（Cap）教课，随后一直到1931年，他都在澳大利亚的悉尼，任教于两所毗邻他研究的土著社会的大学，他的学生们都对人类学有着巨大的政治或道德上的兴趣。接下来，拉德克里夫－布朗动身前往芝加哥大学，并在那里遇到了罗伯特·帕克（Robert Park）和他的女婿罗伯特·雷德菲尔德（Robert Redfield）。帕克与欧内斯特·伯斯（Ernest Burgess）一起创建了基于田野调查的城市社会学，而雷德菲尔德属于第一代在美国本土之外做研究的美国人类家。从此以后，社会人类学的区域范围便联合了起来：法国、英国和美国形成了顶尖，南非和澳大利亚成为开拓地，而苏联则独处一隅。

| 国别学派？

殖民化无疑影响了民族志田野调查的条件，同时也影响了
其研究作品的风格，这是因为殖民化一直在科学研究中潜移默 208
化。此外，对于欧洲两个主要的殖民力量——英国和法国来说，在两次世界大战之间，殖民化也成了一个政治问题。它们之前的殖民地，澳大利亚和南非在后知后觉地意识到它们内部殖民的悲惨境遇之后，分别自1900和1910年起独立。

人类学家与殖民地政府之间极深的矛盾关系，不再发生转变，但人类学这个职业却获得了一些附加的手段。孤胆英雄的民族志模式几乎传至各地，除了法国。一种书写就此出现，那就是一种通过将理论问题置于社会之上的、带有科学风格的专著，我们后来称之为“民族志式的在场”。

大英帝国的殖民问题

两次世界大战期间受到英国学派培养的人类学家们，事实上将社会描述成“现时的”（au présent），他们相信这些社会是协调和稳定的，不一定是没有冲突的，但一定是没有历史的。他们了解那些使他们得以研究的政治和社会语境，但把这些留在分析的门外。

在其他的例子里，埃文思－普里查德（Evans-Pritchard）爵士在 20 世纪 30 年代围绕苏丹的努尔人（Nuer）按照短期田野工作的方式展开了调查。与一撮人四散在特罗布里恩德岛不同的小岛屿上不同，努尔人有两万人，所占面积达四万八千平
209 方米，等同于一个法国大区。就在埃文斯－普里查德抵达之前，努尔人已经遭受了暴力的“和平化”运动，这导致他们失去了家畜，他们的先知也都被绞死。因此，人类学家很难得到他们的配合。努尔人最终给予了埃文斯－普里查德一个特殊的身份：“我是一个盖尔（*ger*）或是他们称呼的一个拉尔（*rul*），指的是一个路过的外人，只和他们居住了一年，但这却是有着强密度关系的一年，高质量的关系远超过了所持续的时间。”他的著作《努尔人：对一个尼罗特人群生活方式和政治制度的描述》（*Les Nuer. Description des modes de vie et des institutions politiques*），描绘了自豪、好斗且平等的一群人的形象，他们与家畜象征性地生活在一起。在努尔人中施行的政治结构，是一种有组织的无政府形式。其中不同家族群体之间存在着力量关系，这种关系介于亲属关系组织与政治组织之间，并且在周期性冲突中始终保持平衡。

还是在 20 世纪 30 年代，两位说英语的人类学家，美国人玛格丽特·米德（Margaret Mead）与她的丈夫、新西兰人雷奥·福蒂纳（Reo Fortune），在研究开始时难以说服新几内亚的阿拉佩什人（Arapesh）帮助他们。如果我们信任玛格丽特·米德的通信函件的话，福蒂纳动身走遍一个又一个村庄，去解开最隐晦的秘密，这些秘密是阿拉佩什人想要向政府隐瞒的，这样他们就可以做他们想做的事情。然而，这些艰难的妥协在学术著作中却毫无透露：民族志学者们这些孤胆英雄，被假定为始终有效率的，也不需要去担心他们是如何做到的。

马克斯·格拉克曼（Max Gluckman），这位出生于约翰内斯堡的英国人类学家，是第一位在科学图景中描绘民族志学者和殖民地管理的学者，这些都在他于 1936 至 1938 年在祖鲁的 210
田野工作中展现。格拉克曼引发了方法论的第二次革命，这次方法论的革命直到 20 世纪末才成为主流：“反思”民族志成了明确调查工作的物质和社会条件的要求。

由于人类学家经常被怀疑与当地人过于接近，甚至受到当地殖民政策的批评。研究者的见证，展现了他们与殖民地管理部门之间关系的薄弱性。就像塞利格曼（Seligman）教授，1909 年之后长期在苏丹做田野，他观察到殖民官员从不向他咨询意见，唯一一次他主动给出建议：应当同鲁巴（Nuba）山上的施雨者维持良好关系，但这个建议并没有被采纳。殖民地官员们认为，人类学家们调查的目的是撰写长篇大论又繁复啰嗦的报告，“这样的长度是没有人有时间去读的，而且无论如何，这些报告也无法被运用到日常管理事务上去。”①

然而，受到殖民地改革意志的启发，英国政府在两次世界大战之间，发起了一项经济发展的政策，这项政策直到战后才取得了成功。应用人类学的前提就此实现，尤其是在非洲实现了。人类学家们抓住机会寻找资助，改善工作条件，并且更好
211 地传播他们的成果，尤其是通过编辑出版学术著作，同时还为殖民地管理和民族志博物馆的现代化发展提供职业培训。

对于在非洲的社会人类学来说，最为重要的机构就是非洲语言和文化国际学院（International Institute of African Languages and Cultures），它于1926年被来自欧洲不同国家的人类学家、语言学家、传教士和殖民地官员建立。它的第一次任务是对非洲语言正字法（orthographe）的稳定性提出建议。该学院扮演了重要的学术角色，并且在基金会，尤其是20世纪30年代洛克菲勒基金会的帮助下提供了对人类学研究的资助，并且一度成为世界上最为重要的人类学出版社。

美国学派：语言学、心理学和文化相对主义

伴随着新的参与观察方法，美国学派要更为自在，参与观察在某种程度上就是与研究美洲印第安人的学者是同体的。路易·摩尔根在做研究之前，就与罗切斯特的塞讷卡印第安人共同生活了。弗朗兹·博厄斯将以下的事实理论化，那就是人类学应当研究“就像出现在印第安人中间那样的文化”。此外，

---

① 引自亚当·库珀的《20世纪的英国人类学》（*L'Anthropologie britannipue au XXe Siècle*，Paris，Karthala，2000，p.128）。

自 19 世纪以来，美国民族志的核心，就在于美洲人，对于第一代人类学家来说，他们已经足够多样。而且这些第一代人类学家们也被说服，他们的道德义务是从事“濒危”的民族志，他们研究的文化应当是即将消失的。

弗朗兹·博厄斯最初的学生们遵循了这项传统。在 1910 至 212
1930 年间，像克鲁伯（Kroeber）和罗维（Lowie）那样伟大的奠基者们，通过强烈地反对摩尔根的进化主义，出版了不少教科书、综述和学科史。事实上，在他们的眼中，人类学家的角色应当是为了文化自身去研究每一个文化，而不是把文化或者社会放在一个发展的共同的比例尺上。克鲁伯研究的是加利福尼亚的部落，而罗维研究的是乌鸦印第安人，他们研究的文化在他们的眼中都是行将消亡的。克鲁伯在 1911 年找到了最后一位雅希（yahi）印第安人，他称之为艾希（Ishi）。这个人在他的两个同伴死后，成了他们语言最后的使用者，并最终搬到了城市居住。他的部落自 1840 年起就孤零零地生存着。

直到 20 世纪 20 年代起，美国的人类学家们才开始去远方游历，尤其偏向拉丁美洲和太平洋，他们不感兴趣的是非洲和欧洲。大量的著作建立在这场长期停留的移动之上。当他们“在田野中”的时候，不同于欧洲的研究者，美国的研究者们并不直接建立一种殖民关系。对待他们调查的条件，他们却保持着审慎的态度。

20 世纪 30 年代新生的一代人，通过将包括西方文化在内的世界文化坚定地视作调查对象，强烈地改变了美国人类学的方向。文化的比较研究法在人类学的新定义中出现，并且伴随

着向文化心理学的转向，而文化心理学偏向的理论对象也成了个体的社会化。这不再涉及为了文化自身去研究文化，而是把
213 个体看作这一文化的承载者。该学派的公设被命名为“文化与人格”，它由拉尔夫·林顿（Ralph Linton）提出，指的是每个文化都生产出具有特性的“基本人格”。

1934年，露丝·本尼迪克特（Ruth Benedict）出版了《文化模式》（*Patterns of Culture*），这一人类学研究的新理论来自三个社会：两个美洲印第安人社会，一个是加利福尼亚州的祖尼印第安人，他们自19世纪以来就一直被研究，另一个是夸扣特尔人，由博厄斯在乔治·亨特的帮助下进行研究；此外还有一个大西洋社会，新几内亚的多布人（Dobu），由雷奥·福蒂纳，即玛格丽特·米德的第二任丈夫研究，并于1932年出版了一部民族志。在“模式”（*pattern*，缝纫书的“打板样式”，换句话说，个体行动的模式）这一术语下，露丝·本尼迪克特展现了这样一种方式，那就是在社会中的每一个人，其个体的行为都受到集体文化的影响。从方法的角度来说，露丝·本尼迪克特开创了一种“对照”的比较形式，它按照个体在社会中的“角色”呈现出差异，并且将行为视作对这一角色的适应。

文化相对主义的假设正好是精神分析的反转形式：它并不是用力比多（libido）来解释文化，而是用文化来解释力比多所表现的形式。这种文化相对主义的假设植根于卡尔·荣格（Carl Jung）的精神分析理论，荣格要比弗洛伊德更加关注无意识的文化变迁。这就是我们为何要将这种发展于美国20世纪30年代的文化心理学，从精神分析人类学的其他流派中区分出来。精神分

析人类学在美国结束战争之后迅猛发展，尤其是在格扎·罗海姆（Geza Roheim）和乔治·德弗罗（Georges Devereux）的学术脉络中，后者是民族精神病学的创始人，他的《一个平原地区印第
安人的精神疗法》（*Psychothérapie d'un Indien des Plaines*）持续 214
发挥影响，这是因为德弗罗与他的病人杰米·P.（Jimmy P.）之间的个人关系象征着民族志中的尊重。

“社会化”的概念在文化相对主义学派的研究中十分重要。精神分析的弗洛伊德学派强调与童年性欲相关联的复杂的普遍性，并且研究童年时期经历的个人事件。与此相反的是，社会化理论强调处于童年学习期的文化特征。一旦人们认为“阶级惯习”是人类学意义上“文化”的变种，并且认为皮埃尔·布迪厄理论中的文化支配，可以从涵化和在文化人类学中对涵化的抵抗中找到痕迹，那么，皮埃尔·布迪厄的“阶级惯习”理论，就可以被看作对文化相对主义的延伸。

对于“文化与人格”学派的美国人类学来说，在给定社会特有的，以及由社会中成员持有的“文化特质”，是在低幼童年期形成的。玛格丽特·米德在1925年通过研究萨摩亚少女的社会化，检验了这一假设，萨摩亚是一个被新西兰占领的太平洋小岛。她的著作《萨摩亚人的成年》（*Coming of Age in Samoa*），清楚地批评了美国文化，并且取得了巨大的成效。她发现了一个从性束缚中解放出来的社会，并且这个社会还促进了女性的自我实现。玛格丽特·米德的田野调查，随后受到了另一个人类学家德里克·弗里曼（Derek Freeman）的强烈批判。弗里曼希望能攻讦这个学科的象征人物。他先是从1940至1943年，后从

1965 至 1967 年在萨摩亚进行田野调查，并于 1983 年出版了这次“重访”。弗里曼指出玛格丽特·米德在田野时居住在一个美
215 国家庭中，而她的观察也只是化约成了对二十五名萨摩亚少女的调查。事实上，对于玛格丽特·米德，就像马林诺夫斯基那样，被给定的文化是一种“总体”，只有很小一部分土著人可以让别人进入其中。

与此同时，其他人类学家研究了语言在个体心理学形成中的位置。人类学家、语言学家和心理学家爱德华·萨丕尔（Edward Sapir），在对美洲印第安人文化多样性的研究中，追随了弗朗兹·博厄斯关于语言与文化之间关系的复杂性的直觉。印第安社会为这个研究建立了无与伦比的实验室，这是因为这些地理甚至文化意义上近似的部落，却说着完全不同的语言。

语言分布图式与文化线索分布图式的分裂，已经被博厄斯证明了，这并没有提升语言特别作为集体现象的重要性，而是通过语言实现个人对世界的感知。萨丕尔写道：“在较大程度上，现实世界以无意识的方式构建了我们的语言习惯。”一系列实验的研究，而不再是民族志的研究，由此开展，从而检验被称为“萨丕尔 - 沃尔夫”的假设。根据这一假设，不同语言之间的对话者没有共同对世界的经验。在为数众多的研究中，我们可以给出两个例子来证明这个假设。

（1）研究者先分别向说纳瓦霍语和说英语的孩子们，展示一条蓝色绳子与一根黄色棍子。接下来，研究者又拿出一条黄色绳子，让孩子们将这条黄色绳子靠向之前两个物品中的一个。说英语的孩子们按照颜色，将黄色绳子靠向了黄色棍子；

而说纳瓦霍语的孩子们则按照形状，将黄色绳子靠向了蓝色绳 216
子。这个经验被用来说明纳瓦霍语的影响，这种语言按照物体的形状是弯曲且脆弱，还是笔直与坚硬，来使用不同的动词。

（2）最近的一项研究显示，某些语言不能区分左与右，却能区分方位基点，以至于一个在这种语言中成长的孩子，虽然不能通过自己身体的经验（左手、右手）来判断空间方位，却能通过太阳的位置来判断空间的方向。

这些研究的经验特点，建立了他们理解语言与感知之间的正当性，排斥了只有在民族志研究中才能构建的对语境要素的意识。尤其是在殖民与后殖民的语境下，个体根据遭遇的不同状况使用不同的语言，其中包括殖民地的语言。这些个体因而拥有对世界的不同感知系统，这些系统根据实际的状况发挥作用。

晦暗不明的法国……

20 世纪 30 年代末，当美国人类学和英国人类学都迎来了他们最初的成功时，法国的人类学却难以确认和延续 20 世纪转折期带来的理论与方法的冲击。

一些法国人参与了非洲语言和文化国际学院，其目的是在非洲强化欧洲的人类学。这正是吕西安·列维－布留尔（Lucien
Lévy-Bruhl）的情况，他是自埃米尔·涂尔干死后最为知名 217
的法国人类学家，尤其是他 1922 年的著作《原始人的心灵》（*La Mentalité primitive*）。作为埃米尔·涂尔干的同代人，他在书中强调了两个特征，区分了原始社会中人类精神的功能，它们分别是神秘主义的参与（participation mystique）和前逻辑的心灵（mentalité prélogique）。马林诺夫斯基和马塞尔·莫斯都批评了他的上述立场。此外，列维－布留尔的观点也会引起误解。这些观点在法国这样的优良社会中更容易被接受，却不容易去确认“原始人”与文明化了的现代资产阶级之间的根本差异。列维－布留尔自我辩护了多次，他认为存在一个整体的人，在那些最为文明化的人之中，也有着他所描述的原始的心灵部分。列维－布留尔的著作接续了涂尔干关于思想、逻辑和宗教的基本形式的脉络，但是并没有分享后者的逻辑前提。对于涂尔干和他的团队来说，并不存在原始人，而只有初级形式，这种初级形式可以使他们思考现代科学的出现，并且从中找到人类在他们自己的社会结构中描述自然世界的过程痕迹。涂尔干远没有将“原始的”视为逻辑的内在，他只是将逻辑看作在初级社会实现思考的方式的延续。

20 世纪 30 年代，法国人类学的状态是充满悖论的。法国社会学学派在晚近滋润了英国的学术，尤其是马林诺夫斯基和拉德克里夫－布朗的功能主义，后两位是当时世界范围内年轻一代的大师。但是法国社会学派却没有成功地滋润法国人类学。1914 年，新兴一代消逝在战争中，使得法国的社会学派变得苍白无
218 力。幸存者们在来自涂尔干《自杀论》（*Le Suicide*）的有限的词义上，捍卫着大学里的社会学，也就是说，是现代社会的统计研究：这是莫里斯·哈布瓦赫（Maurice Halbwachs）的角色。此外，继承者们还围绕着历史学家和经济学家传播他们的学派：这是弗朗索瓦·西米昂（François Simiand）的角色。

只有莫斯这位涂尔干最亲密的合作者也是原始社会研究中最

具才能的学者，才重新继承了捍卫新兴的社会人类学的任务。如果说涂尔干学派在人类学领域还是保持了相对多数的话，那是因为有研究中国亲属制度和仪式的葛兰言（Marcel Granet），或是研究卡拜尔（Kabylie）契约关系的法学家勒内·莫尼耶（René Maunier），但是涂尔干学派始终无法成功地将人类学制度化。

莫斯一方面与人类学的法国学派一起工作，这一学派的特点是接近于医学研究和体质人类学的研究；另一方面，即便是在1936年之后的人民阵线中，莫斯也与殖民地政府一起工作。此外，莫斯习惯于阅读由他人提供的民族志素材，而不是自己去搜集它们。从这一点来看，莫斯代表的是老式的民族志学派：更多的是派遣受到良好培训的大学研究学者去“田野里”，他也认为培养殖民地的作者是可能的，从而建立了一群研究者的后备“部队”。以下两位法国民族学家被视为“田野人”，这可能不是完全偶然的。前往非洲的马塞尔·格里奥尔（Marcel Griaule）和前往新喀里多尼亚的莫里斯·林哈特。前者之前是一名军人，后者之前是一位新教的传教士。长期以来，“做田野”在大学中被视为一项并不高贵的活动。

时不时地，我们可以从马塞尔·莫斯的笔下找到对殖民精 219
神的让步，例如1909年以来在印度支那，为殖民地中那些包括土著人在内的居民进行民族志培训。这也是1925年建立民族学学院（Institut d'ethnologie）的情况：学院设立的课程对学生开放，尤其是对于哲学专业的本科生们，同时也对殖民地学校（Ecole coloniale）的学生开放。殖民地学校成立于1889年，旨在培养当地的殖民管理官员，学校首先设在柬埔寨，随后设于非洲。直到两次世界大战之间，殖民地学校仍然是相对机密的，随后在 1934 年成为法国国立海外学院（Ecole nationale de la France d’outre-mer）。这所学院后来凸显了重要性，尤其是受到了罗伯特·德拉维涅特（Robert Delavignette）的推动，他是这所学院从 1937 至 1946 年的校长。在第二次世界大战期间，当未投敌的法国军队命运完全取决于殖民地军队时，他反思了殖民主义的局限。

民族学学院如果没有以下三个创始人，就无法成立：莫斯代表学术上的正当性，列维－布留尔代表智识与社交上的正当性，而保罗·里维（Paul Rivet）则代表政治上的正当性。保罗·里维是一名医生和体质人类学家，他于 1925 年成为民族学学院决定性的推手，随后被选为人民阵线的巴黎代表，并且成功地于 1936 年创建了人类博物馆（musée de l’Homme）（见图 25），该博物馆附属于国家自然史博物馆，它的前身是创立于 1878 年的特罗卡德罗民族志博物馆。

在法国，一切都与国家权力十分接近，在这一点上要甚于英国。不过，自然科学的威望（最终体现在新建的人类博
220 物馆之上），至少直到 1940 年，可以帮助人类学去获得政治的独立性。将体质人类学、史前史和社会人类学合并为一个整体，自然就使人类学与殖民政治之间的关系变得松弛：对自然的科学可以帮助它与政府的要求保持距离。同样的现象发生在美国，美国自然史博物馆成了面对印第安人事务局时的保护壁垒。

……在殖民科学与文学之间

在法国的社会人类学课堂上，另外两门专业扮演了重要的角色。一方面，两次世界大战之间的作家和艺术家们，感受到了对异域民族志的真正的激情，他们期待文化的更新和政治的灵感：这正是安德烈·布勒东（André Breton）的情况，他是原始艺术的大收藏家；这同样也是乔治·巴塔耶（Georges Bataille）的情况，他于 1937 至 1939 年活跃于社会学学院（Collège de sociologie），这是一个重点关注马塞尔·莫斯的研究的先锋学术团体。另一方面，法国曾经发展了一个特别繁荣的民俗学学派，就像北欧和东欧的国家那样。这些国家要创建的是一个国家的文化，而不是去为它们的帝国主义征服做辩护。法国民俗学与殖民地民俗学之间的界限很难被厘清：如果印度支那一直被视为一个殖民地的话，那么想要知道安的列斯岛人与阿尔及利亚是否重建了帝国或国家，这个问题就一直悬而未决。

相比于美国和英国学派，20 世纪 30 年代的法国社会人类学，与自然科学和殖民权力相比，更缺乏自主性。此外，在整 221
个 20 世纪，法国的社会人类学更加接近哲学和文学，也较少对欧洲与世界其他部分之间进行区分。

马塞尔·格里奥尔毫无疑问是法国人类学“走向田野”最具正当性的代表人物，这尤其是因为他领导了达喀尔–吉布提（Dakar-Djibouti）调查，该调查由法国议会于 1931 年宣布了公开的兴趣。作为前军人，马塞尔·格里奥尔在巴黎民族学学院上课，并且展现出他的田野方法既像一个司法调查，又像一个军事行动：他把土著人召唤到他的帐篷里来，从而让他们回答他的问题，就像19世纪的科学考察一样，那时的人类学家试图去进行测量和摄影。格里奥尔带回了超过三千件物品，有时是买的，有时是偷的，有时是收到的礼物；另外还有六千张摄影、一千六百米长的电影胶片和一千五百张手稿。所有的这些都被存放在特罗卡德罗民族志博物馆。

十几个人参加了考察团，其中有语言学家、民族志学者、一位音乐学家、一位画家和一位博物学家。他们的团队从非洲的西部穿越至东部，从塞内加尔一直到埃塞俄比亚。米歇尔·莱里斯（Michel Leiris）属于其中一员，并且与格里奥尔并肩前行，在1934年《非洲幽灵》（*L'Afrique fantôme*）一书中，他发表了他自己关于远行的叙述，这是对殖民权力阴影下"在田野中"关系的拒斥的呼喊。人类学与文学之间的模糊性无疑在此刻展现了出来：人类学被揭发为一种屈服于政治权力的（伪）科学，同时，文学却可以去看到人际关系的真实性。

222 1943年，马塞尔·格里奥尔成了索邦大学第一任民族学教授：在法国，"民族学"就是称呼社会人类学的术语。他于1948年出版了他的多贡的报道人欧高特迈利（Ogotemmêli）的叙述，书名为《水之上帝》（*Dieu d'eau*），这是对土著文化的赞颂与理想化，并且确实与格里奥尔战前的司法调查方法相反。他发现了多贡文化的诗学，并且放弃了为文化和人性的见证而去清点的想法，这种清点的做法，长期以来将法国人类学封闭在科学（侦察的）与文学（浪漫的）之间，而没有给对社会结构的分析留下任何空间，正是后者才丰富了涂尔干学派。

莫里斯·林哈特是民族学家与新教神父，他的遭际也见证了这种社会人类学与殖民地不同的行动者之间的模糊性。在他以传教士身份展开研究时，林哈特对南非的宗教革命运动非常感兴趣，这些宗教革命运动既受到传教士又受到当地人的支持。这位进步主义的新教传教士，1902 年与他的妻子一起前往新喀里多尼亚。他在著名的丛书《民族学学院研究与论文》（*Travaux et mémoires de l'Institut d'ethnologie*）中出版了三本著作，其中一本是 1935 年的《大地上的人们》（*Gens de la Grande Terre*），此后，当他 1938 年从新喀里多尼亚回来的时候，他就已经成了民族志学者和语言学家。他的著作不仅见证了他的宗教信念与他的民族学实践之间的关联，还见证了美拉尼西亚（canaque）[①] 世界中天主教传教活动的地位。

1853 年以来就由法国殖民的新喀里多尼亚，1902 年的人口 223
由以下几种人组成：从苦役犯监狱中释放的殖民地移民、长期出现的天主教传教士，以及至少从 1878 年血腥暴动以来就被视为食人族的美拉尼西亚人。当莫里斯·林哈特夫妇抵达时，努美阿（Nouméa）的市长接待了他们，并且挖苦道："你们想在这里做什么呢？十年之后，这里就不再会剩下美拉尼西亚人了！" 在新喀里多尼亚待了几周之后，这位传教士意识到了眼前状况的复杂性：他是这里唯一信仰新教的欧洲人，并且支持当地新教徒的活动。当地的新教徒叫作那塔斯（*natas*），他们不仅被天主教徒还被殖民地移民们贬低。莫里斯·林哈特于 1903 年在出版传教士信件的《传播福音报》（*Journal des*

---

① 就像书中其他部分一样，我在此使用的是那个时代的正字拼法。

missions évangéliques）中写道："那塔斯总是缺乏一种必要的谨慎，去安抚殖民地移民，这种谨慎可以让那塔斯仿佛变成白人一样，或者可以让他们与殖民地移民一起喝酒。"

为了在他传播福音的事业中，获得美拉尼西亚人的支持，莫里斯·林哈特必须要学习他们的语言和文化，就像所有的传教士自 16 世纪就知道的那样。林哈特讲述道，在他刚抵达之后的一天，他拿起了一个薯蓣来测量重量，然后就把它像木柴一样扔回地上。这一行为突然就刺激了周围人的情绪。林哈特还没有学到，在这里对待薯蓣应当像哄一个小孩子一样去摇。[①]

林哈特长期待在新喀里多尼亚的这段时期内，他彻底地支持美拉尼西亚新教徒，这些人受到殖民地移民和天主教徒的忌惮与
224 蔑视。林哈特与他们分享了这样一种幻象，那就是参与第一次世界大战将会把他们转变为法国的合法居民。通过调查真正的叛乱煽动者，林哈特还在法庭中，去为一位被指控煽动叛乱的美拉尼西亚人辩护。作为美拉尼西亚语言和文化杰出的掌握者，林哈特对美拉尼西亚语中人的概念感兴趣，因为这与他自己的神学信念产生了共鸣。他关于"田野调查"的认知，与上一代民族学家们，尤其是莫斯和列维－布留尔形成了对照，更与马塞尔·格里奥尔相对高效率的方法形成了对照。当林哈特 64 岁时，他得到了学术上的认可：1942 年，他担任人类博物馆大西洋部的主任，并在高等研究实践学院（Ecole pratique des hautes études）替代马

① 这个记述来自詹姆斯·克利福德（James Clifford）的《莫里斯·林哈特：新喀里多尼亚的人物与神话》（*Maurice Leenhardt. Personne et mythe en Nouvelle-Calédonie*, Paris, éditions Jean-Michel Place, 1987[1982]）。

塞尔·莫斯，后者因为犹太教徒的身份而被罢免。

马林诺夫斯基的方法曾经两次越过了英吉利海峡。1934 年，马塞尔·莫斯的学生日尔曼·蒂利翁（Germaine Tillion）独自前往奥雷斯山脉，学习柏柏尔人的语言和文化。由于谦逊和勇敢，她成功地赢得了她的对话者的信任（见图 27）。她本打算像英国民族志学者撰写伟大的民族志那样，完成一部自己的专著，但是当她 1940 年回到法国之后，她的田野笔记都被德国占领军抢走了，她只能等到 1962 年才出版她的民族志著作，书名为《妻妾与堂表兄弟》（*Le Harem et les cousins*）。

1938 年，马林诺夫斯基拜访了新的民间艺术与传统博物馆（musée des Arts et Traditions populaires）的一批年轻的民族志学者，他们在索洛涅（Sologne）搜集物品与素材。在晚宴上，马林诺夫斯基向他们陈述了他的民族志的准则，这长期地转变了他们的工作方式。他们的田野笔记见证了这一点。[1] 225
前夜，他们中的一个人，在观察了降福仪式之后，撰写了《惯常的弥撒》（*messe habituelle*）。次日，另一个人独自离开，并且针对他遇见的那些人们所说与所做的事情，写下了二十页详细的笔记。民族志的魔法由此施展，就像战后马塞尔·马热（Marcel Maget）于 1955 年出版的《直接观察手册》（*Manuel de l'enquête directe*）与路易·杜蒙的《塔拉斯克龙》（*La Tarasque*）那样。后一本出版于 1951 年，是对法国南部城市中

[1] 这些田野笔记被存放在旧的民间艺术与传统博物馆的档案部，后来被送到马赛的欧洲与地中海文明博物馆（musée des Civilisations de l'Europe et de la Méditerranée，或简称 MuCEM）。

仪式的“英国式的”民族志。上述两本书都属于在索洛涅调查的那批人的成果。

***

法国社会学、英国社会人类学和美国文化人类学刚诞生，就经历了成功的发展。尽管莫斯对调查的条件具有敏感性，法国社会学也并没有转变为民族志。但后两者却共享了相同的民族志质量、调查的期限、参与观察，以及相同的缺陷：把每个土著人视为他们“文化”的代表。文化人类学，通过研究语言的社会化，更加引发对个体及其所属的集体之间关系的重视。社会人类学，则强调了社会内部组织的角色：亲属关系、经济与政治关系、财富的生产和再分配。

226 马塞尔·莫斯出版于1920至1940年的著作，很快就作为成果被引入了英国传统中。英国在第一次世界大战之前就非常关注法国的社会学学派。莫斯的著作也很容易与美国学派进行对话，这是因为前者具体涉及了个体心理学的社会维度。这也就是为什么尽管学科的传统强烈地区分了社会人类学（英国）和文化人类学（美国），这两个学派还是在读到莫斯的著作时，都产生了回音。莫斯的作品所产生的联合的力量不容被忽视。

在大量仍然可以被充实和流畅阅读的民族志专著中，两次世界大战之间的人类学体现了人类社会极大的多样性。在涂尔干和博厄斯之后，人类学展现了这种多样性不应该被归结于种族或气候，而应该为那些“社会事实”（faits sociaux）所解释：首先是社会结构或“形态学”（morphologie）；其次是作为感知世界的共享工具的语言，以及作为学习接受阶段的儿童的社会化。

然而，当社会学的法国学派建立了两次世界大战之间学术的最为重要的范式时，法国民族学却难以摆脱科学主义和殖民主义的根基。此外，莫斯也意识到了涂尔干理论在后来撕裂的欧洲中的政治模糊性。涂尔干认为现代社会的疾病来自失范（anomie）的状态，也就是说，一种过度的社会分工，而这种社会疾病将个体与国家之间新兴的中介团体的创建视为解药。自 1917 年起，莫斯就开始担心，涂尔干的这一倡议，首先会在俄国被苏维埃听到去聚集地方的群众（事实上，涂尔干先被无 227
政府主义者乔治·索雷尔［Georges Sorel］阅读，他与俄国的革命者过从甚密）；接着又会在德国和意大利，被法西斯主义的年轻人们听到去招募群众。我们还可以在清单中加上维希政权下的行会（corporations）的反应，这些行会同样是建立在个体与国家之间的中介团体。

今天我们知道，年轻的社会科学在西方被用来创作商业广告和更新政治宣传。同时，当美国人类学表明他们的普世性时，殖民地不仅被视作劳动力的储备库，还和黑人艺术一样，被视作创造性的资源。

尽管有以下的事实，那就是学科中的分工，并没有在全世界的范围内达成一致，虽然处于支配地位的流派，推崇将人类学家转化为民族志学者，但这一流派还处在学术的口袋中。不过在这个口袋里，民族志学者为人类学家工作，此外，为了人类学和民俗学知识的生产和传播服务的主要机构和制度都诞生了：博物馆、学术期刊、编辑的丛书、文献辑录、学术团体和大学教席。

第七章

处于风暴中的学者们

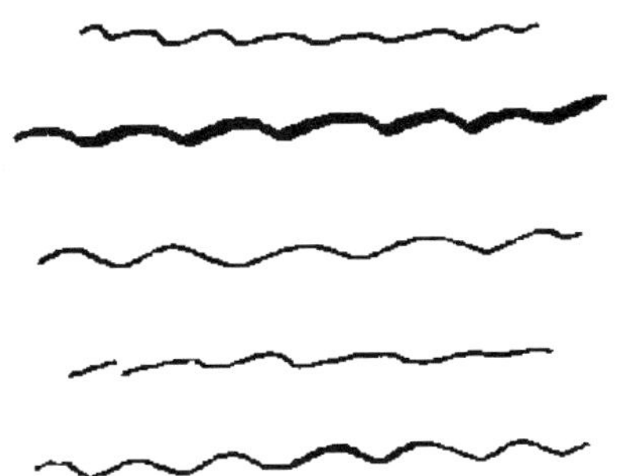

229 欧洲的社会人类学与美国的文化人类学，虽然有着诸多联系与学科上的相似性，但在两次世界大战之间，它们却处于不同的政治语境：欧洲的社会人类学与殖民地管理有着直接的联系，而美国的文化人类学并没有。第二次世界大战加深了这种差异，不过这一次却是发生在欧洲人类学的内部。英国的人类学家们更加亲近他们的美国同事们，包括像马林诺夫斯基那样于 1939 年在耶鲁接受美国的教席。在德国和那些被占领的国家，人类学家们的情况各异。一些学者在战争和被占领期间得到了权力和地位，另一些学者则为了扭转欧洲大陆在战争中的颓势，或是前往英国或是前往殖民地，加入到国家抵抗运动中去。其中的一些人经历了集中营的生活，另一些人则流亡到拉丁美洲或美国，后者同样与美国人类学家相亲近，这些美国人类学家中的大多数还为美国政府 1941 年 12 月之后的战争出过力。

| 战争中的科学（1940—1945 年）

230 在德国以及欧洲被占领的国家，尤其是法国，纳粹的意识形态和德国的占领打乱了人类学家的生活与工作，也打乱了他们所属的机构。美国一跃成为世界知识生命力的中心，美国人迎接着欧洲的难民。那些留在欧洲的人类学家们则在抵抗与妥协之间陷入了令人震撼的风暴之中。集中营的体验和较轻程度上战争的体验，给人类学家带去了难以忘怀的考验。在集中营里，民族学家日尔曼·蒂利翁和化学工程师普里莫·莱维（Primo Levi）都集中精力去观察和分析，当他们从集中营回来时，也都展现了知识分子式的、充满活力的观察的力量，这种力量是超出那些观察的方法准则的。马克・布洛赫也同样如此，在《奇怪的战败》（*L'Etrange Défaite*）一书中，这位历史学家将历史批评的工具运用到了他自己的见证之中。

体质人类学：实践中的种族理论

纳粹的意识形态首先全力冲击了体质人类学，一些体质人类学的代表学者参与到第三帝国追求的种族灭绝的实践中。雅利安种族至高无上的意识形态在1933年之前的学术界还不值一提。那时，希特勒所声称的种族主义学者，法国的戈比诺和英国裔德国学者张伯伦在他们的国家都没有获得科学的合法性。至于欧洲排犹主义的根源，则涉及大众的表达或智识的理 231
性化，也涉及天主教民间信仰的延续——犹太人这些选定之人杀死了耶稣，或者涉及反资本主义和左派或右派的民族主义的新形式，以上种种对人类学家的影响并不比对其他学者更多。如果说许多学者满足于这样一种机会主义，即用修辞将宝押在体制上，我们知道相反的是，尤其是德国的一些医生和人类学家，或是出于信念或是出于犬儒主义（cynisme），都在种族灭绝中发挥了积极的作用。

在法国，乔治・蒙唐东（George Montandon）也同样如此。这位瑞士国籍的医生一开始有着传统的人生轨迹。经由非洲、西伯利亚和日本的探索之旅，他进入了民族学，并前往巴黎的人类学学院（École d'anthropologie）授课，这是一个试图维持体质人类学与社会人类学之间关联的过时的学会组织。他在这里教授近似于德国人类学学派的传播主义（diffusionnisme）课程。在1934年，他出版了《文化的自我起源》（*L'Ologenèse culturelle*）一书，在书中他以比较的方式研究了技术和工具。正如两次世界大战期间成为法西斯主义者的那些学者们一样，他一开始是政治上的左派，在他生命的后期，他的研究作品中已经充斥着种族主义和排犹主义。自1942年起，他确定了他的“方法”，那就是从身体指标中区分不同的种族，从而为犹太问题总委员会（Commissariat général aux questions juives）服务，这是维希政权负责挑选逮捕对象的组织。在1944年，他被抵抗组织
232 处决。战后他的书和行为被广泛遗忘：至少在法国，人类学这门学科并没有从悲剧中吸取教训。

相反，1945年之后最先有反应的一批人是医生们，他们制定了《纽伦堡守则》（code de Nuremberg），这成为当代医学伦理的来源，特别是涉及处理有关人道的科学实验问题。至于人口学，这一建立在统计学之上并且注定要为人口管理服务的社会科学，自20世纪初以来发展了一种政治学说：优生学，这一政治学说最初饱含声誉。它涉及用以下两种方式促进人口的基因改善：要不就是推动优质种族的再生产；要不就是更为常见的，在违背个人意志或不提前告知的情况下，让那些劣质种族的人绝育：他们往往是残疾人、精神病人、罪犯，甚至是穷人。在整个20世纪，欧洲的不同国家都按照优生学的学说来制定公共政策和从事一些医疗实践，而这一学说可以在马尔萨斯的经济理论中找到根源，马尔萨斯将国家的贫穷与人口的过度繁荣相关联。这一学说一度被社会达尔文主义强化，这是一种

由英国统计学家弗朗西斯·高尔顿（Francis Galton）提出的政治哲学，他将针对物种个体的“自然”选择调换到人类的人口之上。许多学者信奉优生学的学说，这种学说直到1945年集中营被揭露之后才被排除出局。

优生学在第二次世界大战之后的欧洲被坚决地定罪，而在美国则延迟了许多年，这是因为美国没有直接经历纳粹的种族灭绝。人口学或优生学，在两次世界大战之间广泛传播，尤其是在 233
意大利和法国，直到战后才从这种越轨中解脱出来。于是，在法国，诺贝尔医学奖得主亚历克西斯·卡雷尔（Alexis Carrel）于1935年出版的为优生学辩护的《人，难以了解的万物之灵》（*L'Homme*，*cet inconnu*），才会成为畅销书，贝当（Pétain）元帅也称之为“研究人类问题的法国奠基之作”。这本所谓的奠基之作，恰是说明人口学与政治之间危险关系的最佳案例，这本书最终在1945年被国家人口统计研究所（Institut national des études démographiques）打下了神坛。

早期的抵抗，人类博物馆的网络

恰恰相反，法国的体质人类学并没有仅仅局限于乔治·蒙唐东。法国体质人类学的代表人物当属保罗·里维，他是美洲印第安人专家，人类博物馆的首任馆长，并且积极参加左翼政治。这位人民阵线的议员、知识分子反法西斯警戒委员会（comité de vigilance des intellectuels antifascistes）的成员，因为批评1940年6月22日的休战，而被维希政权免除了职位。自1940年起，他参加到了抵抗组织的一个网络中去，这一网络在战后以“人类博物馆抵抗网”（réseau du musée de l'Homme）的名字而为人们熟知。这位积极抵抗的骨干重新组织了博物馆的专业工作人员，而在 1940 年夏天的会面之后，一些不寻常的人物也加入进来，其中包括在爱国心与危机意识之下团结在一起的前军人。多亏了研究阿尔及利亚柏柏尔人的民族学家日尔曼·蒂利翁的见证，我们才能知道这一抵抗网络的运作。这些
234 活动，类似于戴高乐将军的“自由法国运动”，目的在于向伦敦传播消息，组织犯人越狱，迎接英国伞兵，处决叛徒以及盖世太保的间谍。

在十名被枪杀于 1942 年 2 月 23 日的该网络组织成员中，有以下两人在人类博物馆工作：极地人（peuples polaires）语言专家鲍里斯·维尔德（Boris Vildé），以及他的助手、人类学家阿纳托勒·乐威斯基（Anatole Lewitsky）。至于博物馆的图书馆员伊冯娜·奥东（Yvonne Oddon）和日尔曼·蒂利翁本人，以及在民间艺术与传统博物馆工作的阿涅斯·安贝尔（Agnès Humbert），则被流放到拉文斯布吕克集中营（Ravensbrück）。在早期的抵抗运动中，人类博物馆的多位成员能扮演杰出角色，并非出于偶然。正是因为这些人面向世界，所以他们熟知德国的状况，对知识分子和政治的要害也有清楚的认知。日尔曼·蒂利翁在战后写道：“这些主张自由的知识分子们对德国的国家社会主义带来的损害了如指掌，他们从这些信息中汲取行动动机的重要部分。”这一网络最初没有一个政治思想的共同体，而更多是达成了从不同源头行动的必要性共识。为了解释她自己的介入，日尔曼·蒂利翁后来也曾

提及，这是出于爱国心的本能反应。她叙述了自己与退役上校保罗·奥埃（Paul Hauet）的相遇，正是后者帮助她加入了网络："我在一个非常小的办公室里，发现了一个高大的老人，头发花白，因怒而狂（我也有同样的感受），我们就像在被占领的最初那几个星期时那样谈论着，也就是说非常坦诚地交谈。我们谈论了非洲，他对我说他认识那个被称作殖民地抗争者国家联盟（Union nationale des combattants coloniaux）这一 235
老旧而松散的组织里的副主席，这位副主席也会同意（为生存与组织服务）。"她接着写道："在宗教层面冷漠，也不再谈论政治，我所认识的这位老人，只有爱国与对家庭和军队的激情。"在 19 世纪 90 年代，从综合理工学院（Polytechnique）毕业之后，奥埃离开了法国去征战苏丹。在参加委内瑞拉的革命之后，他于 1914 年以士兵的身份回到了法国，但他已经超过了服役的年龄限制，于是便以上校军衔退役。祖国与非洲：奥埃与蒂利翁的相遇，见证了奥埃所属的冒险一代与蒂利翁所属的第一代科学民族志学者之间可能产生的默契。

为了生存而观察

第一次世界大战给予了知识分子直接观察远方文化的机会，或是通过空间和民族进行观察，或是通过社会阶级进行观察。就像第一次世界大战那样，1939 至 1945 年间同样也有利于进行特殊的体验。多位知识分子在极端条件下运用他们观察和分析的才能，从而做出了行动并求得生存。在他们当中，首当其冲的是法国历史学家马克·布洛赫，他因为参与抵抗组织而被德国人于 1944 年枪决。

马克·布洛赫在 1939 年他五十三岁的时候加入抵抗组织。当他 1940 年被俘后，撰写了对他在“奇怪的战争”中所获经验的长篇分析，并在他去世后的 1944 年以《奇怪的战败》为名
236 出版。这篇代表作展现了历史学家的技艺与民族志学者的技艺之间的相似性。历史学家遗憾的是丢失了他“珍贵的绿色笔记本”，其中日复一日地记载着他正在从事的供应武器的任务，于是，他重建了他的记忆。这篇反对法国军事将领无能的控诉状，以名为《见证者的介绍》（*Présentation du témoin*）这一简要的自我分析开始，开篇写道：“在这里我写的不是我的记忆。此刻，一个士兵个人的小冒险，在众多冒险中并不那么重要，在寻找美景和幽默带来的愉悦感之外，我们还有其他的担忧。然而，一个见证者需要一种公民的状态。在弄清我看到的事情之前，最好说出我是用什么视角去看的。”我们可以由此看到一种反思民族志的方法：将自己视为见证者。布洛赫再次重申了一种至少源自 18 世纪就知名的方法准则：科学的严谨性首先在于将观察者的特性与他的观察结合起来。

反思民族志的另一部代表作出现在 1947 年。这就是意大利化学工程师普里莫·莱维的《如果这是一个人》（*Si c'est un homme*），他作为犹太人被关押在奥斯维辛集中营。他对集中营中可能有的多角度的描述以及对这些极端条件的应对，都是反对善恶二元论的，他展现出了对参与观察方法的杰出运用。《如果这是一个人》不但被视为面向年轻一代的见证物，而且被当成对参与到难以言说的经历中而产生的沉默的解药。这本

书展现了集中营的组织、被观察的行为与个体的社会来源三者之间的关联。

当历史学家和化学家分别对战争和集中营做民族志时，民族 237
学家日尔曼·蒂利翁接受了更为系统的民族志方法训练，在她经历了拉文斯布吕克集中营之后，相继出版了三篇文章。她在集中营中扮演了极为积极的角色，不仅带领了她的伙伴们进行写作的集体探险，还编排和演出了小歌剧。歌剧的文本在 2005 年出版，名为《地狱中被支配的人们：拉文斯布吕克的小歌剧》（*Le Verfügbar aux enfers. Une opérette à Ravensbrück*）。在蒂利翁那里，观察的意识和幸存的能力相互结合，正如她指出了能够保存牙刷这一唯一物品闻所未闻的重要性。这一极其私人的物品在日常生活中的出现，帮助蒂利翁在内心进行抵抗，这是因为人是由物质元素组成的，而这些物质元素支撑和创造着人，就像莫斯研究的印第安人仪式性面具那样，是“脸”的物质性凝结。

欧洲民俗学，灰色地带

那段时期对介入和行动是有利的。哪怕是在不太极端的情况下，欧洲社会的专家和知识分子都处在第一线。在德国，德国民俗学（或人民的科学）在战争之前就已经向纳粹政权彻底妥协了。就像 1933 年离开德国的恩斯特·卡西尔（Ernest Cassirer）那样，一旦缄默的精神被消减或流放，1937 年第一届世界民俗学大会的参与者们就感受到了，德国的社会科学、历史学、地理学和民族志研究在多大程度上公开参与到了纳粹政权的意识形态

中去。德意志的民俗学研究为维护帝国自命不凡的意图服务：人
238 们到处都说德语，到处运用三个 S 的学说（Sage，传说；Sitte，习俗；Sprache，语言），这一学说确认了所研究区域对德国民族的从属关系。除此之外，人们重新勾勒种族、语言和文化之间的关联：19 世纪被创造的雅利安民族、印欧语系以及像第一代民俗学家赫尔德或格林兄弟研究的珍贵的民间文化。一些民俗学家在聚集了民俗学家和民俗学团体的国家或国际大会上，强调德国人的“德意志性”。更为广泛的是，在纳粹时期，特别是对于那些在计划性种族灭绝语境下选择研究犹太人或吉卜赛人的学者们来说，欧洲民俗学、欧洲之外的社会人类学与体质人类学之间的区分变得模糊。

在 20 世纪 60 年代，上述学者的继任者们已经掌握了官方学说，他们向外揭发了他们的学科与纳粹之间的苟且。于是，那些民俗学的浪漫派与反动派们相继被研究并且受到攻讦。甚至连 *Volkskunde* 一词也在“文化的科学”（science de la culture）的要求下被放弃使用。这一历史性工作促使德国民族志在战后回归，这尤其是通过向美国社会学敞开大门的方式实现。美国社会学的“质性”（qualitative）研究是与田野调查最为接近的，并且与强调对人际间关系进行分析的交互理论相关。

在 1940 至 1944 年间的法国，民间艺术与传统博物馆的情形也是混乱的，这座曾经从属于人类博物馆的分馆，在 1937 年独立建馆。这座博物馆也加入了普里莫·莱维在集中营中所描述的“灰色地带”中，后来这一情况被马塞尔·奥夫尔斯（Marcel Ophüls）于 1971 年拍摄成了电影《悲伤与怜悯》（*Le*

Chagrin et la Piété）。对于那些没有见证过那一时期的人来说， 239
没有什么是非黑即白、非好即坏的，他们对做出决定的逻辑进行描述是困难的。1938 年这座博物馆的馆员中，只有两位馆员没有在战争中加入"灰色地带"：一位是路易·杜蒙，他在整个对德战争中都被囚禁了；另一位是阿涅斯·安贝尔，她加入了人类博物馆那边朋友们的抵抗阵营。安贝尔在她的《日记》（*Journal*）中讲述了 1940 年停战之后在博物馆内举行的第一次会议。因为一些不常见的并且似乎是来自另一个年代的人物的出现，其中包括业余爱好者和反动的博学者，令她有些惊慌失措。不过当她与马塞尔·莫斯目光相交时，她发现后者也显得颓丧消沉。

民间艺术与传统博物馆中的两位核心人物，馆员乔治-亨利·里维埃（Georges-Henri Rivière）与助理馆员安德烈·瓦拉尼亚克（André Varagnac）都是强烈的妥协者，只不过是方式不同罢了。里维埃是一个流连于艺术圈的花花公子，他是保罗·里维的朋友和前助手，战后被以公开同情敌人的罪名逮捕。1944 年 10 月 18 日当里维在组织抵抗运动时，里维埃写信给他，对他说："我似乎在遵循您给的伟大建议：从事科学研究。"瓦拉尼亚克在 1942 年之后就前往图卢兹，组织由维希政权推动的民俗节庆，其中的五月节就是为了赞颂贝当元帅的。瓦拉尼亚克在解放后被停职，然而在揭发里维埃之后，他以自己属于抵抗组织之一的秘密部队为借口进行辩护。作为社会党部长马塞尔·桑巴（Marcel Sembat）这一前无政府主义斗士的外甥，瓦拉尼亚克这位哲学教师资格获得者，研究的是工人的民俗，尤其是1936年的罢工民俗。

至于马塞尔·马热，作为那一时期最为年轻的见证者之一，240 在他于1939年与马林诺夫斯基在索洛涅短暂却具有标志性的会晤之后，便放弃了带有德国民族志特点的文化地图绘制法，而是在法国创建浸入式民族志，他称之为“直接调查”。他在1955年出版了第一本法国民族志教科书《在严格意义上说》（*stricto sensu*），他在书中不仅为那些研究对象能够同意接受研究提供了建议，还提出了要对他们进行系统的观察的建议。他建立了互知（interconnnaisance）的理论，这一理论针对那些有助于民族志工作的社会阶层，并以两种不同的模式实现“所有人互相知晓”：一种是在乡村或工厂车间里，没有人可以逃避他者的目光，也不可能不认识其他人；另一种是多点网络，以移民或跨国精英为特点，“互知”在其中是强烈的，但网络中的成员又是以匿名大众的方式分散开来。

由于受到维希政权的推崇，民俗学在解放后便崩塌了：这一名词变成贬义词，并且在科学的论述中消失，唯一的例外是阿诺尔德·范·热内普（Arnold Van Gennep）。这位耀眼的边缘人，在战后出版了他开始于1937年的研究《当代法国民俗学手册》（*Manuel de folklore français contemporain*），他采用的是已经变得不通用的文化地图方法，也就是通过地方学者和地图学家进行的延伸式调查。在这期间，民间艺术和传统博物馆的第一组在占领区的妥协之后就解散了。在20世纪50年代，曾在战前就参加过调查的历史学家吕西安·费弗尔（Lucien Febvre），一方面与里维埃合作，从而保住了职位；另一方面又与范·热内普合作，远离学术圈和政治界。
瓦拉尼亚克放弃了博物馆和民族志：他被任命为圣日耳曼昂
拉耶国家考古博物馆（musée d'Archéologie nationale de Saint-
Germain-en-Laye）的馆员，并且试图以考古文明的名义将传 241
统文化理论化，从而维护反动派的地位。尽管马塞尔·马热
是方法论创新的主要人物，在他前往第戎之后，便一直保持
着独来独往，并且推动法国民族志与英美民族志相接近。他
在1960年被皮埃尔·布迪厄再次发现，后者将经验方法视为
对流亡归来的克洛德·列维－斯特劳斯的人类学理论回流的
强劲解药。

流亡及其之后：断开种族与文化的关联

在整个欧洲，一部分受到迫害的人物成功离开了。就这样，保罗·里维流亡到哥伦比亚并在那里建立了国家民族学研究所（Institut ethnologique national），尽管他对当地的土著人运动并无同情。克洛德·列维－斯特劳斯就像《忧郁的热带》（*Tristes Tropiques*）里讲述的长途旅行那样，离开巴黎前往纽约。在洛克菲勒基金会和位于纽约的社会研究新学院（New School for Social Reserrch）的帮助下，一个知识分子紧急营救委员会在1940年末成立。这一组织提供资金并为签证提供便利。

与其他欧洲国家的流亡者不同，在纽约的法国人并没打算在美国扎根，这一念头促使那些说法语的大学教员，主要是法国人和比利时人，于1941年在纽约建立了高等研究自由学院（Ecole libre des hautes études）。这一学院包括一个社会学研

究所，由法国知识分子和哲学家组成，这些人都是由于法国新的犹太人地位法令而被撤职。这所学院出版一本杂志《复兴》（*Renaissance*），它也促进不同代际、国籍和专业之间的卓越
242 的智识交流。哲学家、人类学家、社会学家、语言学家和原始艺术爱好者们在一起工作。毫无疑问，战后法国学术的活力根植于这一临时性的共同体。由于这些研究彻底地拒斥危险时期或大或小的妥协，包括学者的道德融入问题，当它们回传法国时，深受欢迎。

无论扮演何种角色，也无论面对何种情形，战争中的欧洲人类学家们没有一个人不受到损害。在法国，涂尔干学派的第二代学者消失殆尽：社会学家莫里斯·哈布瓦特死于集中营；马塞尔·莫斯在 1942 年之后就被迫无法工作；汉学家葛兰言死于 1940 年；而那些在大学里保留下职权的人，都向维希政权做出了妥协，并且对此讳莫如深。一位著名的社会学家，同时也是高师毕业生和涂尔干的弟子，在 1945 年 6 月因为拒不到庭抗辩而被枪决：他就是马塞尔·德亚（Marcel Déat）。他曾在占领者德军的要求下，在 1944 年 3 月担任国家团结与工作部部长。克洛德·列维－斯特劳斯则帮助欧洲人类学摆脱或者忘记这场悲剧。他从美国引入了弗朗兹·博厄斯的创举，即将关于种族的研究与关于语言和文化的研究分开，同时他还提醒大家，其实涂尔干在第一次世界大战之前就已经是这样做了。

1945 年，每个人都知道了种族的概念是多么的危险。联合国教科文组织试图通过在道义上谴责种族主义并在科学上批判种族的概念，从而在纳粹的错误中汲取教训。这就是为什么

在 1949 年，也就是制定第一部关于种族的宣言的 1950 年之 243
前，联合国教科文组织举办了一场科学研讨会。这部关于种族的宣言受到克洛德·列维-斯特劳斯在内的人类学家们的广泛启发，但随后又被生物学家们大力批评。在这群人当中，分成了相互反对的两个阵营：一部分人希望简单地消除种族的概念，而另一部分人则希望在批判种族主义的同时保留下种族的概念。那些说服大众让种族概念保留下来的人们写道："当我们同时看到一个非洲人、一个欧洲人、一个亚洲人或一个美洲印第安人时，这种区分的感觉是十分明显的。"于是，在 1951 年，第二部关于种族的宣言被生物学家们单方面地再次制定。随后，1952 年出版了一本与此相关的论文集，其中最有名的文章是列维-斯特劳斯（他并没有签署第二部宣言）的《种族与历史》。

对种族这一科学概念的拒斥，对于生物学家来说并非易事，他们至今还是以生理学的某些特征的分布来描述不同的人类群体。基因组遗传和破译的进步，被用来进行多样化的描述，例如从颅骨的形状到对这些基因解读的呈现，但是这些进步并没有消除这样一种纯粹科学的意志，那就是将人类简化为生理学的描述。意识形态偏离的危险，并不在于对这种建立了整个科学过程的简化。相反，正是在生理学理论和文化理论之间的结合，造成了危险：他们忘记了文化并非生理学意义上人的产物，而是社会意义上人的产物。

这正是克洛德·列维-斯特劳斯在 1952 年的《种族与历史》中极力提醒的，他写道："人类学的原罪在于将以下两物

244 混淆：种族的纯粹生物学概念（假设在受限的田野内，这一概念能够保持客观性，虽然这种客观性是当代基因遗传学质疑的）与人类文化的社会学与心理学产物。对于戈比诺来说，承认他自己处在这种阴森的循环圈中就足够了，这种循环圈并不排斥将好的信仰的智识错误，转变成所有歧视与剥削的行径的非自愿的合法性。”

科学的错误不在于描述人类群体基因遗传学上的亲缘和差异，而在于把基因团体和文化团体重叠在一起。这种错误是意识形态导致的结果。通过区分种族的当地观念（人类群体由此产生了差异性和优越性的情感）和种族的科学概念，列维－斯特劳斯转移了问题。他解释道，所有的人类群体与同他们接近的其他人类群体一起建立边界，在他们眼中，“他们”与“我们”的区别在道德上并非中立的，而这就是他所使用的遗传学术语“民族中心主义”（ethnocentrisme）。这种当地的种族主义无法被科学的论述打败，它必须被当作社会事实来分析，也只有这种分析，才可以对它带来的负面结果（歧视、战争……）进行法律审判，否则，就始终是一种虔诚的愿望和一封死亡信。列维－斯特劳斯的分析要大大归功于他提出的观点的前提条件：首要的民族自我主义就是种族主义。如今我们可以说，对语言的民族中心主义（例如古希腊人蔑视野蛮人）、对文化的民族中心主义（包括阶级的文化）、对宗教的民族中心主义（宗教中的兄弟可以对战他们血
245 缘上的兄弟），像严格意义上的种族主义一样，在所有危险的意识形态中，都占据一席之地，而这些危险的意识形态包含了对性别、年龄和残疾人的歧视。

通过再次极力确认种族与文化之间的区别，列维－斯特劳斯以坚决的方式，在一个科学受到损害的欧洲，致力于翻去“科学”的种族主义一页，目的就是拯救相关科学的合法性，其中包括生物学、语言学和社会人类学。六十年后，这一做法始终是恰当的：今天似乎有一些学者，特别是史前史学者和语言学家，忘记了博厄斯和列维－斯特劳斯的教益，而是重新去联结语言群体理论、族群理论和基因变异理论之间的危险关系。与跨学科的错误合作相关的意识形态与越轨的历史仍然具有现时性：科学的文化在每一门学科中被锻造，而在关于人类的诸种科学的跨学科性记忆也仍然在建立中。

| 去殖民化

对于世界的人类学来说，风暴并没有伴随着战争的结束而停止。战后的二十年以欧洲的去殖民化战争为标志，这些战争以暴力的方式质疑了人类学与殖民主义之间的关联。随后美国在越南的战争，轮到美国人类学产生危机，它被控诉与政府的战争维持了紧密的联系。越南战争让美国人认识到了殖民主义，就像弗朗西斯·福特·科波拉（Francis Ford Coppola）在 246
1979 年拍摄的电影《现代启示录》（*Apocalypse Now*）中所展示的那样。这部电影改编自约瑟夫·康拉德关于 19 世纪刚果的小说《黑暗的心》。

世界的人类学被分裂成了彼此互不交流的两大流派，每个流派都在一批学者圈内广泛传播。这两大流派构成了克服去殖民化创伤的不同解决办法。第一种流派可以建立在20世纪初英国和美国的专著之上，因为它们认为人类学的使命是重新恢复那些被殖民化破坏了的文化，这也成了人类学纯洁的目标。人类学之所以研究这些文化，是因为这些文化正濒临灭亡，人类学将这些文化固定在一个非时间性的当下（présent intemporel），或者将它们历史性的特殊机制理论化，按照克洛德·列维-斯特劳斯的术语，尤其是针对不同于“热社会”（sociétés chaudes）的那些“冷社会”（sociétés froides），而这两种社会都参与到了变动的历史之中。在1970年之后，列维-斯特劳斯在美国和法国的对手们，称这一流派为“大分裂”（Grand Partage），这一理论介于西方与世界的“剩余”部分之间，介于原始的、初级的、传统的文化与现代性之间。第二种流派正相反，强调被研究的社会的历史性，并通过延续诞生于20世纪30年代的美国理论传统，从而专门研究殖民关系，或是分析文化变迁与涵化的不同形式。

大分裂

在法国，“人类学”这一术语完全被第一种流派占据，以至于今天，那些属于第二种流派的成员们更偏向于使用“社会学”
247 这一术语，即便他们从事的研究处于大都市之外，尤其是在非洲进行研究。相反，在大约20世纪50年代到80年代之间的美国，由塔尔科特·帕森斯（Talcott Parsons）主导的对不同学科的分割，促使“人类学”这一术语专指针对非西方社会的研究，而西方社会则由经济学和社会学来研究。因此这就是从那时起的社会科学内部的学科界限，而这些界限也成了斗争的对象。

克洛德·列维－斯特劳斯于1947年返回法国，这对欧洲人类学产生了长远的意义。他汇报了他早期巴西之行的结果，以及大量的人类学文化。其著作最普遍层面上的成功，尤其是围绕哲学和公众层面的成功，导致人们长期无法以民族志的名义对其进行批评。结构分析由于连贯性或出于其打开的新的智识视角而令人感到刺激，这种结构分析强调对分析中融入调查关系的拒斥。在前一阶段，结构分析把田野的经验看作是材料搜集必不可少但又会引起不适的阶段，它涉及对象、文本和规则。在后一阶段，结构分析将神话化约为一个文本及其变体，并且排除对调查关系的分析，也排斥所搜集文本的产生语境。为了展现出语言学上的隐喻，结构人类学成为一种对语言（langue）而不是对话语（parole）的分析。它检验的是结构，而不是操作的边缘，它检验的是个体在与他者互动与对话时表述的策略。

这种对普遍变体的研究，使列维－斯特劳斯把民族志置于研究中从属的地位。在他的眼中，民族志仅仅是为了民族学家 248
进行“资料的搜集”，民族学家负责对地方性资料进行综合，而人类学家则负责在人类的层面进行普遍性综合。然而，自20世纪80年代起，这种人类学的百科全书式的雄心就已经在世界上其他地方被抛弃了，民族志学者被重新赋予了田野调查和理论提炼的双重角色，其中负责理论提炼是自马林诺夫斯基以来就有的角色；只有法国的人类学家们继续把那种对工作的上述三重划分当作福音的真理而传授。法国人类学家被同时分成两类：一类追随社会人类学的近期发展，另一类则追寻介于交互社会学和美国、德国学界常见的人类学之间的结合体。

在列维-斯特劳斯的著作中，只有《忧郁的热带》回归了调查关系。如同米歇尔·莱里斯的《非洲幽灵》一书，列维-斯特劳斯的这本书展现了民族志学者感受到的不满，尤其是面对他能“触碰”却无法“理解”的“野蛮人”之时，因为他不懂得他们的语言（我们可以补充的是，还因为没有可供差遣的翻译员）。文化的距离因此被视为彻底的特异性而受到赞颂，并且拿来同其他不具传达性的经验相比较。这种文化的距离遵循着研究亚马孙美洲印第安人的传统，这种传统被称为“热带美洲主义”（américanisme tropical）。列维-斯特劳斯进而提及了他作为精神病学家乔治·迪马（Georges Dumas）的学生，在圣安娜参加关于精神分析疾病讲演的那段时期。“当我们配得上导师的注意时，回报给我们的是给病人进行专门对谈的信
249 任。今天早上，再没有比与原始印第安人建立联系使我更加紧张的了，我所联系的是一位套着羊毛衫的老妇人，她就像是冰块中的鲱鱼，显然未受过触碰，但当庇护的包裹物一旦融化，就会受到自我分解的威胁。”（《忧郁的热带》法语版，第17页）

在列维-斯特劳斯所展现的警告中，相遇的现实条件因虚拟的面对面而消失：一面是孤独的、英雄的但又是不幸的民族学家，另一面是裸露的且幸福的印第安人的摄影。1937年的远行在里约热内卢国家博物馆（Musée national de Rio de Janeiro）的帮助下成行，列维-斯特劳斯的副手是一名年轻的博物学家，

鲁兹·德·卡斯特罗·法利亚（Luiz de Castro Faria），后者主要负责监视与印第安人的联系。他还负责摄影，并且以反对列维－斯特劳斯的方式辅助他。当列维－斯特劳斯把镜头对向土著人时，卡斯特罗·法利亚则扩大了取景的镜头，特别去拍摄电报站的基础建筑，而这些电报站使得远行变得并不遥远（见图28）。1899年，斯宾塞与吉朗在澳大利亚的远行就是因为博物学家斯宾塞和电报员吉伦这两个人的名字而知名。1937年，列维－斯特劳斯的名字却使卡斯特罗·法利亚的名字黯然失色：民族志学者英雄主义与孤独的模式也由此而来。这同样也解释了后来列维－斯特劳斯面对民族志时的矛盾性：一方面，既然他屈身来到巴西，他就必然熟知马林诺夫斯基曾经设置了这样的考验，那就是把民族志的完成视为职业能力的获得；另一方面，他把民族志学者化约为搜集事实的旧有角色，而结构人类学家则代表着知识的百科全书式理想的最新化身，这种化身曾经就已经出现 250
在了19世纪调查者的命令中，也出现在耶鲁大学的文化相对主义文件柜，即人类关系区域档案之中。

我们可以做出这样的假设，以虚拟的、英雄主义的和现时性的西方与“绝对他者”（Autre absolu）之间面对面的名义，来废除调查关系，是为了使人类学能够摆脱殖民语境而必须付出的代价。我们可以猜测，列维－斯特劳斯接受暂时进入让·德·莱里的脉络，从而进入蒙田提出的普遍性之中。这样做，他更新和“补赎”了文艺复兴：这是一个已死的词语，但这正是列维－斯特劳斯自己所用的词语。人类学家以这种方式补赎－摆脱调查的语境，在我们所观察的语境之外去思考文化：被列维－斯特劳斯视为这个学科的原罪的，是这门学科诞生于美洲大发现的历史之下。在列维–斯特劳斯的书中，同样重要的是展现一种“对他者的认知”，这在欧洲霸权之前就已经存在了。在同样的运动中，列维–斯特劳斯置于社会世界（monde social）之上的，是一种普遍的观点，而不是“印第安人自身的观点”，后者是博厄斯和马林诺夫斯基所共同追寻的。列维–斯特劳斯忘记的是现实的世界，土著人生活的是现实的世界，虽然存在距离，但电报早就穿越了这块土地。1960 年，列维–斯特劳斯在法兰西公学院（Collège de France）的开课演讲稿中写道：

> 殖民主义的后遗症，这是从我们的调查中要说到的。人类学与殖民主义当然是联系在一起的，但是无法引导出如下的错误，那就是把殖民地精神状态的回归考虑成第一位，殖民地精神状态是一种不光彩的意识形态，它给予殖民主义一次残存的机会。……我们的科学已臻成熟，西方人开始认识到自己对这个地球表面的某个单一种族或某个
> 251 人一无所知的时候，他们就会把自身当作研究对象。那么，仅是如此，人类学就已经可以确认自身：它是这样一项事业，即对文艺复兴进行更新和补赎，从而将在人性的尺度上延伸人文主义。

列维–斯特劳斯因而表达了他对殖民主义发自肺腑且真诚的拒斥，正如他在其他各本著作中表述的那样，殖民主义使得西方文明内部增长出一种憎恶。

列维－斯特劳斯并不研究野蛮人，而是研究野性的思维，这是一种在每个人中都会出现的野性状态的思维，这种野性的思维最终隐藏在西方理性这一美丽的外表之下。这种普遍主义将列维－斯特劳斯带向各种非西方的文化，但他唯一要做的是对西方理性本身的分析。列维－斯特劳斯没有重拾莫斯和涂尔干的研究路线，后两者在各种原始分类中寻找逻辑的起源，并将原始社会的人类学演绎成为一门西方科学的社会学。这样做，列维－斯特劳斯没有将人类学封闭在对原始社会的研究中，而是封闭在人类社会非理性的甚至是传统的诸项因素之中。

列维－斯特劳斯因而将自己置于正在形成中的美国的学科划分中，尤其是置身于塔尔科特·帕森斯的著作中。根据美国的学科划分，对西方社会的研究属于社会学，而对剩下其他社会的研究则属于人类学。这种学科划分有着长期的生命。在"大分裂"理论中，不同学科之间也有着类似的划分，"我们的"是指热社会、有文字、国家和市场的社会；而"他们的"是指冷社会、前资本主义的、没有市场和国家的社会。不过这是一种近期的发明。这种发明可能忘记了涂尔干学派已经在相似的运动中分别建立了对现代社会和原始社会的研究。然而， 252
在美国以及最终在法国，社会学家们只去阅读涂尔干的《自杀论》和《社会分工论》（*De la division du travail social*），同时人类学家们则只去阅读《宗教生活的基本形式》以及莫斯的著作。于是，这两个学科共同体各自锻造了显然是互不兼容的两种身份与两种文化。

当列维－斯特劳斯为1950年出版的莫斯论文集《社会学与人类学》（*Sociologie et Anthropologie*）撰写了一篇著名的长序之后，他立刻对涂尔干遗产的转型产生了影响。列维－斯特劳斯在社会人类学根据实际需要而确认的莫斯与回到涂尔干理论的“社会学家”莫斯之间进行了拣选，这里的涂尔干理论，不仅被认为过多强调了集体现象的重要性，还因为苏联和法西斯关于个体与国家之间中间组织的再发明与它的亲近性而被丧失信任。

列维－斯特劳斯长期以来一直揭示人类学路径的当代关键。在1924年的《论礼物》（*Essai sur le don*）一书中，莫斯通过研究初级社会来理解和重塑西方社会。莫斯已经观察到了俄国革命与1923年德国过度通胀之后的悲剧性崩溃。需要提醒的是，莫斯在撰写专业论文的同时，也为社会党的机关报《大众》（*Le Populaire*）撰写关于转型与通胀危机的新闻稿。在对莫斯作品的导论中，列维－斯特劳斯建造了一座反对西方历史学的哲学庇护所，在集中营的真相还没有为人所知时，他就已经通过《忧郁的热带》中精彩的篇章，展现出了西方历史学的癫狂。因此，他将
253 人类学定义为一种针对非现代社会的科学。当然，这种定义使得列维－斯特劳斯重新使用了那些由上一代积累的材料，并且重新做出了反对传统社会的大胆综合论述（我们可以用多个词去描述这些传统社会：古式的［archaïques］、原始的［primitives］、异域的［exotiques］、初级的［premières］），这是一个属于人类学的领域，而西方现代社会则属于社会学。但是，他这样做，是以延续莫斯的著作的名义，将莫斯的著作划分为政治的维度和民族志的维度，从而长期将法国人类学封闭在哲学之

中，并使其远离社会学。

大分裂的理论在法国有着比其他地方更多的积极的捍卫者。在路易·杜蒙的笔下这种理论有着更为强化的形式。路易·杜蒙首先是一个法国民族志专家，其次是一个印度学家。他的诸多综合性著作确立了传统人（《阶序人》[*Homo hierarchicus*]）与现代人（《平等人》[*Homo aequalis*] 出版于 1976 年）之间的对立。其中，传统人是指那些完全不是野性的，而是属于有文字文明的人之一，如印度人。这种二元思想在欧洲产生了巨大的回响。这种思想尤其可以摆脱印欧文化略显笨重的遗产，这一点更在乔治·杜梅齐尔（Georges Dumézil）的著作完成之际显现出来。

杜梅齐尔的著作杰出地展现了印欧价值体系内部三元划分的重要性，这种印欧价值体系在长时段内划分、对立和融合了三大原则：领主的、巫术的与律法的权力；战士的身体力量；以及人类、动物和土地的丰产性。这种首先建立在语言之上，其次建立在比较神话学之上的分析，极大地影响了历史学家关于古代与中世纪欧洲 254
的研究，这些研究也被分为战士、祭司与农民三个层次。凭借杰出的印欧语言和文化知识，杜梅齐尔在书中融合了结构主义与历史学，并且丝毫不向那些边缘让步，这些边缘包括社会结构的重建、移民和人口的基因遗传学。在 20 世纪 80 年代，他的著作被批评，并且遭受被仓促阅读之苦，这种阅读同化了传统主义者与反对派之间对印欧的幻想。

殖民关系的民族志

与“冷社会”的概念相反，社会人类学的第二种流派重新关注被研究社会中的殖民关系，并且对它晚近的历史感兴趣。自20世纪30年代以来，美国人类学家们锻造了概念工具去理解这种历史，尤其是涵化的概念，可以去理解文化的变迁，这种理解超越了简单的文化特征，也超越了将普世文化标准化这样一种乡愁式的观点。至于英国的人类学家们，他们试图建立应用人类学（anthropologie appliquée），这种应用人类学与殖民地的改革直接相关。而殖民地的改革，自战争初期以来，就动摇了英国和殖民地政府的统治。在法国和英国这两块沃土上，两个流派成了与殖民主义斗争的前哨，它们分别是围绕马克斯·格拉克曼建立的曼彻斯特学派与影响了法国的非洲学家们的乔治·巴朗迪埃（Georges Balandier）学派。

英国学派的人类学家们中有很重要的一部分人是英联邦的公民，尤其来自澳大利亚、新西兰和南非。他们是在田野调查
255 中面对殖民体验的第一批人，特别是早在20世纪的南非，这种殖民体验就有着极端的形式。

殖民权力、传统头人与民族志学者

1940年，马克斯·格拉克曼在名为《非洲政治体系》（*Systèmes politiques africains*）的论文集中，发表了第一篇对殖民地支配语境的清晰的分析。为了将土著人与殖民权力之间的整体关系纳入考虑，他拉长了民族志学者的习惯性视角，因而得以在历史中思考土著社会。他对1938年祖鲁国家大桥通车典礼的民族

志分析成了经典。在这项分析中，他描述了法国白人及其周边的人，以及祖鲁头人及其宫廷这些行动者之间的社会性忠诚，并且将此置于人类学的框架之中。他接下来的著作转向了对非洲冲突的分析，它们以悖论的方式强化了社会体系的稳定性。马克斯·格拉克曼在 1942 到 1947 年之间领导着罗德－利文斯通研究院（Institut Rhodes-Livingstone），这个机构负责分配重要研究的基金，在那些重要的研究中，有一部分专门针对殖民地移民和官员。

马克斯·格拉克曼 1911 年生于约翰内斯堡，曾经受教于拉德克里夫－布朗的一位弟子。他属于这样的一群学生，那就是可以把他们的人类学介入部分视为政治性的。依据人类学史专家亚当·库珀（Adam Kuper）的说法，马克斯·格拉克曼是那一代南非人类学之子，他“身处于这样一个时期，即与他成长于英国的同代人，都有着重新关注殖民地社会中权力和统治悲 256
惨状况的倾向，他们认为很难去忽视自身所从事科学研究的体系背后的语境”。

这种政治性的介入使得他们批判式地检验他们人类学同行们的研究，而这些研究被那些反殖民主义斗士们视为殖民权力的客观帮凶。因此，“一幅画装饰了前总统夸梅·恩克鲁玛（Kwame Nkrumah）的门厅。这幅画是如此巨大，其主题是恩克鲁玛在殖民主义最后一线战斗的形象。雷声轰鸣，闪电劈下，大地震动，这条战线崩溃了。在场景的中间，我们看见三个逃跑的小人，他们都是出于害怕而面色苍白的白人。他们其中的一个是提着公文箱的资本家；第二个是捧着《圣经》的传教士；第三个更小的人手拿着一本名为《非洲政治制度》的书，他是一个人类学家。”这一幽默的表达让我们产生了一种威信扫地的想法，但这正是在即将到来的去殖民化时期中，社会人类学所面临的溃败。

回到英国，格拉克曼创建了曼彻斯特学派，这一学派成了分析殖民关系的堡垒，并且随后被马克思主义理论家们接纳。该学派更新了文化涵化这一经典的美洲研究，并且出版了彼得·沃斯利（Peter Worsley）关于新几内亚货船救世主崇拜的研究。承载着现代性货物的货船下次就会到来，这种信仰在被殖民的世界中很常见，沃斯利将它们看成对殖民状况的一种回应进行分析。他的这本著作包含了对殖民地政策的强烈批评，
257 以及对早期民族主义运动的描述。从此以后，人类学家们武装了起来，去分析更为焦灼的即时性（actualité），而不仅仅是去分析一种无时间性（intemporel）和稳定的现时性（présent）。

当殖民关系闯入法国民族学

法国的情况是关于文化涵化或殖民关系的学术研究相对薄弱。对撒哈拉沙漠以南非洲较为了解的人，往往是反殖民主义的知识分子先锋。米歇尔·莱里斯已经批评了“格里奥尔式”的民族志学者，以及他们与殖民体系的关联。莱里斯在1950年发表了《面对殖民主义的民族志学者》（*L'ethnographe devant le colonialisme*）。一年后，乔治·巴朗迪埃也发表了《殖民的状况，理论的角度》（*La situation coloniale, approche théorique*）。这两篇文章较早地公开揭露了殖民地的状况。

不同于他们受训于英国学派的同行们，莱里斯和巴朗迪埃从事的是一种独特的民族志，这种民族志建立在长期与“报道人”形成的关系之上，“报道人”也很快成为比被调查对象更好的同盟者。对于米歇尔·莱里斯来说，正是他与埃塞俄比亚人阿巴·热罗姆（Abba Jérôme）之间长期的友谊，后者才会作为他的向导、调解人、翻译员和评论者，逐渐又成了他的“双重自我”。

更为年轻的乔治·巴朗迪埃，提及了作为民族志田野向导的两个朋友：塞内加尔的阿里乌纳·迪奥普（Alioune Diop）和几内亚的马德拉·克伊塔（Madeira Keïta）。巴朗迪埃通过莱里斯认识了他的第一位朋友阿里乌纳·迪奥普，并且和他一起创办了《非洲现状》（*Présence africaine*）杂志。马德拉·克伊塔曾是1946年法国总督的首席谋士，巴朗迪埃将他描述成一位自由主义高级官员。巴朗迪埃很快就被任命为坐落在几内亚科纳克里（Conakry）的法国撒哈拉以南非洲学院（Institut 258
français d’Afrique noire）的主任，而马德拉·克伊塔正是巴朗迪埃在当地的合作伙伴。马德拉·克伊塔曾经是一个反殖民主义斗士，这一名字承载着马里帝国创建者的威望。巴郎迪埃在他的日记中写道：“因为他，因为我们的默契，我也成了解放运动的观察者和同盟者。”

在塞内加尔与几内亚之间，巴朗迪埃在非洲人中间不断改变着所观察的社会阶层：从塞内加尔碰见的传统或现代的政治精英，到小公务员，再到工厂的雇员，最后到几内亚碰见的教堂中非洲裔神职人员，他们与政治和与殖民国家之间的关系并不相同。独立性同时处于两端，一端是塞内加尔的殖民意愿，另一端是政治异见。就像在几内亚，这种政治异见混合着旧头人的传统合法性和阶级斗争的现代合法性。我们无法低估那一时期冷战的重要性，冷战在欧洲和第三世界的重要性不亚于其在美国和俄罗斯。人类学家之间有着许多对立意见，这体现了人类学家各自简单地进行归属，要不就是归属共产党，他们至少是反殖民主义的同盟者。

从事阿尔及利亚研究的人类学家们面临的是更为困难的处境，不过巴朗迪埃却能从多元的状况去考虑非洲的反殖民主义意识。这散发着法国共和政治的味道，阿尔及利亚不仅是被剥削的殖民地，更是人口的殖民地，阿尔及利亚构成了法国的三个行省并且出现了欧洲人口（不久人们就称其为“黑脚板”［les pieds-noirs］，原籍欧洲的阿尔及利亚居民）。阿尔及利亚比其他的法国殖民地更为重要，相比于撒哈拉以南非洲的其
259 他部分，阿尔及利亚的情况更加接近南非。从1954年持续到1962年的阿尔及利亚战争，就像1940年的战争一样使得人类学家内部产生分裂。它导致了“灰色地带”的发展，今天这种“灰色地带”仍然存在，但我们却很难言说。

阿尔及利亚或撕裂

两代人类学家彼此接近了，他们分别是经历过第二次世界大战的一代，以及这是第一次经历战争的一代。较为年长的人类学家们曾是反法西斯的斗士、前抵抗组织成员，他们先是加入到1940年以来的“自由法国”军队，随后又是解放北非的

军队，他们其中的一部分人后来步入政坛，并且通常是左派。他们在20世纪30年代曾生活在殖民是和平的梦中，而从这个梦中醒来是痛苦甚至是做不到的。对于较为年轻的人类学家们来说，殖民的问题一上来就是充斥着冲突的。但是所有人都面临着做出艰难的决定：是否应该或是如何与法国政权合作？应该积极支持阿尔及利亚的抵抗者吗？还是能够满足于不受公众争论的左右而只做自己的研究？在整个战争期间，上述的问题并不是以同样的方式被提出来的。它们可以被划分成1956年之前与之后：1956年标志着“全面战争”的开始与折磨的系统化。这些问题同样也可以被划分成1958年之前与之后：正是在1958年戴高乐将军掌权之后，才决定放弃法属阿尔及利亚。

人类学家们身处第一线，这不仅是因为他们在专业上的技能，还因为他们中的许多人加入了“自由法国”并且受到战后法国政府的信任。这同时是保罗·里维、雅克·苏斯戴尔（Jacques Soustelle）和日尔曼·蒂利翁的情况。

保罗·里维作为反法西斯的左派人物以及共和国的人类学 260
家，在印度支那和马达加斯加的反殖民主义战争中就站在了支持者的一边。他曾是胡志明主席的朋友之一，1944年，他又反对镇压马达加斯加。不过，1957年，他却像他的前助手雅克·苏斯戴尔那样支持法国治下的阿尔及利亚，雅克·苏斯戴尔在1934年时同样也曾是知识分子反法西斯警戒委员会的成员。他们两人都是前殖民时期拉丁美洲的专家。苏斯戴尔可以写阿兹特克人的语言纳瓦特尔语；里维出版了关于印加人所用的克丘亚语的词汇和语法的研究。里维以体质人类学的方法去研究美洲印第安人的起源；苏斯戴尔则研究被征服之前的阿兹特克文化。他们两个人都没有民族志田野调查的经验，相比于对殖民关系的分析，他们两人更加接近于研究正在消失的文化的濒危人类学。

苏斯戴尔于 1955 年被皮埃尔·孟戴斯·弗朗斯（Pierre Mendès France）任命为阿尔及利亚总督，随后于 1956 年离任。作为 1940 年追随戴高乐流亡伦敦的第一批人，苏斯戴尔在 1951 至 1958 年间被选为戴高乐政党的议员。在阿尔及利亚，他推行穆斯林融入政策，不过他没有意识到这个政策施行的太迟了。1956 年他的职位被罗伯特·拉科斯特（Robert Lacoste）代替，这位前工团主义者（syndicaliste）和前部长，签署了战争和制裁升级的命令。当掌权之后的戴高乐将军决定结束战争并且接受阿尔及利亚独立时，苏斯戴尔并不接受 1958 年的这一转折。苏斯戴尔仍然捍卫法国治下的阿尔及利亚，他因此被捕，随后又像悲剧中所有的法国与阿尔及利亚当事人一样，于
261 1968 年根据赦免第三法案被特赦。而在他被捕之前，就已经成了美洲国家组织（OAS）的荣誉会员。

1955 年，苏斯戴尔的周围环绕着人类学家顾问，特别是日尔曼·蒂利翁成了他的首席谋士。她有着专业上和政治上双重的正当性。作为研究属于阿尔及利亚柏柏尔人的奥雷斯山脉地区的专家，她只在 20 世纪 30 年代对那里做过一次精彩的田野调查，但当她从拉文斯布吕克集中营中幸存归来之后，蒂利翁就决定要去捍卫抵抗和流放的记忆。在 1939 年第一次前往阿尔及利亚之后又于 1954 年重返时，她就在她的导师、过去时代伟

大的东方学家之一路易·马西尼翁的要求下，对那些我们称为“事件”的对象进行调查。

她就此重建曾经的调查关系，那些关系中有着热情与尊重的印迹，并且通过在那里开创社会中心，制定了对抗悲惨生活的社会政策。和苏斯戴尔同时去职之后，她于1956年出版了名为《阿尔及利亚》（*Algérie*）的册子，这是对她过往经验的小结，随后她又于1957年回到了阿尔及利亚。仅仅过去了一年，暴力就改变了视线。由日尔曼·蒂利翁创建的社会中心的雇员们，因为被视为殖民权力的合作者，从此之后便遭受到来自国家解放阵线（FLN）的威胁。

蒂利翁自己在那时负责一项对监狱、农地和酷刑的调查，这项调查由国际反集中营制度委员会（CICRC，Comission internationale contre le régime concentrationnaire）实施，这个委员会是由之前被投入集中营的抵抗组织成员们建立的。出于对 262
接下来一年内的破坏的失望，蒂利翁请求与国家解放阵线的军事首领会面。这场会晤不仅见证了阿尔及利亚军事首领们对反对酷刑的人类学家、抵抗者与军人的尊敬，也见证了抵抗者一代与反殖民主义抗争者一代这两代人之间的鸿沟，此外还见证了日尔曼·蒂利翁这位坚毅的女性在接受政治行动束缚时的困难。事实上，她调停双方休战并履行承诺，但这些都很难获得法国军事当局的尊重。

在较为年轻一代的人类学家中，有两位学者加入到军事行动中，他们以某种方式重新上演了莎士比亚的《暴风雨》中表现的由征服美洲带来的殖民悲剧，在剧中的两个主角分别是爱丽尔和卡利班这两个野人形象。爱丽尔是白人之友，自己人的叛徒，代表着加入到殖民军队中的土著人，如果没有他，西班牙的入侵者就无法征服这块哥伦布发现新大陆以前的帝国。扮演这一形象的人类学家让·塞尔维耶（Jean Servier）以千种方式塑造了爱丽尔的角色。这位出生于阿尔及利亚的法国人类学家，是柏柏尔文化的专家，他可以说卡拜尔或者奥里斯地区（Aurès）的柏柏尔语，他成立了“附属”军团，即加入到法国军队中的土著人，我们称之为“地方军”。他特别介入到地下反恐怖主义行动中，这一行动被称为“蓝鸟”（Oiseau bleu），其目的在于建立由法国武装起来的本地人与国家解放阵线之间的联系，并且实现他自己对伊夫里森·勒巴尔人（les Iflissen Lebhar）的田野调查。

相对应地，卡利班这一在莎士比亚时期负面的形象，代表的却是武装反抗殖民主义的土著人们。弗朗兹·法农就是卡利班之一。他于 1925 年出生于安的列斯群岛，在 18 岁的时候加入自由法国军队，并以为战争服务的名义，获得了在大都市
263 学习的机会。虽然他从未把自己看成一个人类学家，但他却给殖民地社会一个民族志的视角，尤其以他欧洲世界与殖民地世界的双重属性为标志。出版于 1952 年的《黑皮肤，白面具》（*Peau noire, masques blancs*）一书，研究了殖民状况下出现的个性丧失的现象，这项研究很大程度上建立在他自己于安的列斯群岛和法国的经验之上，也建立在他对哲学和精神病学的学习之上。成为一名精神病学家之后，他在 1953 至 1957 年间以阿尔及利亚卜利达（Blida）精神病医院负责人的身份工作（见

图 29）。他的第二本书《大地上的受苦者》（*Les Damnés de la terre*）于他去世的 1961 年出版，由让－保罗·萨特作序，并因此而变得有名。在同一时期，安的列斯群岛的其他知识分子都加入到了对殖民状况的分析中，并且嘲笑当时法国民族志的幼稚性。在这些知识分子中，尤其要指出的是艾梅·塞泽尔，他同时是弗朗兹·法农和米歇尔·莱里斯的朋友。我们要把对爱丽尔和卡利班这两个人物的反殖民主义阅读，归功于艾梅·塞泽尔，因为是他于 1969 年第一次在阿维尼翁的剧院中将这一解读以《一场暴风雨》为名搬上舞台。

如何在这样的状况下避免武力的斗争或者避免这样或那样的介入？如何既不成为法农又不成为塞尔维耶？这些正是皮埃尔·布迪厄的情形。并非没有内疚，但他成功地见证了阿尔及利亚的状况，同时又完全避免了任何军事斗争的派遣。比弗朗兹·法农（一个在战争和革命期间的受伤者）年轻五岁，皮埃尔·布迪厄是在 1955 年与弗朗兹·法农一同被派遣至阿尔及利亚的人员。他先在苏斯戴尔总督治下的图书馆工作，在那里，他撰写了一些文章。1957 年大学开学之后，他就在阿尔及尔大
学教授哲学和社会学。围绕在他身边的是一大批学者，其中包 264
括阿尔及利亚人，他们一起完成了两项相辅相成的研究。

第一项研究“阿尔及利亚 60”（Algérie 60）建立在对大型抽样的统计调查之上，并且展现了两种政治经济学的共存，这两种政治经济学建立了两种与世界的关系：一种是在阿尔及利亚乡村中的传统经济，另一种是一部分成年人在阿尔及利亚和法国参与的资本主义雇佣劳动经济。阿布德马勒克·萨亚

德（Abdelmalek Sayad）在20世纪80年代延续了这项工作，重新思考在法国的阿尔及利亚移民状况（《双重缺席》[*La Double Absence*]，1999年版）。在第二项更为民族志也更加理论的研究中，建立了1980年皮埃尔·布迪厄《实践感》（*Le Sens pratique*）一书的基础。在这本书中，皮埃尔·布迪厄将马塞尔·马热的方法视为“经验的解药”，并将其运用到他完全热衷于的列维-斯特劳斯的理论之上，从而重新拾起了结构人类学的一些准则。与此同时，他继续进行对贝阿恩省（Béarn）村庄的田野民族志研究，这些研究更新了关于欧洲亲属制度的研究。尽管这些都是布迪厄著作中的重要部分，这些部分也时不时地与社会人类学进行批判性的对话，但是布迪厄在今天的法国却被视为一个社会学家。在法国（与阿尔及利亚），对布迪厄关于阿尔及利亚的研究的接受，无疑是更为困难的，这是因为阿尔及利亚战争在法国仍被视为禁忌，其中包括在知识分子群体中，甚至可以说禁忌是在人类学家中：他们都以各种方式参加过殖民的事业，这项殖民的事业，在被当事人激进地拒斥之前，对土著人的同化似乎一直都过于缓慢。

***

265 从人类学家的角度来看，去殖民化的战争可以被视为欧洲特有的问题。似乎只有英国和法国的人类学家，在20世纪70年代需要回到他们学科的殖民主义过往，这在英国要盛于法国。在欧洲面临风暴的这些年，美国的文化人类学则代表了一个分析的容器，在这个容器中人们竭尽全力克服种族主义的意识形态，克服介入殖民政策和政治激进的企图。不过，1961 年开始的越南战争改变了局面。

1968 年，美国人类学协会历史上第一次审查了美国当局对人类学家的使用。以对抗共产主义为名的越南战争，对于美国知识分子们来说，更像是一场西方反对为自身独立而抗争的人民的战争。在第二次世界大战和冷战中，美国军队就征用了人类学家们，没有他们就会引发公愤。越南战争却展现了决定性的转折：爱国心不足以证明那种从此以后被视为妥协的人类学家的介入。

第一代的美国人类学家们，通过研究美洲印第安人文化，本可以转变将种族灭绝作为研究动力的耻辱。虽然无法拯救印第安人，但是人类学家可以拯救他们的文化。20 世纪 60 年代，至少是在美国职业人类学家的群体中，这一神话轰然坍塌。从
此以后，对于他们之中最为激进的一批人来说，人类学的科学 266
再也不能像列维－斯特劳斯从事的那样，“补赎”西方面对其他世界所犯下的罪过，人类学的科学反而延续了这些罪过。人类学的危机因而成为世界性的：越南战争将欧洲的人类学危机转移到了美国。1970 年，亲近列维－斯特劳斯的英国人类学家罗德尼·尼达姆（Rodney Needham），预言了学科的终结，在一篇文章中他用了以下这个醒目的标题：《社会人类学的未来：瓦解还是转型？》（*L’avenir de l’anthropologie sociale : désintégration ou métamorphose ?*）。

第八章

危机与复兴

267 不过，社会人类学还是将在灰烬中重生。在去殖民化的尾声中出现，并因1968年之后越南战争的延伸而普遍化的危机，被以多种相对独立的方式转化成了批评。在美国，子弹最先射向民族志之父马林诺夫斯基，在他的《田野日记》出版之后，揭露出了自20世纪20年代以来一直被塑造的英雄神话的真面目。子弹接下来又射向了殖民语境的民族志的外围：它攻击人类学知识本身，后者被视为西方文化的衍生物。自1968年起，子弹还直接射向了学科的心脏，即亲属制度的人类学：大卫·施耐德（David Schneider）在一场关于美国亲属制度的民族志调查中，发现了人类学理论与美国本土亲属制度理论的近似性。在1978年，另一个激进的批评由比较文学专家爱德华·萨义德（Edward Said）在一篇关于东方主义的文章中提出，这篇文章很快就举世闻名。自从20世纪80年代起，在一系列结合了政治评论和修辞分析的被称为“后现代”的研究中，那些攻击的子弹很快就射向了民族志文本自身。在这些批评的过程中，所
268 有的科学合法性都面临被否定的风险，因为民族志的方法突然被认为是十分随意的。

在欧洲，对危机最初的回应，带着重构而非仅仅批判的目标，旨在重新回到学科的历史中去。在冷战时期，尤其是在法国，马克思主义在所有的社会科学中得到了发展，其中也包括社会人类学。这导致了大分裂理论的回归，关于初级社会的人类学与“前资本主义”社会的历史之间有着强烈的联系，这也与马克思主义的复兴有关。对殖民地社会的兴趣遇到了将人类学作为殖民地政府管理模式的历史。并非学科本身受到批判，

被批判的只是它与殖民主义精神的关联。特别是在法国，这种批判伴随着一种被强化了的信心，这种信心源自诞生于马林诺夫斯基的远行之中的民族志，而民族志的传入不过是晚近的事情。仅仅是因为关于族群的理论，人类学的知识就受到批判，不过这种族群理论自 20 世纪 60 年代起就被完全更新了。

| 对人类学的批评：殖民地的科学

对人类学重构的每一个阶段都使得该学科的历史变得繁荣。这种情况发生在 20 世纪初的大英帝国，20 世纪 30 年代的美国，以及 20 世纪 60 年代到 70 年代的英国和法国。在 1968 到 1974 年之间，有三部关于人类学史的代表性著作出版，它
们分别由莫里斯·林哈特的学生让·普瓦里耶（Jean Poirier） 269
于 1968 年出版，由乔治·巴朗迪埃的学生保罗·梅西耶（Paul Mercier）于 1971 年出版，以及由出自南非学派的亚当·库珀于 1974 年出版。每一本著作都为学科进行辩护：对于让·普瓦里耶来说，要巩固黄金时代的成果；对于保罗·梅西耶和亚当·库珀来说，则是要从与殖民主义的关联中拯救人类学。这些学术史作品都很少为了在马克思主义的基础上重建人类学，而重新从理论上解读同时期的研究；也没有为了理解尤其是在非洲的殖民主义遗产，而重新反思殖民主义人类学的地方史。

在 1960 到 1970 年的转折期，一批受到去殖民化战争创伤的新一代法国人类学家，投入到了关于马克思主义的重要理论研究中去。其中路易·阿尔都塞（Louis Althusser）最具魅力，

他于 1948 到 1980 年间执教于巴黎高等师范学院。这位哲学家在 1965 年主编了《读〈资本论〉》（*Lire le capital*）一书，长期影响了一个代际近三十多位知识分子，当然它也超出了人类学的领域。

如果严格说来并不存在一个马克思主义人类学的法国学派的话，克洛德·梅亚苏（Claude Meillassoux）最初关于撒哈拉以南非洲的研究，以及莫里斯·古德利尔（Maurice Godelier）最初的理论研究，都标志着在 20 世纪 60 年代至 70 年代这二十年中，至少在法国存在一个马克思主义时期，并且在这一时期内保留了一个与殖民化、移民和剥削者政治参与相兼容的人类学的可能性。然而一般来说，除了特殊情况之外，相比于对人类学的兴趣，马克思主义人类学家对理论和历史更加感兴趣。

270 很快地，马克思主义就与列维－斯特劳斯的结构主义产生了对话，后者在法国的知识界占据了重要位置。马克思主义期待一种考虑到历史的动态的结构主义。这种结构主义处在传统结构主义人类学的静态视角之中：经济与政治。就经济而言，受到马克思主义启发的重要民族志研究当属克洛德·梅亚苏的作品，他在 1964 年出版了第一部田野民族志《科特迪瓦古洛人的经济人类学：从物质经济到商品农业》（*Anthropologie économique des Gouro de Côte d'Ivoire. De l'économie de subsistance à l'agriculture commerciale*），接着又于 1975 年出版了一部理论著作：《女性、粮仓与资本》（*Femmes, greniers et capitaux*）。在后一本书中，他分析了在亲属制度人类学术语内家庭经济的暴力，并且开启了对作为经济支配系统的亲属制度的分析。这部著作不仅是人类学第一次关注长辈对晚辈的剥削，更是首次关注到女性从事无报酬的工作保证了头人财富的累积。这种对非商业性的“再生产”以及不局限于对资本主义“生产”的兴趣，提供了一种对女性无报酬家计工作的经济分析模式，这种模式在法国是由思考国家簿记（comptabilité nationale）的统计社会学家们开创的。

美国人类学家马歇尔·萨林斯曾于1968至1969年间在巴黎居住过一年。他的第一部经济人类学著作《石器时代经济学》（*Stone Age Economics*），在法语译本中被清楚地翻译成《石器的时代，丰裕的时代》（*Âge de pierre, âge d'abondance*）。在这本书中，萨林斯试图以统计数据的方式，论证原始社会远不是处于匮乏的状态，而是丰裕的社会。致力于食物采集的“生产工作”时期，在原始社会中是薄弱的。这里涉及一种“大分裂”理论，这种理论试图给予原始社会完美 271
的角色，并且为处于荒谬的螺旋上升式生产的西方社会树立榜样。皮埃尔·克拉斯特（Pierre Clastres）为萨林斯的这本书作了序言。他接近马克思主义人类学，但同时批评后者关于国家的问题。他自身发展出了一套相反的大分裂理论：如果原始社会没有国家，那么这里就不涉及一种缺失，而涉及一种坚定的集体导向。在“人类大地”（Terre humaine）系列出版了一部优秀的民族志作品《瓜亚基印第安人的编年史》（*Chronique des Indiens guayaki*，1972）之后，皮埃尔·克拉斯特又撰写了一部理论著作《反国家的社会》（*La Société contre l'Etat*，1974）。他的论证建立在大量民族志分析之上，在这些分析中展现了原始社会为了拒斥财富和权力的增长而组织起来的方式。例如，在个体的角度，一个不被人民承认的军事首领必须独自去迎战；而在集体的角度，有预见性的迁徙也可以看出这种拒斥。

尽管皮埃尔·克拉斯特在1977年过早地离开了人世，在20世纪70年代和80年代，政治人类学还是成了法国人类学的繁荣领域。我们尤其要重提莫里斯·古德利尔的名字，他关于新几内亚地区巴鲁亚人（les Baruya）的田野民族志，通过男性支配与交换建立关联，更新了对权力的分析方式。我们同样也要重提马克·奥热（Marc Augé）的名字，他在乔治·巴朗迪埃的指导下完成博士论文，重新建立起了一度被中断了的社会人类学与政治史之间的关联。在试图将人类学理论引入对欧洲大陆的分析之前，他从事的是对撒哈拉以南非洲的权力的研究。从民族学的角度来看，这一学派中分析最为有趣的，当属热拉尔·阿塔伯（Gérard Althabe）于1969年出版的关于马达加斯加的著作《想象中的压迫与解放》（*Oppression et Libération*
272 *dans l'imaginaire*）。殖民主义与后殖民主义的支配是这本书的核心，该书由乔治·巴朗迪埃作序。作者认为与马达加斯加东部农民的联系完全处于与外国人和权力的关联之中，这种联系在1958年介入的去殖民化运动之后便不复存在。不过令人震惊的是，阿塔伯延续了对他研究方法的坚持，而这种方法与固有的民族志经典相去甚远。他虽然花费了时间待在他所研究的村庄中，也待在首都，但是他被当地有能力的民族学家们环绕，他向这些人支付报酬，并且把他们的调查结果拿来自己使用。

当热拉尔·阿塔伯回到法国的土地上之后，他培养了一代民族学家，这些人虽然不知道他在马达加斯加田野的情况，但是都从他那种建立在田野关系分析之上的新型反思民族志中获益匪浅，这种反思民族志也特别建立在皮埃尔·布迪厄的与合作者相互亲近的民族志范例之上。

一种关于民族的动态理论

当法国人类学为了重返大都市的田野，并且不再为遭受去殖民化的苦痛而斗争时，在 1969 年用英语出版的论文集中提出了对包括民族身份认同在内的概念的批判，这本名为《族群与边界：文化差异下的社会组织》（*Ethnic Groups and Boundaries, The Social Organization of Culture Difference*）的论文集由挪威人类学家弗雷德里克·巴斯（Fredrik Barth）指导出版。这本书在法国近三十年间默默无名，直到 1999 年，也只有这本论文集的导言被翻译成了法语。但这篇导言还是成了族群关系的民族志分析的典范。这本著作挑战了社会人类学的基柱：传统认为在所有的民族志调查之前，不同的文化被客观地 273
传递给观察者。与以往那种原始社会相互隔绝的理想类型相断裂，当移民长期不存在的话，我们称之为“人口学的隔离”；如果这些社会保留外来影响的话，我们称之为“文化的隔离”。巴斯则指出，文化身份认同建立在与“他者”文化身份的交互之中，并且由移民和跨文化共存来不断加以促进。

我们可以批评这种源自格雷戈里·贝特森（Gregory Bateson）于 20 世纪 30 年代对新几内亚民族志经验的理论分析，但接下来这种理论分析很快就在其他学科中发展起来，尤其是在精神病学中。精神分裂症并不被描述为一种个体的疾病，而是母子关系中矛盾性指令带来的结果；这种理论分析同样盛行于控制论之中。这涉及“分裂－诞生”（schismo-genèse）或者区隔产生（schisme，分裂）的动态理论：两个个体出现的差异以螺旋的方式（或以指数的方式）相互加强直至断裂。格雷戈里·贝特森在《纳文》（*Naven*）一书中提出了证据，这种互动过程描述的是这样一种事实，即两个个体中每个人的行为完全产生于对方正在互动中的行为。“分裂－诞生”有两种相互区分的类型：一种是对增长的逾越或者是对称性的分裂诞生，这为研究国际关系的专家们所熟知，特别被他们用来炫技；第二种是补充性分类诞
274 生，这一种更加敏锐，并且可以解释支配/顺从的现象，在这种现象中信号经由处在相对于他者强势或劣势情感中的封闭者发出。

与包括“西方现代性”在内的文化进行接触，可以加强文化认同，但也有一批秉持着传统主义乡愁的人类学家认为，这会带来文化的消解。在他们看来，现代性摧毁了文化的差异并建立起了标准化。这也正是克洛德·列维－斯特劳斯及其弟子们在他们最新作品中的论点之一：必须维护“文化的多样性”，并且反对现代性压迫的滚轮。巴斯在主编的论文集中却持相反的意见，他认为现代性将会加剧文化的差异，而这种差异最终导致冲突。

这同样也是关系和相互依存至上理论的开端，这种理论促使社会学家诺伯特·埃利亚斯（Norbert Elias）在与约翰·L.

斯科特森（John L. Scotson）合写的《老居民与外来者》（*The Established and the Outsiders*）一书中，研究对抗团体构建中相似的现象。该书的第二作者曾在英国温斯顿帕尔瓦（Winston Parva）的一个村庄里担任小学教师。远没有和谐地融入到已经更新的共同体之中，村庄里的新人们由于在身份认同上的名声、轻视与封闭，引发了被拒斥的现象，其中包括老居民的积极身份认同与外来者的消极身份认同。埃利亚斯与斯科特森的研究，从将相互依存置于社会学的核心这一理论的视角，以民族志分析的方式展现了丰产性。与此同时，弗雷德里克·巴斯从事巴基斯坦和阿富汗边界地区社会的研究，他主编的民族志文集，被用来展现一种普遍性，并且摧毁一种人类学身份认同
理论的根基。虽然这些研究属于同一时期，但是它们的作者并 275
不属于同一个学术背景：埃利亚斯是接受马克斯·韦伯学派训练的德国社会学家，后来在他流亡的英国找到教职；相反，巴斯则继承了全部的英美社会和文化人类学，并参与到对这一学科的批判性重建目标之中。

在 20 世纪 80 年代期间，这些民族志研究，在一种对民族性核心理论的更为普遍的批评中被重新提起，这种批评旨在揭发与殖民地管理之间的联系。由法国人类学家让－卢普·安塞勒（Jean-Loup Amselle）于 1985 年主编的论文集《在民族的核心》（*Au cœur de l'ethnie*），重新检验了去殖民化之后非洲族群冲突起源中殖民的历史所扮演的角色。“民族”（ethnie）这一术语，或是德语中的“*ethnos*”，它们的词源都来自古希腊语的“人民”之意，而现代意义上“民族”这一术语则要追溯到 19 世纪

末，也就是民族学建设的时期，这门学科并没有被视为一种接触的科学，而是一种文化总体（totalité culturelle）的科学。这一术语同样伴随着殖民化最后的浪潮，即非洲殖民，与之相关的是被强迫与地方权力合作的殖民地管理者。

让·巴赞（Jean Bazin）在他的文章《每个人都有他们自认为的巴姆巴拉人》（*A chacun son Bambara*）中，论证了“巴姆巴拉文化”完全是由殖民官员莫里斯·德拉福斯（Maurice Delafosse）于 1912 年创造的，事实上，既没有种族上也没有语言上的特点，可以使这些人与他们周边的群体相互区分。直到 1951 年这个完全新式的巴姆巴拉文化被民族学家日尔曼·狄德兰（Germaine Dieterlen）研究之后，至少是在外部世界人们的眼中，这一文化的存在感才被加强。为了能实现民族“复兴主义”的模式，这些
276 民族志研究被新一批地方文化专家使用。也正是在此时，那种被其他情况质疑的终极时刻介入其中。英国的马克思主义历史学家艾瑞克·霍布斯鲍姆（Eric Hobsbawm）在他 1983 年出版的著作《传统的发明》（*L'Invention de la tradition*）中，对这一现象进行了普遍化的研究。

借民族性之名的殖民化发明，特别是在 1994 年的卢旺达种族屠杀中引发了悲剧性的结果。在这一时期，将近一百万人在三个月内被屠杀，其中大部分是图西族人（Tutsi），以及那些拒绝加入到屠杀中的胡图族人（Hutu）。自 1984 年起，两名法国学者，让－皮埃尔·克雷蒂安（Jean-Pierre Chrétien）与克洛迪娜·维达尔（Claudine Vidal）就曾分析了德国和比利时殖民官员在图西族人神话创建的过程中扮演的角色。在殖民化

之前，根据不同地方，“图西”这一术语描述的是与其他职业团体或者是已经分类的政治领袖不同的饲养者。然而殖民地的官员们，受到图西人的埃塞俄比亚起源的荒诞理论的影响，创造出了两个族群，并且将此标注在身份证上。一个纯粹的歧视性政策由此诞生：这涉及构建一个在天主教学校接受法语教育的本土精英群体，即图西族人。然而伴随着去殖民化浪潮，一名胡图族人当选了卢旺达的总统。1974 年针对图西族人的几场杀戮就已经偏袒那些前往布隆迪（Burundi）的移民。而当图西族政党决定回到卢旺达时，以不同形式持续了一个世纪的族群意识形态，则把这个国家带向了大屠杀。如果说这场屠杀不是事先计划的话，悖论的是，它的施行依靠的是大量的驿站和广播，尤其是后者广泛散播了煽动杀戮的消息。 277

在 1978 至 1988 年间苏联发动的对阿富汗的战争中，人类学扮演了更加直接的角色。一场由奥利弗尔·罗伊（Olivier Roy）负责的围绕阿富汗政府官员和他们的苏联顾问，以及军队与克格勃（KGB）的民族志调查，展现了两大接续的人类学理论对阿富汗政府政策的影响。第一波人类学，对于类似存在的文化整体来说，促使国家去将阿富汗的人口划分为稳定的族群。在苏联于 1978 到 1979 年发起的第一场战役失败之后，第二波苏联的并非学术的人类学，使阿富汗政府推行了“和平化”的政策，苏联的这种人类学与西方的人类学思潮相近，后者也旨在消除民族性，并且将族群认同视为关系动力的产物来进行分析。这种人类学促使阿富汗政府支持地方贵族，并且将他们设为国家与完全处于（族群的、宗教的、职业的……）多元性的群体之间的中间媒介。

因此，政治世界的人类学，在此指的是对阿富汗政府中苏联顾问的角色的研究，代替了那些由官员、军人和顾问主导的，为了在国家机器内部展现学术知识用处的那种人类学的殖民史。尽管如此，我们还是可以质疑这种分析，在历史中给予知识分子能动的角色，不会给学术工作以及他们的政治转变带来太好的结果。事实上，一些研究围绕着权力、精英或者人口
278 流动，而另一些并不是，对这些研究的差异化接受应该如何去解释？这难道不是因为他们符合了这样的事实，那就是读者已经准备好了倾听出于其他原因而出现在学术界内部的斗争吗？

对人类学的批评：西方的科学

有关美国人类学、美国军队与中央情报局（CIA）之间关系的历史还有待研究。出于对理解敌方文化的担忧，美国军队曾委托露丝·本尼迪克特开展对日本的研究，其研究成果《菊与刀》（*Le Chrysanthème et le Sabre*）于 1945 年出版，并成了畅销书。在 20 世纪 50 年代，格雷戈里·贝特森，即玛格丽特·米德的第一任丈夫，就已经提出“裂变诞生”理论，这一理论将关系动力模式化，并在冷战时被用于减轻压力。越南战争以及美国接下来在阿富汗的战争，一批人类学家又卷入其中，我们称之为附属于军队的知识分子。自从 1968 年起，美国人类学协会就开始关注伦理与职业道德的问题，揭露军队的计划以及接受了这些条件的人类学家。但是，这种对人类学的运用的政治

史将重新归来。就像我们将要看到的那样，对人类学知识的学术批评在以另一种方式发展着，这种方式既是更加理论化的，又是更加意识形态化的，同时还是远离那些棘手的实践问题的。

东方主义

最激进的批评来自学科的外部，尽管这种批评不是直接针
对人类学领域，而是主要针对关于文化区域的所有知识的。爱 279
德华·萨义德，一位移民美国的巴勒斯坦知识分子，以及哥伦比亚大学比较文学系的教授，在1978年出版了一部名扬四海的著作《东方主义：被西方人创造的东方》（*L'Orientalisme. L'Orient créé par l'Occident*），这本书于1980年被翻译成法语，接着又被翻译成世界上其他的语言。作者重读了自18世纪以来西方关于东方的知识的历史，这种历史被视为一系列外来的时常荒诞的表现，这种表现以预设的方式强调拥有者对呈现自身的无能为力，这里的拥有者指的是阿拉伯人和穆斯林。对萨义德来说，东方主义是一种全球性的制度，这种制度在埃及被拿破仑占领之后就自我重建，这是一种“对东方的支配、再结构化与威权的西方类型”。该书不仅描绘了这种由知识分子的知识与政府的模式同时产生的制度，还以另一种超越某种“大分裂”特殊模式的方式，摆脱了东方与西方的对立。这种“大分裂”的特殊模式，以“他们”和“我们”进行划分，而不是以野蛮人和文明人进行划分，不过，其中仍然存在一种低级文明（但是有文字、一神宗教，有时也有国家）和被视为高

级的“我们的”文明的划分。

这本书非凡的宝贵之处却建立在误解之上，正如作者在1994年的后记里所写的那样。尤其是在阿拉伯世界里为数众多而且热情的读者们，并没有将这本书视为对“大分裂”的超越，而是将其视作在术语的字面意义上的角度反转，就像是由向西方人主导的东方研究求助，转向由东方人从事的对西方的研究。事实上，这部作品是由新的民族主义与伊斯兰主义斗
280 争所带来的结果。那些曾受教育于西方却既无法享有同等的城邦权利，又无法融入西方状态的知识分子们，在这些斗争中扮演了重要的角色。换句话说，既然爱德华·萨义德并不宣扬反叛，而是宣扬和平与人道主义，那么他自身就处在他自己所揭露的冲突之中。在2003年，也就是2001年9月11日的袭击之后，美国政府以复仇的方式发起了新的帝国主义战争，萨义德不再致力于揭发民族主义与伊斯兰主义袭击者的暴行，而是去阐释以“文明的冲突”为名将战争合法化的美式新《圣经》。

在人类学领域，这本书的影响，一方面与学科对殖民主义历史的部分兴趣相关联，通过解释萨义德，我们可以将殖民史看作是搜集智识的全球制度或是一种政府统治的方式；另一方面与底边研究的兴起相关联，底边研究是由本土知识分子，特别是印度的本地知识分子对自己社会所从事的研究。与之相同的是，在20世纪50年代，来自殖民地社会的知识分子们在艾梅·塞泽尔和弗朗兹·法农的基础上，改变了社会人类学和民族志，这两人偏好文学或哲学。类似的，爱德华·萨义德也曾提及两位“知识分子，并且是在政治上和个体上的良师益友”，

不过他们两人并非人类学家，而只是介入反殖民主义斗争的美国大学教员，而且他们两人都教授政治科学，他们分别是巴基斯坦人伊克巴·艾哈迈德（Eqbal Ahmad）和巴勒斯坦裔美国人易卜拉欣·阿布－卢格霍德（Ibrahim Abu-Lughod）。这种对人类学的兴趣缺失，到下一代的时候便又反转了过来：易卜拉欣·阿布－卢格霍德的女儿成了著名的人类学家，其第一本书建立在对埃及贝都因人女性的长期田野调查之上，这部著作开创了经由女 281
性诗学的情感人类学研究。

亲属制度

20世纪60年代末期是批判人类学知识的剧场，这是一种更为审慎但更具破坏力的批评。这种批评直入学科的科学核心，即关于亲属制度的人类学。这种可谓对社会人类学根基的震动，在法语区国家内部却几乎看不到。大卫·施耐德的两本重要著作都没有被翻译成法语，它们分别是出版于1968年，再版于1980年的《美国亲属制度：一种文化的描述》（*Americain Kinship, a Cultural Account*），以及出版于1984年的《亲属制度研究的批判》（*A critique of the Study of Kinship*）。后一本著作彻底地颠覆了前一本书中呈现的民族志调查之光。如此的批判并不完全是新的：路易·摩尔根那本在欧洲被视为亲属制度人类学的奠基之作，在1909年就已经在美国人类学界被克鲁伯批判了，后者特别批评了摩尔根背后潜藏的进化论。

新意来自大卫·施耐德的民族志调查经验，他首先与他的英国同事雷蒙德·弗思（Raymond Forth）密切合作，后者同样也担心将亲属制度的人类学应用到西方人群之上。通过研究美国的亲属制度，大卫·施耐德从中发现了“出于血缘”或者“血亲”的亲属关系与“出于法律”或者“联盟”的亲属关系之间的对立，这种对立就存在于亲属制度的术语之中。事实上，在英语中，为了描述通过联盟而产生的父母，我们使用血亲术语的同时，还会加上一个词：“法律上”（如岳母是“法
282 律上的母亲”，姐夫就是“法律上的兄弟”等）。我们可以强调的是，西班牙语也许更加清晰，它区分了“肉体的”亲属关系和“政治的”亲属关系。这种民族志调查经验促使大卫·施耐德重新去阅读了亲属制度人类学的各种研究，并且试图从中发现这种属于西方的二分法。如果说出于联盟的亲属制度与出于血缘的亲属制度之间存在区分，而其中出于血缘的亲属制度研究不仅塑造了亲属制度人类学研究的整体性，还是一种西方精神的建构的话，那么非西方的亲属制度的人类学分析，则完全是一种民族中心主义的幻象。针对人类学的人类学由此诞生了：其路径似乎是解构的。

同一时期的法国，来自殖民边界内外的民族志经验，促使皮埃尔·布迪厄通过两个并行的调查，重新深入分析了亲属制度。其中一个是针对他的故乡贝亚恩村庄中婚姻策略的分析，另一个是对卡拜尔亲属制度的研究。由于完全没有从关于亲属制度的地方性或法律性话语中找到呈现规则的叙述，布迪厄只能运用统计学，从而将亲属制度视为一个揭示家庭策略存在的实践来分析。在那些进入土地是关键核心的社会中，每一场婚姻和每一次诞生都是为了保证血缘传承的“一击”。一些历史

情形改变了状况，尤其是农民的情况不再展现出对一些个体来说有希望的未来。这些历史情形带来了农民社会再生产的危机，这种危机则经由亲属制度呈现出来。因此，在20世纪60年代的法国，是那些继承人中的单身者揭示和制造农民的危机。在同时期的卡拜尔，则是由离乡的男人们扮演这一角色。 283

如此的视角促使民族志被严肃对待：民族志是进入实践而不仅仅是进入话语的唯一方式。此外，布迪厄在这一双重调查中指出，相同的方法可以被应用于地中海地区之内与之外，同时也没有什么可以区分“此处”和“远处”的民族志工作。

施耐德的著作，摧毁了“从内部出发”的亲属制度人类学的诸概念；而布迪厄的著作，则通过对丰产性与婚姻的策略的全新分析，同样批判了那些概念。他们两个人的著作，虽然都是当代的，但在1990年之前都没有被相互建立关联，不过，他们的著作都曾共同作为西方民族志与他者民族志之间往来的丰富性的例证。一种新的亲属制度人类学，最常见的是在20世纪90年代末期，由美国、英国和法国的女性人类学家发展了起来，并且在他者的人类学与自我的人类学之间来回往复。这种新的亲属制度人类学发现了亲属制度出现在西方的第三个维度，虽然这个维度在官方话语与法律中是不可见的。那就是“出于奶汁”的亲属关系，我们也可以称之为“收养的”或“日常的”亲属关系。并非所有的亲属关系都出现在生物性的继承中，后者建立了血亲的亲属制度；所有的亲属关系也并非都出现在建立婚姻联盟的合同中。亲属关系的第三个维度重建了“家畜喂养”与“畜牧喂养”。它首先建立在食物的摄入之上，这也就是说，建立在与遗传和法律拉开距离的教育与切身照顾之上。

284 在这些女性研究中，同样也通过民族志的方式研究医学在其建构中扮演的角色，从而重新关注生物性的亲属制度。例如，蕾娜·拉普（Rayna Rapp）研究了一定年龄之后的女性，面对系统的羊膜穿刺术医疗实践时的反应。艾米丽·马丁（Emily Martin）分析了面对再生产的医学侵入身体时，女性手工业者所处的边缘地位。在上述两个案例中，医生是如何影响女性身体表现的建构的？这样一种“性别”的人类学与科学的人类学，或者更确切地说是医学实践的相互结合，使得我们回归到亲属制度分析更为经典的田野之中。

在欧洲以及欧洲之外的多元社会中，另外一些人类学家则观察到，通过联盟而形成的亲属关系中带有政治因素，这种联盟的形成就像是通过有来有往的互惠关系而实现的大型人际网络建构。

至于对亲属制度的第三重维度，也就是日常的亲属关系的分析，因为这样的一个事实而被简化，那就是当人类学家身在田野中时，他们经常暂时性地被一个家庭当作家人。这至少就像一位在马来西亚做田野的英国女民族志学者珍妮特·卡斯滕（Janet Carsten）对她的发现所叙述的那样。出于熟悉化而建立的民族志与出于距离化而建立的民族志之间的边界变得逐渐模糊。被一个当地的家庭纳为一员，这正是熟悉化的顶端。这种智识的操作得以从这些明显是边缘与主观的现象中发现亲属制度的第三重维度，它也完全建立了出于距离化而实现的民族志。

文学的民族志

上述那些彻底但又局部的批评，引发了以下特定的人类学知识领域的重建：女性文学、情感表达、由医学主导的女性性征、社会再生产与情感的诞生。不过美国人类学随后就发展了建立在民族志修辞的文学分析之上的批判，这种批评走上了绝
境：当我们将民族志文本化约到文学文本的位置，甚至于被研 285
究的现实与所追寻的科学客观性不再有联系时，我们应当如何看待田野调查与分析？

由詹姆斯·克利福德（James Clifford）与乔治·马库斯（George Marcus）主编的《写文化：民族志的诗学与政治学》（*Writing Culture. The Poetic and Politics of Ethnography*），于1986年出版。该书虽然从来没有被翻译成法语，如今却已经成为美国社会人类学专业学生的必读文本之一。在这本论文集的一系列讨论人类学流派的文章中，提出了这样一种对民族志书写的分析，那就是在继承自18世纪以来形成的介于艺术、科学和文学之间的划分与习惯的同时，又重视民族志文本逐渐成为虚构的事实。这些论文不仅将业已出版的文本视作历史材料，从而着重强调人类学与调查之间的关系史，还强调了人类学作为科学的历史，然而后者却对正在形成中的民族志产生了负面的作用。

这本论文集的民族志读者们，通过观察他们前辈的修辞策略，来克服这样一种不满，那就是将调查关系视为殖民关系。
就好像是由这些使用了这本书的读者们，授权以民族志之名出 286
版了这些以第一人称书写的文本，并且彰显了那些民族志的冒

险者、被错过的探险者和敏感的见证者。这样的结果并不会引起阅读的不适，但它们与被“研究”的社会知识之间的关系却是过分薄弱的。在这一缺少刺激的时代，我们可以引用一些最为出名的论著：奈吉尔·巴利（Nigel Barley）众多讽刺著作中的第一部，出版于1983年的《天真的人类学家》（*The Innocent Anthropologist*），或者露丝·贝哈为了追寻其古巴犹太人源头的情感编年史，出版于1996年的《动情的观察者：伤心人类学》（*The Vulnerable Observer: Anthropology That Breaks Your Heart*）。在此，民族志的历史为一种文学或反思的文学民族志服务。

民族志逐渐出现在殖民类型的经验中，其中殖民地民族志学者必然掌控了殖民化的田野调查。人类学家克利福德·格尔茨发展了民族志的工作，这种民族志工作建立在将文化视为文本的阐释理论之上。在他看来，自去殖民化以来，人类学就饱受修辞学危机之苦，这种修辞学的危机与大众的转型有关。在《此处与彼处：作为作者的人类学家》（*Ici et Là-bas. L'anthropologie comme auteur*）这本1988年出版于美国，1996年被翻译成法语的著作中，作者提出了以下的问题：

> 人类学书写的根本原则之一，曾经一度建立在懂得以下事实之上，即它们的研究对象和大众不仅是相互分离的，而且在道德上也是有区别的。必须要描述第一批人而不是询问他们，接着要明示第二批人而不是牵涉他们，并且逐渐在实践上进行清偿。世界上始终有隔间，但是将它们相

> 互连接的过道却很不确定。对象与大众的相互交叠，就像吉本（Gibbon）突然发现与一名持反对意见的罗马读者相 287
> 对；或是像奥梅（M. Homais）在《两个世界杂志》（*Revue des deux mondes*）中发表的名为《〈包法利夫人〉一书中对外省生活的描述》（La Description de la vie provinciale dans *Madame Bovary*）的论文，在人类学家中引发了大量直面主体修辞学的不安感。如今应当去说服谁？是那些非洲学家或美洲学家吗？

回应无疑是必须去说服这两类人，并成功地让他们相互对话，而不是天真地去谈“非洲人”的霸权或是他们非同寻常的能力，否则，就要去处理经由学术界获得的合法性。再一次，这是一个关于接受民族志出版物应有条件的问题。法国的新型民族志对于英语学界的“文学”人类学提出的问题的回应，就是去区分民族志书写的不同时刻：一种是为了自我的书写，它呈现出两种形式，田野调查日记（对日复一日所发生的事情的笔记）和学术刊物（分析是如何一步一步建构的）；另一种是区别于学术发表的为了他人的写作，也就是说，这是经由对方确认的、为了普及而出版的写作，其目的在于调查，也在于不同的合作者。正如内在的创伤开创了这个时期，马林诺夫斯基《日记》的发现，却没有让人们意识到并非为了出版的日记与为了出版的专著之间必要的共存关系。这种丑闻来自这样一个事实，那就是日记不应被视为著作，尽管它符合出版的条件。

反思民族志的胜利

288 自20世纪80年代开始，社会人类学从这个批判的时代崛起，继而围绕着反思田野民族志进行自我重建。在法国，诞生于20世纪30年代的一代人与民族志方法关联在一起，这主要是因为这一方法对他们来说是最新引入的。重新拾起对殖民关系的分析，那些重新回到欧洲田野的非洲学家们，将反思民族志转化成了有效的分析工具。在全球范围内，20世纪90年代见证了本土人类学家从事的对自身社会研究的加强：这在法国是近处的人类学，在美国或较少出现在英国的是家乡人类学，而在那些曾经的殖民地里（首先是印度）则是底边研究。

自20世纪90年代开始，这种形态学上主要的转型，不但给反思民族志带来了胜利，而且使反思民族志摆脱了其负面的后现代意识。更多是出现在美国和英国的、重新返回曾经研究的社会的传统，得以重新衡量民族志学者在描写中的角色。在法国学者皮埃尔·布迪厄的生涯中，新兴的反思民族志融合了民族志的两种传统：一种是建立起人类学传统的、出于熟悉化的他者的民族志；另一种是从民族志社会学中发展起来的、出于距离化的对自我的民族志。1980到2000年之间，是这些新的本土人类学（包括欧洲在内）的黄金年代，但这也产生了两大局限：围绕非本地人研究本土社会或组织的权利而展开的合
289 法性争论，以及通过重现发明多元地方路径或全球性路径来超越单一地域路径的需求。

事实上，反思民族志是一种面对人类学危机的解决方式，

但有的时候我们也认为它并不是一种解决之道，因为它的表现过于极端。在田野调查期间理解“扮演了什么”，这是这样的一种时刻，即观察者身处各种社会关系中，但他却难以把握，这相悖于对民族志文本的后现代阅读。对于反思民族志来说，（我被“接受”的）田野调查是不够的，田野调查必须辅以一种自我分析（我以某种我被“接受”的方式，去发现那些可以进入研究区域进程的东西），这与最终的写作选择相区别（我使用被我的同事们所接受的话语，去重建田野调查和分析）。

由此，就像殖民科学被西方科学自我摧毁一样，人类学的危机由于民族志地位的改变，也在20世纪90年代被消解。民族志首先被视为一种汇编他者数据的“中立”手段，继而被视为面向理论问题的地方志基础，但它并不会去质疑被研究团体的界限，民族志成了从内部进入社会进程知识大门的一种特殊方法。

事实上，在观察中，观察者的角色可以也应当被用作知识的动力。18世纪以来就被论述的认识论原则，曾被克洛德·列维-斯特劳斯再次强调，他在20世纪初曾批评了物理学中的量子革命。“在一个观察者就如同其研究对象的科学中，观察者自身就是他所观察的一部分”。对此，我们可以考虑两种解决 290
办法。第一种就是“重访”曾经被调查过的田野，第二种则是在被研究的环境中去分析民族志的角色。

重访的例子有很多，这尤其是出现在美国的传统中。这种方法在于重新回到田野中，从而证明原来的民族志学者所调查出的特性，我们可以举出两个格外丰富的案例。

特普兹兰（Tepotzlan）的墨西哥村庄曾在1926年被罗伯特·雷德菲尔德研究过，后来又在1943年被奥斯卡·里维斯（Oscar Lewis）再次研究。第一次的研究曾把这个村庄当成相对隔离的总体来分析，在这个总体中社会关系都是和谐的。第二次的研究则发现了村庄中的暴力、个人主义与冲突。里维斯一方面将差异归因于超过十五年的变化，另一方面又归因于他和雷德菲尔德相对立的理论立场。雷德菲尔德曾关注城乡间绝对的连续体，而在里维斯那里，更被关注的则是全球性的历史语境。里维斯是一个关注支配效用的马克思主义者。在1960年，雷德菲尔德回应了这一批评。他解释道，差异来源于民族志学者所提的问题。雷德菲尔德所问的问题是什么促使村民变得幸福，而里维斯所问的问题则是什么促使村民变得不幸。这次对田野的重访，以及接下来所产生的矛盾，强调的是理论的重要性，这种理论指导了观察，在必要的时候也限制了观察。然而，我们可以假设，根据不同的提问，与土地相连的关系是不同的。在上述两者的分析中，我们还可以辨别，哪一种建立了历史变迁，哪一种实现了观点的改变：这正是我们可以对上述两例杰出的调查进行历史分析的原因。在这里，与历史学家
291 进行的对历史书写的分析并无不同，历史学家的所有作品都是他所处语境的产物，这丝毫没有降低历史学方法的严肃性。

在1971与1972年，安妮特·维纳（Annette Weiner）在特罗布里恩德岛开展田野调查，她的田野点就在马林诺夫斯基于1915与1916年所研究的村庄附近。这一次，重点在于性别的差异：维纳分析了大量马林诺夫斯基并未察觉的特罗布里

恩德岛文化，尤其是女性之间的仪式性交换，她于 1976 年出版了《有价值的女性，有声望的男性》（*Women of value, Men of Renown*），随后这本书在 1983 年被翻译成法语，名为《女性的富裕或精神如何到男方来》（*La Richesse des femmes ou comment l'esprit vient aux hommes*）。维纳的这本书因而对女性研究做出了重大贡献。列维－斯特劳斯分析的亲属制度，被视为由男性主导的女性交换。维纳与列维－斯特劳斯之间相对立，她指出，女性并非依靠男性而行动，而是有自己的权力领域，即女性与祖先和永生的关系。性别在这个田野民族志调查中扮演了重要的角色。但不能忘记的是，这一角色取决于来自欧洲的女性对当地人的感知。米歇尔·莱里斯补充道，参加格里奥尔远行的女性民族志学者，被当地人看成男性。这里再次展现的是，只有对调查关系的细致分析，才能证明观察取决于男性或女性观察者的特性、目标与感觉。

这是因为民族志学者并不会看见他们想看见的，而是看见被调查对象给他们看到的。于是，民族志学者看到的东西，取决于他们以各自的身体在分别研究的地方所扮演的角色。这至少是反思民族志的立场，其中最具典型性的当属让娜·法弗莱－萨阿达（Jeanne Favret-Saada）1977 年的著作《语词、死亡与命运》
（*Les mots, la mort, les sorts*）。这位法国女人类学家最先研究的 292
是 20 世纪 60 年代的卡拜尔。就像其他许多和她同一代际的学者那样，她后来回归了法国的田野，即马延省的博卡日（Bocage mayennais），并且在这里研究了一个非洲人类学里的传统对象：巫术的实践。她首先发现这些田野调查将她与贵族、神甫和医生同化了，后者只在揭发他们的迷信时才感兴趣。在这一标志性的田野调查中，被调查的对象固执地保持沉默。正是她的坚持，说服了这些人，她事实上是一个巫师女克星，也就是说，她是被中了巫术的人雇用的专业人士，目的在于向假定的巫师“索还命运”。

相信调查的中立性，这是虚幻的。提出一些特定的问题，这已经是进入对话者的生活中了。让娜·法弗莱－萨阿达在长期的参与观察中发现，马延省的巫术存在三种可能的立场。中了巫术的人是重复不幸的受害者，我们某天告诉这些人，这种重复是因为遭到巫术的攻击。那些被判定为巫师的人，成为第三者发起的反攻击的受害者。这些第三者就是专家，即巫师克星。例如，一位汽车事故中的受害者，人们告知他受到了攻击，并将他带至一位名为弗洛哈（Flora）女士的巫师女克星处寻求信息，这正是后者职业的一部分。就像让娜·法弗莱－萨阿达承认的那样，她之所以动用了精神分析，很少是为了理解她在攘除巫术中所扮演的角色；根据她在田野调查中使用的词汇，这更多是为了在个体层面上摆脱她被“擒”住的危机。她并非被攻击的人，但她明白自己在“巫术危机”中扮演的积极角色，也正是对这一危机的分析，在其他语境中是可以再生产的。

293 这样的分析可以使得民族志学者理解提问的事实，也使得他们对这些当代人的生活领域感兴趣，这种分析也是从与他们对话者的层面进行解释的目标。此外，对话语“表现性”地位的有益提醒（“表现性”，字面上指“行动”［agit］或“完成行动”［accomplit une action］，在英语里指的是“表现”［perform］这一动词），使得民族志学者可以在解释他们被诉说的状态时，不会视之为事实或谎言，而是视之为旨在产生效果的行为。让娜·法弗莱－萨阿达的这部著作，更新了民族志田野的理论范围：调查只有在这样的情况下才能完成，那就是民族志学者理解了为何在调查的此刻，他能够参与到这种状态中，又被给予了何种角色。民族志学者并没有成为囿于当地人解释的囚徒，他们可以将这些地方性的解释纳入分析中，并且与他自身的观察相呼应。

我们可以把这些反思的谱系追回乔治·德弗罗的认识论著作，他是人类学与精神分析联合的最晚近的积极代表人物之一。他出版于 1967 年并于 1980 年翻译成法语的作品《行为科学中从焦虑到方法》（*De l'angoisse à la méthode dans les sciences du comportement*），建构了对民族志方法最好的辩护。这是相比于经验心理学和社会统计学对观察的多重程式而言的，遵循后两种方法的学者们，在对人性的研究中与他们的研究对象保持距离，也就是说，他们有着这样的焦虑，那就是如果变成他们研究对象那样的人，那么自己也就成了被研究的对象。如果说德弗罗的遗产，或者更广泛地说是精神分析人类学的遗产，已经被社会人类学家普遍遗忘的话，那是因为这样一个学科，就像它曾接近的“文化与人格”流派那样，曾经强调一种今天已经被放弃的文化预设，这些文化预设在那些对文化身份认同的起源研究之后被放弃。不过，对田野调查关系的分 294
析，最终没有忘记它们与精神分析的并行关系，这当然是在以下这样一种条件下存在的，那就是知道民族志学者的观察并不能解决问题，他们之所以观察，是为了去了解问题。

另一方面，诞生于皮埃尔·布迪厄的学术传统的民族志经历了一些认识论的震荡。皮埃尔·布迪厄在1993年出版了《世界的苦难》（*La misère de monde*），书中是一系列由他团队中多位民族志学者完成的访谈，在全书的最后，布迪厄撰写了“理解”一文作为结论。这本书成了畅销书，它通过将话语权给予那些当着民族志学者面前倾诉的人，并且通过提供关键词来分析这些访谈的方式，呈现了法国社会的危机。

1968年，皮埃尔·布迪厄通过与让-克洛德·尚博勒东（Jean-Claude Chamboredon）和让-克洛德·帕斯龙（Jean-Claude Passeron）共同编辑出版《社会学家的技艺》（*Le Métier de sociologue*），完全重构了法国的社会学。这部文集在总体上展现了社会统计学和民族志中主要的流派、概念和方法。这些观点源自一种认识论的信念：尽管相比于研究自然的科学，社会科学遇到了特殊的困难，但社会科学还是像其他的科学一样。那些困难来自这样一个事实所带来的矛盾，那就是社会科学家研究的对象是人性的话题。这一特殊性是双重的：就像我们所看见的那样，它在观察的时候既提出伦理上的问题，同时又在出版成果的时候提出科学和政治上的问题。社会学家们还必须掌握摆脱预设概念的方式，按照埃米尔·涂尔干
295 的术语，这些预设概念既有可能是社会学家的，也有可能是当地人的。民族志式的自我分析是摆脱预设概念的一种方式，与带有类似名称的统计分析相对应。具体来说，如果像乔治·巴朗迪埃的那个时期一样，皮埃尔·布迪厄强调的也是作为一名社会学家的话，那么就不用再去区分社会学和人类学了，这样

也重新确定了涂尔干学派的立场。

《世界的苦难》似乎不同于这种方法。它通过将话语权给予被调查者，而不是像社会学家那样去“理解”他们调查对象所处的境地。因此，这本论文集放弃了往常的客观性工具，而只是很罕见地给予读者这样一种可能性，即理解这些访谈如何成为可能。

不过，皮埃尔·布迪厄于2001年出版的《科学的科学与反思性》（*Science de la science et réflexivité*）一书，重新表达了他的认识论立场。针对社会学研究的社会学，并没有放弃所有的科学抱负，提供了在社会知识中以累积与受控的方式提高的途径。这一方案汇聚了人类学史与反思民族志，从而摆脱了它们的后现代与反科学的修辞。对于社会学家来说，独自去实现“自我分析”，无疑是困难的，但通过重访民族志学者的田野与档案，可以实现重建科学工作的条件。

总结大纲：20世纪90年代民族志还剩下了什么？

伴随着殖民时代的终结，以下两种调查形式也彻底消失：一种是集体但局部的科学探险（里弗斯称之为“盘点任务”
［mission d'inventaire］，梅特劳（Métraux）称之为“复兴 296
任务”［mission de reconnaissance］），另一种是欧洲民族志学者长期迁徙至殖民地的转型（传教士、侨民和官员）。探险模式最先在人类学中消失，人类学并不是被异域风情迷住的幻影，在这种幻象中有着这样的观点，即存在着尚待发现的未知人群。欧洲人移居殖民地并成为民族志学者（正如莫里斯·林

哈特那样）的模式，也伴随着去殖民化而寿终正寝。

另外两种调查类型占据主导。一是出于熟悉化的民族志，由马林诺夫斯基创立，并且以反思民族志的形式在后现代的批判中生存了下来。另一种是出于距离化的民族志，自20世纪20年代以来在芝加哥借助社会学而施行，旨在将当地人转变为民族志学者。尼尔斯·安德森（Nels Anderson）的著作《流浪汉：无庇护者的社会学》（*Le Hobo. Sociologie du sans-abri*）是最为知名的例子。以上两种类型促使人们放弃了近处人类学（家乡）与远方人类学（海外）的区分，毕竟出于对民族志学者与被调查者之间的亲密性或社会距离的兴趣，已经打破了对“此处”在地理学或民族上的定义。

最后一种模式则呈现出其他的样式，并且非常隐蔽：它涉及民族志学者与当代人之间的联盟。我们通常可以在文章或论文这些科学文本中发现，那些具有优势的当地人，往往与以下这些形象混淆：被羞辱的报道人，甚至是背叛的合作者。例如博厄斯与当地人乔治·亨特、特奥多拉·克鲁伯（Theodora Kroeber）与当地人艾希、莱里斯与巴朗迪埃同当地人阿巴·热罗姆以及马德拉·克伊塔。随着出身于被研究社会的民族志学者们逐渐职业
297 化，调查的联盟者时常与本土民族志学者相互混淆。在接近布迪厄学派的法国民族志中，米歇尔·皮亚卢（Michel Pialoux）在克里斯蒂安·科鲁热（Christian Corouge）的帮助下发表了关于工人阶级的文章，后者是与民族志学者对话了三十年的技术工人。斯特凡纳·博德（Stéphane Beaud）为了出版他与尤内·安拉尼（Younès Amrani）这个城里年轻人之间的通信，给他取了

假名。这种经验相对来说还是很稀少的，这一点可以假设对民族志分析中政治维度持有允许的态度。

| 人类学家职业的转型

大分裂理论面临这样的危险，那就是把人类学局限在对已经消失的社会进行研究。与这一理论相反，20 世纪 80 年代至 90 年代的人类学家们已经大量发展了对自身社会的研究。这首先是法国人类学家的情况，延续皮埃尔·布迪厄、热拉尔·阿塔伯或让娜·法弗莱－萨阿达的传统，许多学者在法国开展了田野工作。同时也有一批法国学者在美国进行田野调查，如布鲁诺·拉图尔（Bruno Latour）在圣地亚哥对一个内分泌神经学实验室的民族志研究，又如马克·阿贝莱斯（Marc Abélès）在硅谷的研究。在英国，一批人为了英国本土的田野而离开了异国的田野，人们在以远方的田野为主的同时，也从事家乡的田野调查，但有时后一种民族志的严肃性较少。至于美国学者，近期则以多样化的方式进行了对美国社会的田野调查，这种调查有时也与质性社会学没有真正的区别。

最重要的运动出现在那些曾遭受殖民化的国家。上述的这
种转变显得更加快速和广泛。这尤其是出现在 20 世纪 80 年代以 298
来的东南亚和 20 世纪 60 年代以来的印度。一群大学的社会科学学者，尤其是历史学家，打起了“底边研究”的旗号。这一术语来自意大利的马克思主义哲学家安东尼奥·葛兰西（Antonio Gramsci），他创立了文化霸权理论并将无法掌握话语权的群体

描述为底边（subalternes）。不过，这一学派自我划定了界限，它们只去研究南方国家被支配的人民。非西方国家的统治阶级也在21世纪初开始被研究，这并不是毫无困难的，因为与此同时，对西方和世界权力的民族志研究也在发展。

人类学的印度学派尤为活跃，并且该学派的一批代表人物已经离开印度前往英美的大学任教。人类学的拉美学派同样也十分活跃，然而这一学派中的学者却不满足于只研究拉丁美洲，他们同美国与法国人类学的关系非常密切，其中包括移民的终极方式。这些学者都介入到新理论或专题的构建中，例如爱德华多·维未洛斯·德·卡斯特罗对经济的社会研究或全球研究。如果我们是乐观主义者的话，我们可以认为世界人类学被美国与欧洲学派支配的这一状况将会终止，主导权将完全让位于那些来自过去是殖民地的人类学家们。

国别的标准不再是唯一将本地人转变为人类学家的原因。20世纪90年代出现了大量的对“少数群体”的研究，这些研究是在该少数群体成员进行抗争的语境下完成的，这些少数群
299 体成员本身就是当地人。属于这种情况的还有男女同性恋研究以及与残疾人流动性相关的残疾人研究。

同样属于这一情况的，还有对澳大利亚土著人或其他地区土著人的研究。在英语里被称为“当地人”（native）、在法语中被称为“初始的”（premiers）或是“土著的”（autochtones）这些人，自20世纪90年代以来就推动了世界的新秩序。在非政府组织的支持下，这些人面对着各种环境问题。例如在巴西，对亚马孙平原的经济开发；在太平洋，海平面的上升与气候难民的

出现；或者在极地地区，争夺冰山融化而外露的初级能源。伴随着这些土著人政治诉求的加强，联合国在 2007 年通过了关于原住民权利的宣言。“异域”人类学（换句话说，出于熟悉化的人类学）的合法性再次遭到了质疑。大量激进的争议出现在社会人类学的学术圈中。同时，以调查的权力为名，对田野民族志调查的束缚，在没有受到批评之前，也变得越来越多。

在全世界出现的各种新兴的本土人类学，改变了学术对话的条件。与此同时，这些新兴的本土人类学仍然面临着学术合法性的缺失，这是因为人类学这门学科还是建立在对远方国家的研究之上，并且总是在西方的大型大学中从事研究。在欧洲，新兴的本土人类学有时以生硬的方式面临着其他学科对同一田野的研究：社会学、历史学、地理学、政治学甚至是经济 300
学。跨学科的对话促使新的专业产生，特别是依据所研究的主题，如性别、政治、科学、经济或金融。区域研究，虽然已经构建了跨学科对话的范围，但还是在学科的文化相对主义维度上遭受批评。区域研究只是部分地幸存了下来，如今最富有活力的专业毫无疑问是后共产主义研究，或者被称为后共产主义世界的社会转型研究，也就是面对后共产主义世界，研究前苏联、东欧、蒙古和中国的这些专家之间共同对话。

结语

新的理论视角

必须要经历1980到2010年这三十年，才能实现一个朝向新人类学的转型。这种新人类学既包括研究近处和远方的专家，又包括本土和海外的人类学者，它打破了国别传统和学派的划分，重新提出关于人类学的学科地位的问题，并且与其他社会科学进行对话。在一些国家中，这种转型并非没有反对的声音，尤其是在法国，马克·奥热于1992年创办的当代世界的人类学研究所（Institut d'anthropologie du monde contemporain）就曾在人类学这一碎片化的学科中遭受不少挫折。

民族志的回归，（在西方或者他处的）新式本土人类学的全球活力，以及对于“非本土”人类学合法性的必要的捍卫，如今都给这个学科带来了各种激动人心的视角，但这当然也无法掩盖在民族志实践中日益增长的困难。自从决定去处于战争或受到新型权力支配的国家进行田野调查起，民族志学者就身处“危险”之中。更广泛地说，他们智识的独立性与科学的好奇心，与许多个体或组织对自身示外形象的担忧之间，存在着

302 矛盾。“沟通”文化的传播，涉及经济市场和政治宣传，使得民族志学者的任务更加复杂。“沟通的科学”本身建立在应用社会科学之上，并且由以下这些人来凸显其价值：私人“顾问”、背后的专家或者是时常从拥有社会人类学文凭的专业人士中雇用而来的官员。这种“沟通的科学”已经占据了人类学，它带来的主要结果是学科的危机。为了维持长期的调查和面对权力时的独立性，在进行学术研究和发表时，民族学家们必须集体与这种趋势对抗。这一问题并非国家层面的，而是世界层面的，并且已经成为职业伦理争论的焦点。

在今天社会人类学领域的新型理论视角中，无论是否与其他学科进行合作，我们都可以从中提炼出两大方向。

第一种方向是对文化全球化的研究。它得以超越过去文化区域的划分，这种划分曾以传统的方式将人类学家们划分为三个“贵族”部落和两个被支配的部落。美洲学家（北美和南美）、大洋洲学家和非洲学家一度是社会人类学中的王者：他们研究的社会是“原始的”“隔绝的”与“环节的”（segmentaires），这些社会代表了人类逝去的天堂。相比之下，专攻于亚洲和欧洲的人类学家则受到双重的支配：一方面，在社会人类学中，他们所研究的社会，往好了说，是有文字的文明；往坏了说，只是欧洲殖民下的代表。另一方面，研究亚洲的人类学家受到历史学家、文学家和语言学家支配，而研究欧洲的人类学家则受到社会学家、政治学家和经济学家支配。

303 这种新的跨国和跨文化的研究尤为关注城市研究，作为领导者之一，萨斯基亚·萨森（Saskia Sassen）就成为跨学科研究的大师。一种严格意义上全球化的民族志，正在伴随着对“多点”（multi-sites）民族志的反思而在建立之中。这一来自乔治·马库斯的术语，旨在让民族志从空间的定义中解放出来。然而，其中仍然存在着成为标准术语的模糊性：民族学当然必须追寻它所研究之处的跨知识之链，就像它研究罗斯柴尔德（les Rothschild）的跨国家族或塞内加尔的移民那样；但是它有必要像马库斯声称的那样，必须去累积旨在比较的地方化民族志吗？至少，为了能最终避免田野调查的随意而带来的比较的随意，必须要去对民族志的选择进行证明。以往人类学研究中的统计数据转向，无疑是对定量社会学的令人满意的回应，但这必须要打破定量社会学与经常对人类学进行批评的定性社会学之间的壁垒。

第二种创新的研究方向，在于关注不同文化与“自然”之间的关系。它主要揭示的是社会人类学和研究科学的社会学之间的关系。这类研究已经在三个相对较为封闭的核心领域中取得了巨大成功。

第一个领域，按照布鲁诺·拉图尔提出的术语来说，是对非人类（动物或物）的人类学研究，或者按照菲利普·德斯科拉（Philippe Descola）提出的术语来说，是对自然－文化的组合的人类学研究。这一领域在发展时与针对环境的新科学并没 304
有太大的关联，后者包括了社会学、地理学和政治科学。

第二个领域，认知人类学重新提出了生理学意义上的人类与社会意义上的人类之间关系的问题，并且伴随着与偏向生物医学的认知科学、语言学与社会人类学之间对话的种种困难。总之，认知人类学重新展现了在充满危机的社会人类学之前的人类学的初级场景。人类学可以回归到一边是生物学与人类古生物学，另一边是社会学与语言学的区分吗？这里难道没有重蹈亚历克西斯·卡雷尔覆辙的风险吗？后者应当重写他的《人，难以了解的万物之灵》这本书。我们是否可以同生物学家一起在整体性中思考人类这一种族，同时又不拒绝与文化多样性不同但同样具有合法性的分析，从而纠正关于族群性的诸多错误？

第三个领域，已然成为性别研究的女性研究，自20世纪80年代以来就是美国和英国人类学中最为积极与活跃的潮流。出于法国女性主义政治史的原因，这一方向并没有成为法国的主流。然而女性研究通过质疑生物性别、性的社会实践与作为社会关系的性别之间的关系，重塑了人类学理论的普遍性抱负。生物科学业已成为伴随着科学研究的社会科学的研究对象，而上述方向则在生物科学与研究亲属关系的新人类学之间重新架起了桥梁。

在以上三个领域中，关键在于生物科学与社会科学之间的关系。合作只会在一种情况下是可以期待的，那就是避免以下
305 两块暗礁：一是避免两个世纪以来时常出现的将人类学化约为生物学，另一个是避免将生物学家转变为当地人，这虽然可以推动生物科学知识的进步，但并不必然有益于人类的知识。

从学科史来看，人类学是所有关于人类的学科实现前沿性跨学科合作的最佳场所，前提是不要忘记这一学科的科学进步应当归功于其创始人博厄斯和涂尔干的努力：他们使得社会人类学在人类的自然史中得到自主性。

不过跨学科并非内在的目标，而是一种工具，这种工具得

以分析那些过于复杂而无法由单一学科完成的当代问题，并且使得问题的谱系更为完备。21 世纪巨大的挑战需要通过人类学的视角进行观察。我们可以尝试列出一份清单：

- 新兴工业经济尤其是能源领域带来的对全球范围内的生态系统的威胁，当地人是最初的见证者；

- 多元世界的地缘政治张力，其中既没有二元的逻辑，也没有不受质疑的领导者；

- 在不同大洲的社会中，期待视野的转型；

- 资本国际流动的增长，并且伴随着国家对个人流动的限制；

- 国家内部和国际之间新型不平等的出现；

- 思考国际层面的公共健康和社会保障的必要性。

一方面，社会人类学继承了其学科史上旧时期的百科全书 306
式的开放性，另一方面，它还继承了民族志分析的细致性，以及在不同层面理解社会进程的能力。上述这两个方面就是人类学理解当前和面向未来的王牌。

跋

社会人类学的四大原则

我致力于这本人类学史的书写，既出于我所处的时代与在 307
社会科学界中的位置这些个人的原因，也出于认识论上的原
因。我既受到过人类学的训练，又拥有一种抱负，即通过研究
母系社会来批评诸如男性交换女性这样的结构主义亲属制度理
论。我从 1978 年起就放下了我身边从事本土人类学的同事们所
梦想的远方田野，我当时的目标是研究法国冶金工厂里的工人
文化，这也突出了法国乡村的童年时光对我产生的影响。作为
一名女性，我拒绝被纳入女性研究中去，我所从事的是关于物
质生产的男性文化研究。相比于 20 世纪 90 年代阶级意识的理
论，我以动态的视角去关注杂物工和园丁。我选择了一种与图
书馆文化、历史学和哲学不同的民族志。相比于能与不期而遇
的被调查者产生有些吓唬人的互动的民族志田野，在我眼中，
前几个学科可能是更加贵族的学科，但缺少刺激。我发现我可
以分析最具张力的情形，其中包括去质疑我自身显然最具扎根 308
性的个人信念。尽管有着时常难以被克服的困难，我还是保持

了这种比人道主义认知更加彻底的信念，因为它的重要性对人类来说无以复加。

对我来说，这些推动我工作的信念值得在社会人类学的历史中被反思，社会人类学是我开始职业生涯的学科，也是我如今要回归的地方。事实上，社会科学的历史应当是一个批判的历史，换句话说，是一个考虑到各种可能性，考虑到经济、社会和政治对学术界有各种束缚的观念史，更是一个建构与累积的历史，换句话说，是一个缓慢获得观念与原则的历史，这些观念和原则在学者的不同代际间继承和传播。人类学的历史不应当是特例。这些年以来，人类学史不仅是建构的，更是批判的。如今正是重新洗牌的时候了。

在本书对社会人类学的历史进行回顾之后，我认为应当把握四大原则。

相互原则：人类学并非一门欧洲的科学。人类学在欧洲霸权建立之前就已经发展起来了（第一章）。在 16 世纪，人类学在美洲印第安人中兴盛起来，印第安人不仅展现了对欧洲人的好奇，也体现出他们对自身文化认知的意志。与此同时，在欧洲人那边也发展了对美洲印第安人及其文化的好奇心（第二章）。

反思原则：人类学强调对观察条件的客观化。自从 18 世纪末以来，正是直接的调查确立了哲学式省思与人类学的区别
309 （第三章）。对直接调查的科学使用要求考虑到观察者分析其观察时的特征，正如格奥尔格·福斯特从库克船长远行归来中所确认的那样。此处涉及这样一个原则，那就是关于社会的科

学与关于物质与生命的科学应当相互共享。

自主原则：社会人类学并非人类的自然史。这一原则也可以表述如下：社会人类学与社会学无异。面对生物科学的自主性不得不被多次强调：在对原始人研究近一个世纪的自然主义偏移之后，这种自主性先是在18世纪末期被强调，接着又在19世纪被再次强调（第五章）。这一自然主义计划一边用来思考人类的起源，建立人类古生物学以及研究人类群体的遗传学；一边又面临着被混淆的风险：这是一种在语言群体、文化群体和“种族”或生物学群体之间的混淆，它曾在1862年由布罗卡和勒南反对皮克泰特的争论中被极力避免，并且最终于1902年伴随着美国人类学协会的成立而被完全排斥；这同样是在自然选择与社会选择之间的混淆，由于它隐藏于强者的道德舒适感之中而更加难以被根除。在第二次世界大战期间，这一次新的政治上的偏离使得这种混淆重新被质疑（第七章）。今天似乎仍然要注意维护一种社会科学的自主性，这种自主性反对建立在生物学之上的新兴认知科学的帝国主义。

普遍原则：社会人类学是与所有社会有关的科学。这一原
则是最难被确立的。自18世纪末起，这一原则就被沃尔内写了 310
下来，接着又在20世纪初被涂尔干和莫斯书写。在第二次世界大战与去殖民化的风暴中，这一原则曾遭到质疑，继而又在20世纪末作为对社会人类学危机的回应而被再次提起，这种社会人类学的危机出现在对行将消亡的冷社会的研究之中（第八章）。

对第一个和最后一个原则的提出，要大大归功于与我同一

代的人类学家。对于这一成长在越南战争后期的世代来说，相互原则是一种政治见证，没有这种见证我们就无法成为人类学家。1977 年当我进入人类学的研究中时，就像我那些阿尔及利亚和拉丁美洲的同事们那样，我有着去殖民化的强烈政治信念。我们完全被以下的观点说服，那就是人类学并非一门欧洲的科学，而现在正是由当地人参与到关于他们自己社会的知识发展的时刻。正是普遍原则确立了我们对远方和近处本土社会的复原：我们把合法性归功于对欧洲的研究，因为社会人类学的方法和理论可以被无差别地运用在大分裂的两端。

相反，其他两个原则的提出，则要归功于认识论上的信念，这种信念大大超越了我们这一被政治化了的世代。反思原则代表着对科学的严肃性的简单要求，这一要求可以联系到对《社会学家的技艺》的阅读。这本书中指出，自然科学的认识论浇灌了社会科学的认识论。研究社会的科学的自主原则，从 19 世
311 纪末起就被长期遵循，在 21 世纪初期之前一直没有受到过质疑。然而 21 世纪初期是这样一个时代，研究人类的自然科学，伴随着认知科学与它们社会学的扩张，重新拾起了一度被抛弃的帝国主义计划。

在不同时期与不同土地上的人类学家与民族志学者的共同体中，上述这些原则都已经出现在他们日积月累的工作中。这些原则诞生于欧洲霸权之前，它们使得人类学得以生存下来。社会人类学不仅是一种普世文化的重要维度，同样也是一种建立在经验证据之上的科学。不同于自然科学的经验主义化，社会人类学建立在允许参与观察的调查关系之中。

附录

大事年表

公元前10—公元前6世纪	《摩诃婆罗多》在印度完成
公元前6世纪	波斯帝国包括伊朗、伊拉克、土耳其、印度、埃及和阿富汗
公元前529—公元前522	冈比西斯使波斯帝国陷入险境
公元前522—公元前486	大流士一世统治波斯帝国
公元前480	古希腊人在萨拉米斯岛战胜波斯人
公元前445左右	希罗多德完成《调查》
公元前247—公元146	反抗罗马和迦太基的布匿战争，腓尼基商行在非洲海滨建立；146年，迦太基被摧毁
180	非洲的一部分被基督教化
285	殉教者圣莫里斯，来自尼罗河高地的罗马基督战士
410	阿拉里克一世围攻罗马
413	圣奥古斯丁，希波（今日阿尔及利亚的安纳巴）主教，开始撰写《上帝之城》
7世纪	伊斯兰教的扩张
851	《中国印度见闻录》出版，作者为佚名的穆斯林

11 世纪	基督教十字军东征，目的是攻占耶路撒冷
1206—1227	蒙古皇帝成吉思汗的征服
316 1253—1255	纪尧姆·德·卢布鲁克游历蒙古
1260	在攻占乌克兰的基辅（1240）和伊拉克的巴格达（1258）之后，蒙古停止向西方扩张
1270—1295	马可·波罗游历东方(《游记》于 1297 年出版)
1325—1349	伊本·白图泰游历亚洲
1378	伊本·赫勒敦,《案例之书》的序言“历史绪论”
1414	中国皇帝从孟加拉国王处收到来自肯尼亚国王的长颈鹿
1453	君士坦丁堡陷落，被奥斯曼帝国攻占；陆上香料之路被阻断
1474	希罗多德的《调查》被第一次用拉丁语翻译
1492	驱逐西班牙的犹太人；从穆斯林手中夺回西班牙；克里斯托弗·哥伦布发现巴哈马群岛、古巴和海地
1521	1517 年，路德因为发表九十五条论纲，被教皇开除教籍；墨西哥的陷落：蒙特苏马二世被埃尔南·科尔特斯征服
1525	马蒂亚斯·格吕内瓦尔德在美因茨主教的请求下，绘制《圣伊拉斯谟和圣莫里斯》
1547	贝尔纳迪诺·德·萨阿贡收集纳瓦特尔语的文本，出版《新西班牙诸物志》
1550	巴托洛梅·德·拉斯·卡萨斯与赛普尔韦达的巴利亚多利德之争
1552—1773	中国礼仪之争(传教士所属修会之间的竞争)

1566 亨利·艾蒂安，《为希罗多德辩护，或论古代奇迹与当代奇迹的类似性》

1578 让·德·莱里，《一场在巴西土地上旅行的故事》 317

1580 蒙田，《随笔集》

1611 莎士比亚，《暴风雨》

1614 波马·德·阿亚拉，《新史记与好政府》

1645 从西伯利亚到太平洋的第一次穿行

1664—1666 画家让·凡·科赛尔绘制《四大洲》

1719 丹尼尔·笛福，《鲁宾逊漂流记》

1721 孟德斯鸠，《波斯人信札》

1723 安托万·德·朱西厄发现雷石的史前起源

1724 耶稣会士约瑟夫－弗朗索瓦·拉菲托发表《美洲野蛮人的风俗与早期风俗的比较》

1725 白令在西伯利亚与美洲之间远航

1739 休谟，《人性论》

1748 孟德斯鸠，《论法的精神》

1749 布丰，《自然史》第一卷

1759 亚当·斯密，《道德情操论》

1772 狄德罗，《布干维尔航海补遗》

1776 亚当·斯密，《国富论》

1777 福斯特父子围绕库克船长的第二次航行出版《环球航行记》

1778 “人类学”一词，进入让－巴普蒂斯特·罗比耐编撰的《道德科学的通用词典》，被定义为“这一哲学的重要分支，使得我们知晓不同身体和道德关系下的人类”

318 1779 库克船长死于夏威夷（桑德威治岛）

1783—1785 沃尔内前往埃及、叙利亚和巴勒斯坦游历

1784 康德，《世界公民观点之下的普遍历史观念》

1788 澳大利亚被殖民化

1794 格里高利主教撰写了关于法国语言状态的报告，并且致力于废奴（黑人之友协会）

1795 沃尔内在高等师范学校授课

1798 康德，《实用人类学》；马尔萨斯《人口论》第一版匿名出版，第二版出版于 1803 年，法语版出版于 1805 年

1798—1801 埃及远航（167 名学者、技术人员和艺术家）

1800 对法国的整体统计，警察局调查；博丹远航澳大利亚；约瑟夫－马里·德·热昂多为民族志学者撰写教材《论观察野蛮人时遵循的多样方法》；居维叶的书被博物学家使用

1804 海地独立

1808 格里高利主教，《论黑人文学》

1811 格林兄弟在出版《格林童话》的前一年，编辑出版《纽伦堡的名歌手》

1815 居维叶检验萨蒂杰·巴特曼

1831 达尔文乘小猎犬号远航

1851 路易·摩尔根，《易洛魁联盟》

1853—1855　阿蒂尔·德·戈比诺，《论人类种族的不平等》 319

1859　达尔文发表《论处在自然竞争中的物种起源》；保罗·布罗卡创建巴黎人类学协会

1862　勒南与布罗卡在巴黎人类学协会举办关于印欧语言和雅利安种族的辩论

1864　纽曼·福斯戴尔·德·库朗热，《古代城邦》

1865　孟德尔发现遗传法则

1871　达尔文，《人类的由来》（法语应翻译为《人类的祖先》）；E. B. 泰勒，《原始文化：神话学、哲学和宗教的发展研究》；摩尔根，《人类的血亲与姻亲制度》

1873　《这是一个马达加斯加的故事》出现在马达加斯加的塔那那利佛，由马达加斯加语写成，作者未知，被弗朗索瓦·卡莱神父整理出版

1874　《人类学的询问与记录》第一版

1876　布鲁塞尔大会（分割非洲）

1877　路易·摩尔根，《古代社会》；N. V. 卡拉克夫，《搜集有关民间法律习俗的民族志材料的计划》

1878　特罗卡德罗民族志博物馆创建

1879　J. W. 鲍威尔创建美国民族学局

1883　E. B. 泰勒就任牛津大学人类学教席

1885　博厄斯在柏林遇见贝拉库拉印第安人队伍

1889　罗伯森·史密斯，《闪米特人的宗教》

1890　詹姆斯·弗雷泽爵士开始出版《金枝》 320

1898　《社会学年鉴》创立

1899　F. 博厄斯就任哥伦比亚大学的人类学教席；哈登前往澳大利亚和新几内亚之间远航；斯宾塞和吉朗前往澳大利亚远航；亨利·于贝尔与马塞尔·莫斯，《献祭的性质与功能》；约瑟夫·康拉德，《黑暗的心》

1902　美国人类学协会（AAA）创建

1903　亨利·于贝尔与马塞尔·莫斯，《巫术的一般理论》

1904　法国史前史学会创立

1905—1906　博厄斯与亨特出版《夸扣特尔文本》

1907—1930　爱德华·S. 柯蒂斯，《北美印第安人》（摄影集）：乔治·亨特自 1909 年起为他工作

1909　C. G. 塞利格曼前往苏丹考察

1912　埃米尔·涂尔干，《宗教生活的基本形式》

1913　罗伯特·赫兹发表《圣贝斯，对一个高山祭祀的研究》，该文建立在对阿尔卑斯山的法国－意大利交界处的直接调查之上

1914—1918　马林诺夫斯基滞留在特罗布里恩德岛

1919 年 6 月　《凡尔赛条约》（1920 年施行）：德国殖民地被转移给战争的胜利国

1922　吕西安·列维－布留尔，《原始人的心灵》；布劳尼斯娄·马林诺夫斯基，《西太平洋的航海者》

1924　吕西安·列维－布留尔、马塞尔·莫斯与保罗·里维共同创办巴黎大学民族学学院

321 1925　马塞尔·莫斯的《论礼物》发表在《社会学年鉴》改版后的第一期

1926　非洲语言与文化国际学院创建

1928　保罗·里维当选博物馆人类学讲席教授；布拉格召开国际民俗音乐大会

1930　路德维希·冯·维特根斯坦完成《对弗雷泽〈金枝〉的评论》

1930—1940　洛克菲勒基金会对社会人类学研究进行资助

1931　国际殖民地展览会在巴黎举办，安东尼·阿尔图发现了巴厘岛的戏剧

1931—1933　马塞尔·格里奥尔负责达喀尔－吉布提考察

1932　亚拉巴马州的塔斯基吉梅毒实验开始

1934　米歇尔·莱里斯，《非洲幽灵》

1935　民间艺术与传统博物馆创建，该馆曾是人类博物馆的欧洲画廊；亚历克西斯·卡雷尔，《人，难以了解的万物之灵》

1936　拉尔夫·林顿，《论人类》；《美国人类学家》上发表《涵化研究备忘录》

1937　莫里斯·林哈特，《大地上的人们》；第一届民俗学大会在巴黎举办

1938　巴黎人类博物馆开幕；罗德－利文斯通研究院创建（北津巴布韦）

1940　日尔曼·蒂利翁创建人类博物馆抵抗网络（保罗·里维参与其中）；埃文斯－普里查德，《努尔人》；马克斯·格拉克曼，《桥》

1941　越南独立阵线，由越南人胡志明创建（1931　322
年的印度支那共产党）

1944　乔治·蒙唐东被处决

1945　纽伦堡审判，第一部医学伦理守则

1946—1954 印度支那战争

1947 德尼斯·鲍尔墨（Denise Paulme）出版他在 1926 年莫斯课上的笔记《民族学手册》；印度联邦独立

1948 列维－斯特劳斯，《南比夸拉人的家庭与社会生活》

1949 列维－斯特劳斯，《亲属关系的基本结构》

1950 法国大学出版社出版马塞尔·莫斯的《社会学与人类学》，克洛德·列维－斯特劳斯为之作序，乔治·古尔维奇撰写“告知读者”；米歇尔·莱里斯在《当代》杂志发表《面对殖民主义的民族志学者》

1951 巴朗迪埃在《国际社会学杂志》发表《殖民的状况，理论的角度》

1952 列维－斯特劳斯，《种族与历史》；弗朗兹·法农，《黑色的皮肤，白色的面具》

1954 孟戴斯·弗朗斯在印度支那停战；迦太基宣言（避免了突尼斯战争）

1954—1962 阿尔及利亚战争

1955 万隆反殖民主义会议；克洛德·列维－斯特劳斯，《忧郁的热带》

1957 马克斯·格拉克曼，《非洲的习俗与冲突》

1960 巴黎马克思主义研究中心成立（莫里斯·古德利尔、克洛德·梅亚苏）

323 1961 阿尔弗雷德·克鲁伯的遗孀出版《在两个世界之间的艾希》

1961—1973 越南战争

1965　路易・阿尔都塞，《读〈资本论〉》

1967　马林诺夫斯基的《日记》出版；乔治・德弗罗，《行为科学中从焦虑到方法》

1968　大卫・施耐德，《美国亲属制度：一种文化的描述》；在澳大利亚，第一次在法庭上对土地进行申诉

1969　弗雷德里克・巴斯主编《族群与边界：文化差异下的社会组织》；热拉尔・阿塔伯从马达加斯加返回，出版《想象中的压迫与解放》

1970　罗德尼・尼达姆发表论文《社会人类学的未来：瓦解还是转型？》

1971　美国人类学协会制定第一部职业伦理规则，作为对人类学家介入越南战争中美国军队的回应

1973　塔拉勒・阿萨德，《人类学与殖民遭遇》

1974　皮埃尔・克拉斯特，《反国家的社会》

1975　马歇尔・萨林斯出版《石器的时代，丰裕的时代》与《在社会的中心》（1976 年被翻译成法语）

1977　让娜・法弗莱－萨阿达出版了在法国从事的民族志调查《语词、死亡与命运》

1978　比较文学教授爱德华・W. 萨义德出版《东方主义》（1980 年被翻译成法语）；马歇尔・萨林斯出版第一篇关于《库克船长的神化》的文章，引发了与加纳纳斯・奥贝叶塞卡勒长达 20 年的争论

1979　弗朗西斯・福特・科波拉的电影《现代启示录》 324
上映；布鲁诺・拉图尔与史蒂夫・伍尔加用英文出版了关于科学实验室的第一本民族志《实验室生活》（1988 年翻译为法语）

1980	阿富汗对抗苏联的第一次战争。后来大卫·施耐德出版《亲属制度研究的批判》，加剧了来自他 1968 年民族志著作中的批评
1982—1992	艾迪·马波发起对澳大利亚国家的诉讼，并于 1992 年获胜（艾迪·马波来自托雷斯海峡的一个岛屿）
1983	乔治·史铎金开始出版一系列关于人类学历史的论文，《被观察的观察者：论民族志的田野工作》；奈吉尔·巴利，《天真的人类学家》
1989	柏林墙倒塌，冷战结束
1993	皮埃尔·布迪厄，《世界的苦难》
1994	卢旺达大屠杀
1998	乔治·马库斯发表《世界体系中的民族志学者》（发表于《民族志的参与》）
2001	菲利普·德斯科拉就任法兰西公学院自然人类学讲席
2002 年 8 月 9 日	在国际原住民日，萨蒂杰·巴特曼（“霍屯督维纳斯”，死于 1816 年 1 月 1 日）的遗骸被埋葬在南非
2006	巴黎布朗利河岸博物馆开幕
2007 年 9 月 13 日	联合国关于原住民权利的宣言
325 2009	克洛德·列维－斯特劳斯去世。美国人类学协会表态反对人类大地体系（HTS），后者在美国军队中雇用和融入人类学家
2013 年 6 月	欧洲与地中海文明博物馆（MuCEM）开幕

参考文献

ABU-LUGHOD Lila, *Sentiments voilés* (2000), Paris, Les Empêcheurs de penser en rond, 2008.

ALTHABE Gérard, *Oppression et libération dans l'imaginaire* (1969), Paris, La Découverte, 2002.

ALTHUSSER Louis (dir.), *Lire le Capital* (1965), Presses universitaires de France, coll. Quadrige, 1996.

AMSELLE Jean-Loup, M'BOKOLO Elikia, *Au cœur de l'ethnie. Ethnies, tribalisme et État en Afrique* (1985), Paris, La Découverte, Poche, 2005.

AUGÉ Marc, *Pouvoirs de vie, pouvoirs de mort*, Paris, Flammarion, 1977.

AUGUSTIN Saint, *La Cité de Dieu*, Jean-Claude Eslin (éd.), Paris, Seuil, coll. Points, 1994.

BALANDIER Georges, « La situation coloniale. Approche théorique », *Cahiers internationaux de sociologie*, vol. 11, 1951, p. 44-79.

BALZAC Honoré de, « Guide-Ane à l'usage des animaux », in *Peines de cœur d'une chatte anglaise, et autres scènes de la vie privée et publique des animaux* (1842), Rose Fortassier (éd.), Paris, Flammarion, GF, 2005.

—, *Les Chouans* (1829), Paris, Gallimard, coll. Folio, 2004.

BARLEY Nigel, *Un anthropologue en déroute* (1983), Paris, Payot, 2001.

BARTH Fredrik, *Ethnic Groups and Boundaries. The Social Organization of Culture Difference*, Little, Brown, 1969 (Introduction traduite en français : « Les groupes ethniques et leurs frontières », *in* Philippe POUTIGNAT, Jocelyne STREIFF-FENARD (dir.), Théories de l'Ethnicité (1995),

Paris, Presses universitaires de France, coll. Quadrige, 2008, p. 203-249).

BATESON Gregory, *La Cérémonie du naven*, Paris, Minuit, 1971 ; Le Livre de Poche, 1986.

BAZIN Jean, « À chacun son Bambara », *in* Jean-Loup AMSELLE, Elikia M'BOKOLO, *Au cœur de l'ethnie. Ethnies, tribalisme et État en Afrique* (1985), Paris, La Découverte, 1985, p. 87-125.

BEHAR Ruth, *The Vulnerable Observer : Anthropology That Breaks Your Heart*, Boston, Beacon Press,1996.

BENEDICT Ruth, *Échantillons de civilisations : Patterns of Culture* (1934), Paris, Gallimard, 1950.

—, *Le Chrysanthème et le sabre* (1946), Paris, Picquier Poche, 1998.

BLOCH Marc, *Réflexions d'un historien sur les fausses nouvelles de la guerre* (1921), Paris, Éditions Allia, 1999.

—, *L'Étrange Défaite. Témoignage écrit en 1940*, Stanley Hoffmann (éd.), Paris, Gallimard, coll. Folio, 1990.

BOAS Franz, « The Limitations of the Comparative Method of Anthropology (1896) », *in* Franz BOAS, *Race, Language and Culture*, New York, Macmillan, 1940, p. 270–280.

—, *Race, Language and Culture*, New York, Macmillan, 1940.

BOURDIEU Pierre, *Algérie 60. Structures économiques et structures temporelles*, Paris, Minuit, coll. Le sens commun, 1977.

—, *Esquisse d'une théorie de la pratique.* Précédé de *Trois études d'ethnologie kabyle* (1972), Paris, Seuil, coll. Points, 2000.

—, *Le Sens pratique*, Paris, Minuit, coll. Le sens commun, 1980.

—, *Science de la science et réflexivité*, Paris, Raisons d'agir, coll. Cours et travaux, 2001.

BOURDIEU Pierre (dir.), *La Misère du monde*, Paris, Seuil, coll. Points, 2007.

BRETON Révérend Père Raymond, *Dictionnaire caraïbe-français* (1665), Paris, Karthala-IRD, 1999.

BROSSES Charles de, *Histoire des navigations aux terres australes*, 3 vol., Paris, Durand, 1756.

CALLET Père François, *Tantaran' ny Andriana eto Madagasikara : documents historiques d'après les manuscrits malgaches* (1878), 2 vol., Antananarivo, Imprimerie officielle, 1908.

CARREL Alexis, *L'Homme cet inconnu* (1935), Paris, Plon, 1999.

CARREL Alexis : voir Alain DROUARD, *Une inconnue des sciences sociales : la Fondation Alexis Carrel, 1941-1945*, Paris, Éditions MSH, 1992.

CARSTEN Janet, *The Heat of the Hearth. The Process of Kinship in a Malay Fishing Community*, Oxford, Oxford University Press, 1997.

—, « L'Anthropologie de la parenté : au-delà de l'ethnographie ? », ethnographiques.org, n° 11, octobre 2006 [en ligne], http://www.ethnographiques.org/2006/Carsten consulté le 22 janvier 2015.

CÉSAIRE Aimé, *Une tempête*, Paris, Champion-Seuil, coll. Entre les lignes, 2013.

CHAMAYOU Grégoire, *Les Corps vils. Expérimenter sur les êtres humains aux XVIIIe et XIXe siècles*, Paris, La Découverte, coll. Les empêcheurs de penser en rond, 2008.

CHRÉTIEN Jean-Pierre, « Hutu et Tutsi au Rwanda et au Burundi », et Claudine VIDAL, « Situations ethniques au Rwanda », *in* J.-L. AMSELLE et E. M'BOKOLO, *Au cœur de l'ethnie*, Paris, La Découverte, 1985, p. 129-184.

CLASTRES Pierre, *Chronique des Indiens Guyaki* (1972), Paris, Pocket, coll. Terre humaine, 2001.

—, *La Société contre l'État* (1974), Paris, Minuit, 2011.

CLIFFORD James et MARCUS George, *Writing Culture. The Poetics and Politics of Ethnography* (1986), Berkeley-Los Angeles-Londres, University of California Press.

CONDORCET Nicolas de, *Esquisse d'un tableau historique des progrès de l'esprit humain* (1795), Paris, Flammarion, GF, 1998.

CONRAD Joseph, *Un avant-poste du progrès* (1897), Paris, Rivages, 2009.

—, *Au cœur des ténèbres* (1899), Paris, Flammarion, GF, 2012.

CURTIS Edward, *The North American Indian*, Taschen, 2005.

DARWIN Charles, *Voyage d'un naturaliste autour du monde* (1839), Paris, La Découverte, coll. Poche, 2006.

—, *L'Origine des espèces* (1859), Paris, Flammarion, GF, 2008.

—, *La Filiation de l'homme et la sélection liée au sexe* (1871), Patrick Tort (éd.), Paris, Honoré Champion classiques, 2013.

DESCOLA Philippe, *Par-delà nature et culture*, Paris, Gallimard, 2005.

DEVEREUX George, *Psychothérapie d'un Indien des Plaines : réalité et rêve* (1951), Paris, Fayard, 2013.

—, *De l'angoisse à la méthode dans les sciences du comportement* (1967), Paris, Flammarion, coll. Champs, 2012.

DIDEROT Denis, *Supplément au voyage de Bougainville* (1772), Paris, Le Livre de Poche, coll. Libretti, 1995.

DUMONT Louis, *La Tarasque. Essai de description d'un fait local d'un point de vue ethnographique* (1951), Paris, Gallimard, 1987.

—, *Homo hierarchicus. Le système des castes et ses implications*, Paris, Gallimard, coll. Tel, 1979.

—, *Homo aequalis*, Paris, Gallimard, coll. Tel, 2008.

DURKHEIM Emile, *Les Formes élémentaires de la vie religieuse* (1911), Paris, Presses universitaires de France, coll. Quadrige, 2013.

—, *Montesquieu et Rousseau, précurseurs de la sociologie*, Paris, Éditions M. Rivière, 1953.

ÉLIAS Norbert, SCOTSON John L., *Logiques de l'exclusion* (1965), Paris, Fayard, 1997.

ENGELS Friedrich, *L'Origine de la famille, de la propriété privée et de l'État*, Pierre Bonte (éd.), Paris, Éditions sociales, 1983.

EVANS-PRITCHARD sir Edward, *Les Nuer* (1940), Paris, Gallimard, coll. Tel, 1994.

FANON Frantz, *Peau noire, masques blancs* (1952), Paris, Seuil, coll. Points, 1971.

—, *Les Damnés de la terre* (1961), Paris, La Découverte, Poche, 2004.

FORSTER Georg, *A Voyage Round the World* (1777), Nicholas Thomas et Oliver Berghof (éd.), 2 vol., Hawaï, University of Hawaii Press, 2000.

FUSTEL DE COULANGES Numa Denis, *La Cité antique* (1864), préface de François Hartog, Paris, Flammarion, coll. Champs, 1999.
GAGNÉ Natacha, « Le savoir comme enjeu de pouvoir. L'ethnologue critiquée par les autochtones », *in* Alban BENSA et Didier FASSIN, *Les Politiques de l'enquête*, Paris, La Découverte, coll. Recherches, 2008, p. 277-298.
GEERTZ Clifford, *Ici et là-bas. L'anthropologue comme auteur* (traduction de *Works and Lives. The Anthropologist as Author*, Cambridge, Polity Press, 1988), Paris, Métailié, 1996.
GLUCKMAN Max, « Analyse d'une situation sociale dans le Zoulouland moderne (The Bridge, 1940) », présenté par B. de L'Estoile, *Genèses*, 72, sept. 2008, p. 118-125.
GOBINEAU Arthur de, *Essai sur l'inégalité des races humaines* (1855), Hubert Juin (éd.), Paris, Pierre Belfond, 1967.
GOBINEAU Arthur de : voir Janine BUENZOD, *La Formation de la pensée de Gobineau*, Paris, Nizet, 1967.
GOBINEAU Arthur de : voir Pitirim A. SOROKIN, « Anthropo-Racial, Selectionist, and Hereditarist School », chap. 5, *Contemporary Sociological Theories*, Oxford, Harper, 1928, p. 219-308.
GODELIER Maurice, *La Production des grands hommes. Pouvoir et domination masculine chez les Baruya de Nouvelle-Guinée*, Paris, Fayard, 1982.
Grammaire de Port-Royal (1660) : Antoine ARNAULD, Claude LANCELOT, *Grammaire générale et raisonnée dite*, Paris, Éditions Allia, 2010.
GRÉGOIRE Abbé Henri, *De la littérature des nègres*, Jean Lessay (éd.), Paris, Perrin, 1990.
—, *De la traite et de l'esclavage des noirs* (1815), précédé d'un discours d'Aimé Césaire, Paris, Arléa, 2005.
GRÉGOIRE Abbé Henri : voir Alyssa SEPINWALL, L'Abbé Grégoire et la Révolution française. Les origines de l'universalisme moderne, Rennes, Éditions Les Perséides, 2008.
GRIAULE Marcel, *Dieu d'eau. Entretiens avec Ogotemmêli* (1948), Paris, Fayard, 1997.
GRIMM Jacob et Wilhelm, *Contes*, Marthe Robert (éd.), Paris, Gallimard, coll. Folio, 1976.

HADDON Alfred Cort (éd.), *Reports of the Cambridge Anthropological Expedition to Torres Straits*, Cambridge, Cambridge University Press, 1901.

HÉRODOTE, *L'Enquête*, Andrée Barguet (éd.), 2 vol, Paris, Gallimard, coll. Folio, 1985.

HERTZ Robert, *Sociologie religieuse et anthropologie. Deux enquêtes de terrain 1912-1915*, Paris, Presses universitaires de France, coll. Quadrige, 2015.

HOBSBAWM Eric, RANGER Terence (dir.), *L'Invention de la tradition* (1983), Paris, Éditions Amsterdam, 2012.

HUBERT Henri, MAUSS Marcel, « Esquisse d'une théorie générale de la magie (1902) », *in* Marcel MAUSS, *Sociologie et anthropologie*, Paris, Presses universitaires de France, 1950, p. 1-141.

—, « Essai sur la nature et la fonction du sacrifice (1899) », *in* Marcel MAUSS, *Œuvres*, t. I. *Les fonctions sociales du sacré*, Victor Karady (éd.), Paris, Minuit, 1968, p. 193-307.

Human Relations Area Files : voir Carol R. EMBER and Melvin EMBER, *Human Relations Area Files Collection of Ethnography. A Basic Guide to Cross-Cutural Research*, New Haven, Yale University, 2013.

HUMBERT Agnès, *Notre guerre. Journal de résistance, 1940-1945*, Paris, Seuil, coll. Points, 2010.

HUMBOLDT Alexandre von, *L'Amérique espagnole vue par un savant allemand*, Jean Tulard (éd.), Paris, Calmann-Lévy, 1965.

HUMBOLDT Wilhelm von, *Sur le caractère national des langues et autres écrits sur le langage*, Denis Thouard (éd.), Paris, Seuil, coll. Points, 2000.

IBN BATTÛTA, *Voyages et périples choisis*, Paule Charles-Dominique (éd.), Paris, Gallimard, 1992.

IBN KHALDÛN, *Discours sur l'Histoire universelle. Al-Muqaddima*, Vincent Monteil (éd.), Arles, Actes Sud, coll. Thesaurus, 2000.

—, *Le Voyage d'Occident et d'Orient : autobiographie*, Abdesselam Cheddadi (éd.), Paris, Sindbad, 1980.

—, *Le Livre des exemples*, Abdesselam Cheddadi (éd.), 2 vol., Paris, Gallimard, Bibliothèque de la Pléiade, 2002 (vol. 1), 2012 (vol. 2).

IBN KHALDÛN, voir Yves LACOSTE, *Ibn Khaldoun. Naissance de l'Histoire, passé du tiers-monde*, Paris, La Découverte, Poche, 1998.

LACOSTE-DUJARDIN Camille, *Opération Oiseau bleu. Des Kabyles, des ethnologues et la guerre d'Algérie*, Paris, La Découverte, 1997.

LAFITAU Joseph-François, *Mœurs des Sauvages américains comparées aux mœurs des premiers temps* (1724), 2 vol., Paris, Maspero, 1982.

LAS CASAS Bartolomé de, *Très brève relation de la destruction des Indes* (1579), Paris, Fayard, coll. Mille et une nuits, 1999-2006.

LEENHARDT Maurice, *Do kamo, la personne et le mythe dans le monde mélanésien* (1947), Paris, Gallimard, coll. Tel, 2005.

LEENHARDT Maurice, voir James CLIFFORD, *Maurice Leenhardt. Personne et mythe en Nouvelle-Calédonie*, Paris, Éditions Jean-Michel Place, 1987.

LEIRIS Michel, *L'Afrique fantôme* (1934), Paris, Gallimard, coll. Tel, 1988.

—, « L'ethnographe devant le colonialisme », Les temps modernes, n° 58, 1950, p. 357-374 (repris dans *Cinq études d'ethnologie*, Paris, Gallimard, coll. Tel, 1988).

LÉON L'AFRICAIN : voir François POUILLON, avec la collaboration d'Alain MESSAOUDI, Dietrich RAUSCHENBERGER et Oumelbanine ZHIRI, *Léon l'Africain*, Paris, IISMM-Karthala, coll. Terres et gens d'islam, 2009.

LÉON L'AFRICAIN : voir Louis MASSIGNON, *Le Maroc dans les premières années du XVIe siècle. Tableau géographique d'après Léon l'Africain* (1906), Rabat, Bibliothèque nationale du Royaume du Maroc, 2006.

LÉON L'AFRICAIN : voir Natalie Zemon DAVIS, *Léon l'Africain, un voyageur entre deux mondes*, Paris, Payot & Rivages, 2007.

LÉRY Jean de, *Histoire d'un voyage faict en la terre du Brésil* (1578), Franck Lestringant (éd.), Paris, Le Livre de Poche, 1994.

LEVI Primo, *Si c'est un homme*, Paris, Pocket, 1988.

LÉVI-STRAUSS Claude, *Introduction à l'œuvre de Marcel Mauss* (1950), Paris, Presses universitaires de France, coll. Quadrige, 2012.
—, *Race et histoire*, Jean-Baptiste Scherrer (éd.), Paris, Gallimard, coll. Folio, 2007.
—, *Tristes Tropiques*, Paris, Pocket, coll. Terre humaine, 2001.
—, *Le Regard éloigné*, Paris, Plon, 1983.
LÉVY-BRUHL Lucien, *La Mentalité primitive* (1922), Paris, Flammarion, coll. Champs, 2010.
MAGET Marcel, *Guide d'étude directe des comportements culturels*, Paris, CNRS, 1953.
Mahabharata, Madeleine Biardeau et Jean-Michel Peterfalvi *(éd.)*, 2 vol., Paris, Flammarion, coll. « GF », 1993.
MALINOWSKI Bronisław, *Les Argonautes du Pacifique occidental* (1922), Paris, Gallimard, coll. Tel, 1989.
—, *Journal d'ethnographe* (1967), Remo Guidieri (éd.), Paris, Seuil, 1985.
MALTHUS Thomas, *Essai sur le principe de population* (1798), Jean-Paul Maréchal (éd.), Paris, Flammarion, GF, 1992.
MARCO POLO, *La Description du monde*, Pierre-Yves Badel (éd.), Paris, Le Livre de Poche, coll. Lettres gothiques, 1998.
MARCUS George, « L'ethnographie du/dans le système-monde. Ethnographie multi-située et processus de globalisation », *in* Daniel CEFAÏ (dir.), *L'Engagement ethnographique*, Paris, Éditions de l'EHESS, 2010.
MARTIN Emily, *The Woman in the Body* (1987), Boston, Beacon Press, 2001.
MAUSS Marcel, *Essai sur le don : forme et raison de l'échange dans les sociétés archaïques* (1924-25), Florence Weber (éd.), Paris, Presses universitaires de France, coll. Quadrige, 2012.
—, « Les techniques du corps (1936), *in* Marcel MAUSS, *Sociologie et anthropologie* (1950), Paris, Presses universitaires de France, coll. Quadrige, 2013.
MEAD Margaret, *Mœurs et sexualité en Océanie* (1928 : *Coming of Age in Samoa*), Paris, Pocket, coll. Terre humaine, 2001 (1973).
MEAD Margaret : voir Derek FREEMAN, *Margaret Mead and Samoa : the making and unmaking of an anthropological myth*, Cambridge-Londres, Harvard University Press, 1983.

MEILLASSOUX Claude, *Anthropologie économique des Gouro de Côte d'Ivoire : de l'économie de subsistance à l'agriculture commerciale*, Paris, Mouton, 1964.
—, *Femmes, greniers et capitaux*, Paris, Maspero, 1975.
MICHELET Jules, *Le Tableau de la France* (1875), Georges Duby (éd.), Bruxelles, Éditions Complexe, 1995.
MONTAIGNE Michel de, *Des cannibales* (1595), Séverine Auffret et Jérôme Vérain (éd.), Paris, Fayard, coll. Mille et une nuits, 2000.
MONTANDON George, *L'Ologenèse cuturelle*, Paris, Payot, 1934.
MONTANDON George : voir BACH Raymond, « L'identification des Juifs : l'héritage de l'exposition de 1941, "Le Juif et la France" », *Revue d'histoire de la Shoah*, n° 173, 2001, p. 171-191.
MORGAN Lewis Henry, *La Société archaïque*, Raoul Makarius (éd.), Paris, Anthropos, 1971.
NEEDHAM Rodney, « The Future of Anthropology : Disintegration or Metamorphosis ? », *in* P. E. de JOSSELIN DE JONG (éd.), *Anniversary Contributions to Anthropology*, Leiden, Brill, p. 34-47.
Notes and Queries on Anthropology (1874), Royal Anthropological Institution of Great Britain and Ireland, 6e éd., Londres, Routlege and Kegan, 1951.
POMA DE AYALA Felipe Guaman, *Nueva Coronica y Buen Gobierno* (1615), édition fac-similé, Paris, Institut d'Ethnologie, 1936. Bibliothèque royale du Danemark, version en ligne : http://www.kb.dk/permalink/2006/poma/info/es/frontpage.htm.
PROPP Vladimir, *Morphologie du conte* (1928), Paris, Seuil, coll. Points, 1970.
RAPP Rayna, *Testing Women, Testing the Fœtus. The Social Impact of Amniocentesis in America*, Londres, Routledge, 2004.
REDFIELD Robert, *Tepoztlan, A Mexican Village : A Study of Folk Life*, Chicago, University of Chicago Press, 1930.
REDFIELD Robert : voir LEWIS Oscar, *Life in a Mexican Village : Tepoztlan Restudied*, Urbana, University of Illinois Press, 1951.

REDFIELD Robert : voir RIGDON Susan M., *The Culture Facade : Art, Science, and Politics in the Work of Lewis*, Urbana, University of Illinois Press, 1988.

ROSENTAL Paul-André, *L'Intelligence démographique. Sciences et politiques des populations en France 1930-1960*, Paris, Odile Jacob, 2003.

ROY Olivier, *Afghanistan, Islam et modernité politique*, Paris, Seuil, 1985.

RUBROUCK Guillaume de, *Voyage dans l'empire mongol*, Claude et René Kappler (éd.), Paris, Payot, 1985 (rééd. Imprimerie nationale, 2007).

SAHAGUN Bernardo de, *Historia general de las cosas de nueva España*, Codex florentin (1558-1577) : extraits dans *The World of the Aztecs in the Florentine Codex*, Florence, Biblioteca Medicea Laurenziana, Mandragora, 2007.

SAHLINS Marshall, *Âge de pierre, âge d'abondance. L'économie des sociétés primitives* (1974), Paris, Gallimard, 1976.

SAYAD Abdelmalek, *La Double Absence. Des illusions de l'émigré aux souffrances de l'immigré*, Paris, Seuil, coll. Liber, 1999.

SCHNEIDER David M., *American Kinship : A Cultural Account* (1968), Chicago, University of Chicago Press, 1980.

—, *A Critique of the Study of Kinship*, Ann Arbor, University of Michigan Press, 1984.

SHAKESPEARE William, *La Tempête*, Yves Bonnefoy (éd.), Paris, Gallimard, coll. Folio, 1997.

SPENCER Walter Baldwin, GILLEN Francis James, *The Native Tribes of Central Australia*, Londres, Macmillan, 1899. Voir la collection issue de l'expédition Spencer and Gillen au Museum Victoria sous le titre *A Journey Through Aboriginal Australia* : http://spencerandgillen.net/.

THÉVET André, *Les Singularités de la France antarctique* (1557), Frank Lestringant (éd.), Paris, Chandeigne, 1997.

TILLION Germaine, *Le Harem et les cousins* (1966), Paris, Seuil, coll. Points, 1982.

—, *Fragments de vie*, Tzvetan Todorov (éd.), Paris, Seuil, 2009.

TYLOR Edward Burnett, *La Civilisation primitive*, Paris, C. Reinwald et Cie, 1876-1878.

VAN GENNEP Arnold, *Manuel de folklore français contemporain*, 10 vol., Paris, Picard, 1988.

VOLNEY, *Voyage en Syrie et en Égypte* (1787), in *Œuvres*, t. III, Paris, Fayard, 1998.

—, « Leçons », *in* Daniel Nordman (éd.), *L'École normale de l'an III. Leçons d'histoire, de géographie, d'économie politique*, Paris, Dunod, 1994, p. 25-135.

—, *Observations générales sur les Indiens d'Amérique du Nord* (1803), suivi de *Les Ruines* (1791) et *La Loi naturelle* (1793), Paris, Éditions CODA, 2009.

WEINER Annette, *La Richesse des femmes ou comment l'esprit vient aux hommes* (1977), Paris, Seuil, 1983.

进一步阅读书目

对人类科学的历史的当代研究充满活力。然而，致力于社会人类学历史的法语专著却很老旧，这是因为近年来用英语写成的综述没有被翻译过来。以下我们会看到，针对每一章，都有最为重要的研究，它们被先按时期后按出版年份排列。

总论

MERCIER Paul, *Histoire de l'anthropologie*, Paris, Presses universitaires de France, 1966.

POIRIER Jean (dir.), *Ethnologie générale*, Paris, Gallimard, Bibliothèque de la Pléiade, 1968.

KUPER Adam, *L'Anthropologie britannique au XXe siècle* (1973), Paris, Karthala, 2000.

STOCKING George (éd.), *Observers Observed. Essays on Ethnographic Fieldwork*, Madison, The University of Wisconsin Press, 1983.

SCHULTE-TENCKHOFF Isabelle, *La Vue portée au loin. Une histoire de la pensée anthropologique*, Lausanne, Éditions d'En-bas, 1985.

DESCOLA Philippe *et alii*, *Les Idées de l'anthropologie*, Paris, Armand Colin, 1988.

BARTH Fredrik *et alii*, *One Discipline, Four Ways*, Chicago, Chicago University Press, 2005.

KUKLICK Henrika, *A New History of Anthropology*, Londres, Blackwell, 2008.

JACOB Christian (dir.), *Lieux de savoir.* Vol. 1, *Espaces et communautés*, Paris, Albin Michel, 2007. Vol. 2, *Les Mains de l'intellect*, Paris, Albin Michel, 2011.

SCHLANGER Nathan et TAYLOR Anne-Christine, *La Préhistoire des autres. Perspectives archéologiques et anthropologiques*, Paris, La Découverte, 2012.

DUFRÊNE Thierry, TAYLOR Anne-Christine, *Cannibalismes disciplinaires. Quand l'histoire de l'art et l'anthropologie se rencontrent*, Paris, Musée du quai Branly-INHA, 2010.

第一章　在欧洲霸权之前

古代希腊

MOMIGLIANO Arnaldo, *Sagesses barbares* (1976), Paris, Gallimard, 1979.

—, *Les Fondations du savoir historique* (1990), Paris, Les Belles Lettres, 1992.

JACOB Christian, *Géographie et ethnographie en Grèce ancienne*, Paris, Armand Colin, 1991.

中世纪

MOLLAT DU JOURDIN Michel, *Les Explorateurs du XIIIe au XVIe siècle. Premiers regards sur des mondes nouveaux*, Paris, Jean-Claude Lattès, 1984.

ABU-LUGHOD Janet, *Before European Hegemony : The World System A.D. 1250-1350*, Oxford, Oxford University Press, 1991.

BENTLEY Jerry H., *Old World Encounters : Cross-Cultural Contacts and Exchanges in Pre-modern Times*, Oxford, Oxford University Press, 1993.

POMIAN Krzysztof, *Ibn Khaldûn au prisme de l'Occident*, Paris, Gallimard, 2006.

第二章　美洲的发现

HOGDEN Margaret, *Early Anthropology in the Sixteenth and Seventeenth Centuries*, Philadelphie, University of Pennsylvania Press, 1964.

WACHTEL Nathan, *La Vision des vaincus. Les Indiens du Pérou devant la Conquête espagnole. 1530-1570*, Paris, Gallimard, 1971.

ZINN Howard, *Une histoire populaire des États-Unis de 1492 à nos jours* (1980), Marseille, Agone, Montréal, Lux, 2002, chap. 1, « Christophe Colomb, les Indiens et le progrès de l'humanité ».

TODOROV Tzvetan, *La Conquête de l'Amérique. La question de l'autre*, Paris, Seuil, 1982.

TAYLOR Anne-Christine, « L'Américanisme tropical, une frontière fossile de l'ethnologie ? », *in* Britta RUPP-EISENREICH (dir.), *Histoires de l'anthropologie (XVIe-XIXe siècles)*, Paris, Klincksieck, 1984, p. 213-233.

第三章　求知的意志

FOUCAULT Michel, *Les Mots et les choses*, Paris, Gallimard, 1966.

RUPP-EISENREICH Britta, « Aux "origines" de la Völkerkunde allemande : de la Statistik à l'anthropologie de Georg Forster », *in* Britta RUPP-EISENREICH (dir.), *Histoires de l'anthropologie (XVIe-XIXe siècles)*, Paris, Klincksieck, 1984, p. 89-115.

BLANCKAERT Claude, « L'anthropologie en France, le mot et l'histoire (XVIe-XIXe siècles) », *Bulletins et Mémoires de la Société d'anthropologie de Paris*, nouvelle série. T. I, fascicule 3-4, 1989, p. 13-43.

HEILBRON Johan, *Naissance de la sociologie*, Marseille, Agone, 2006 (1990).

SAHLINS Marshall, *How "Natives" Think : About Captain Cook, For Example*, Chicago, University of Chicago Press, 1995.

DOIRON Normand, *L'Art de voyager. Le déplacement à l'âge classique*, Sainte-Foy, université de Laval, Paris, Klincksieck, 1995.

DERLON Brigitte, « Souvenirs des mers du Sud. Clichés anciens et controverses anthropologiques », *in* Alain MAHÉ et Kmar BENDANA, *Savoirs du lointain et sciences sociales*, Paris, Éditions Bouchêne, 2004, p. 209-235.

RUIU Adina, *Les Récits de voyage aux pays froids au XVIIe siècle. De l'expérience du voyageur à l'expérimentation scientifique*, Montréal, UQAM, 2007.

« Voyageuses », *Clio*, n° 28, 2008.

第四章 一种欧洲的人类学是可能的吗?

KANT Emmanuel, FOUCAULT Michel, *Anthropologie d'un point de vue pragmatique*, 1797 (traduit par Michel Foucault, avec une introduction de Michel Foucault, « Genèse et structure de l'anthropologie de Kant », 1961), Paris, Vrin, 2008.

MAGET Marcel, « Problèmes d'ethnographie européenne », *in* Jean POIRIER (éd.), *Ethnologie générale*, Paris, Gallimard, Bibliothèque de la Pléiade, 1968, p. 1247-1338.

COPANS Jean, JAMIN Jean (éd.), *Aux origines de l'anthropologie française. Les mémoires de la Société des observateurs de l'homme en l'an VIII*, Paris, Le Sycomore, 1978.

AUROUX Sylvain, « Linguistique et anthropologie en France (1600-1900) », *in* Britta RUPP-EISENREICH (dir.), *Histoires de l'anthropologie (XVIe-XIXe siècles)*, Paris, Klincksieck, 1984, p. 291-318.

BOURGUET Marie-Noëlle, « Des préfets aux champs. Une ethnographie administrative de la France en 1800 », *in* Britta RUPP-EISENREICH (dir.), *Histoires de l'anthropologie (XVIe-XIXe siècles)*, Paris, Klincksieck, 1984, p. 259-272.

AUROUX Sylvain, *Histoire des idées linguistiques*, t. I : *La naissance des métalangages en Orient et en Occident*, Liège, Mardaga, 1989 (pour la controverse Renan et Broca contre Chavée et Pictet : p. 292 *sq*.).

POLIAKOV Léon, *Le Mythe aryen : Essai sur les sources du racisme et des nationalismes*, Paris, Calmann-Lévy, 1994.

DAUGERON Bertrand, *Collections naturalistes entre sciences et empires (1763-1804)*, Paris, Éditions du Muséum national d'histoire naturelle, 2010.

DEMOULE Jean-Paul, *Mais où sont passés les Indo-Européens ? Le mythe d'origine de l'Occident*, Paris, Seuil, coll. Librairie du XXIe siècle, 2014.

第五章　从颅骨到文化

GOULD Stephen Jay, *La Mal-Mesure de l'homme* (1981), Paris, Odile Jacob, 1997.

RENNEVILLE Marc, *Le Langage des crânes. Une histoire de la phrénologie*, Paris, Les Empêcheurs de penser en rond, 2000.

VIROLE Benoît, *Le Voyage intérieur de Charles Darwin. Essai sur la genèse psychologique d'une œuvre scientifique*, Paris, Éditions des Archives contemporaines, 2000.

FABIAN Johannes, *Out of Our Mind : Reason and Madness in the Exploration of Central Africa*, Berkeley-Los Angeles-Londres, University of California Press, 2002.

TRAUTMANN-WALLER Céline (dir.), *Quand Berlin pensait les peuples. Anthropologie, ethnologie et psychologie (1850-1890)*, Paris, CNRS Éditions, 2004.

« L'Anthropologie allemande entre philosophie et sciences, des Lumières aux années 1930 », *Revue germanique internationale*, n° 10, 2009.

RAULIN Anne, « Sur la vie et le temps de Lewis Henry Morgan », *L'Homme*, 195-196, 2010, p. 225-246.

TAYLOR Anne-Christine, « Les modèles d'intelligibilité de l'histoire », *in* Philippe DESCOLA, Gérard LENCLUD, Carlo SEVERI, Anne-Christine TAYLOR, *Les idées de l'anthropologie*, Paris, Armand Colin, 1988, p. 151-192.

第六章　社会人类学的黄金时代

BOURDIEU Pierre, CHAMBOREDON Jean-Claude, PASSERON Jean-Claude, *Le Métier de sociologue. Préalables épistémologiques*, Paris, Mouton, 1968.

ASAD Talal, *Anthropology and the Colonial Encounter*, Londres, Ithaca Press, 1973.

CHAMBOREDON Jean-Claude, « Émile Durkheim : le social objet de science. Du moral au politique ? », *Critique*, 1984, n° 445-446, p. 485-537.

PRICE Sally, *Arts primitifs ; regards civilisés* (1989), Paris, École nationale supérieure des beaux-arts de Paris, 2012.

GRIGNON Claude, PASSERON Jean-Claude, *Le Savant et le populaire. Misérabilisme et populisme en sociologie et en littérature*, Paris, Gallimard-Seuil, 1989.

THOMAS Nick, *Colonialism's Culture : Anthropology, Travel and Government*, Princeton, Princeton University Press, 1994.

GIDLEY Mick, *Edward S. Curtis and the North American Indian, Incorporated*, Cambridge, Cambridge University Press, 1998.

L'ESTOILE Benoît de, *Le Goût des autres. De l'exposition coloniale aux arts premiers*, Paris, Flammarion, 2007.

LAURIÈRE Christine, *Paul Rivet, le savant et le politique*, Paris, Éditions du Muséum national d'histoire naturelle, 2008.

DEBAENE Vincent, *L'Adieu au voyage. L'ethnologie française entre science et littérature*, Paris, Gallimard, 2010.

第七章　处于风暴中的学者们

BAUSINGER Hermann, *Volkskunde ou l'ethnologie allemande. De la recherche sur l'Antiquité à l'analyse culturelle* (1971), Paris, MSH, 1993.

FAURE Christian, *Le Projet culturel de Vichy. Folklore et révolution nationale, 1940-1944*, Lyon, Presses universitaires de Lyon, 1989.

MAGET Marcel, « À propos du musée des Arts et Traditions populaires. De sa création à la Libération (1935-1944) », *Genèses*, n° 10, 1993, p. 90-107.

BLANC Julien, *Au commencement de la Résistance. Du côté du musée de l'Homme, 1940-1941*, Paris, Seuil, 2010.

RIVRON Vassili, « Un point de vue indigène ? Archives de l'"expédition Lévi-Strauss" », *L'Homme*, 2003/1, n° 165, p. 301-307.

SACRISTE Fabien, *Germaine Tillion, Jacques Berque, Jean Servier et Pierre Bourdieu. Des ethnologues dans la guerre d'indépendance algérienne*, Paris, L'Harmattan, 2011.

CORNATON Michel, « Ethnologues au temps de la guerre d'Algérie. 23 décembre 2013 », en ligne http://www.algerie-patriotique.com/Bibliotheque, consulté le 16 mars 2014.

第八章　危机与复兴

BOURDIEU Pierre, *Le Bal des célibataires* (1962, 1972, 1977), Paris, Seuil, 2002.

BARTH Fredrik, « Les groupes ethniques et leurs frontières » (1969), *in* Philippe POUTIGNAT et Jocelyne STREIFF-FENART, *Théories de l'ethnicité*, Paris, PUF, 1995, p. 203-249.

GEERTZ Clifford, « La description dense. Vers une théorie interprétative de la culture » (1973), *Enquête* n° 6, 1998.

FAVRET-SAADA Jeanne, *Les Mots, la mort, les sorts. La sorcellerie dans le Bocage*, Paris, Gallimard, Tel, 1977.

SAID Edward, *L'Orientalisme. L'Orient créé par l'Occident* (1978), Paris, Seuil, 2005.

HUMPHREY Caroline, *Karl Marx Collective : Economy, Society and Religion in a Siberian Collective Farm*, 1983 (réédité en 1998 sous le titre *Marx Went Away – But Karl Stayed Behind*), Cambridge, Cambridge University Press.

SCHWARTZ Olivier, « L'empirisme irréductible » (1993), postface à Nels ANDERSON. *Le Hobo. Sociologie du sans-abri*, Paris, Colin, 2011.

LATOUR Bruno, *Nous n'avons jamais été modernes*, Paris, La Découverte, 1997.
BEAUD Stéphane, AMRANI Younes, *Pays de malheur ! Un jeune de cité écrit à un sociologue*, Paris, La Découverte, 2004.
VIVEIROS DE CASTRO Eduardo, *Métaphysiques cannibales. Lignes d'anthropologie post-structurale*, Paris, PUF, 2009.
COROUGE Christian, PIALOUX Michel, *Résister à la chaîne : dialogue entre un ouvrier de Peugeot et un sociologue*, Marseille, Agone, 2011.

索引

（本索引所标页码为法文版页码，即中译本边码）

致谢

这本书的写作计划开始于很久之前与索菲·贝兰（Sophie Berlin）和克洛蒂尔德·梅耶尔（Clotilde Meyer）的一场愉快的会面，当时我们决定对人类学学科的历史进行考察。这本书的完成要归功于拉罗谢尔（la Rochère）的塞西尔·迪泰伊（Cécile Dutheil），我有幸逐渐说服她，人类学在西方的历史不仅具有悲剧特征，还有着欧洲之外的根源；而她也通过对我的不自洽和不确定之处逼问到底，帮助我摆脱了“白人的扶手椅”。

在接近四年的写作中，我受益于来自同事、朋友和学生的众多讨论。我想在此特别感谢埃丝特勒·乌多（Estelle Oudot）作为古希腊研究者的热情，达尼埃尔·珀蒂（Daniel Petit）在印欧语言学史上给我的启迪，埃马纽埃尔·苏赖克（Emmanuel Szurek）与露西·马里尼亚克（Lucie Marignac）在我泄气时珍贵的支持，纳坦·施朗热（Nathan Schlanger）与我分享他渊博的学识，伯努瓦·德·莱斯图瓦勒（Benoît de l'Estoile）长期的陪伴，克里斯蒂安·博德洛（Christian Baudelot）和埃里克·布里安（Eric Brian）对我作为人类学史专家才能的信任，让－罗伯特·当图（Jean-Robert Dantou）与我对摄影学与人类学之间共同历史的发现，埃朗·赫兹（Ellen Hertz）、费伊·金斯堡（Faye Ginsburg）和雷娜·拉普关于法国在人类学史上地位的简短却丰富的交谈。

我要非常感谢学校给我提供的工作条件，我曾在高等师范学院的讨论课上，分析过欧洲霸权之前的人类学这一部分，后来又分析过关于19世纪到20世纪的颅骨和大脑这一部分内容。严肃而开放的听众对此产生的极大兴趣，促使我不断深入探讨。自2011年起成立的TransferS团队，构建了一个非常高质量的学术环境，尤其是在2011年举办的博厄斯学术研讨会上，我得以向听众介绍乔治·亨特这位人物，他是本土的民族志学者，我还介绍了他与人类学家博厄斯，以及摄影师柯蒂斯之间的经济关系。

最后我要感谢索莱纳·比约（Solène Billaud）最终的审读和鼓励，德尼·维达尔－纳凯（Denis Vidal-Naquet）和玛丽－保罗·拉费（Marie-Paule Laffay）充满友情与永恒的责任感，多米尼克（Dominique）与我在那几顿不可思议的早餐上一起讨论达尔文和爱因斯坦，以及我的孩子们及其朋友，他们虽然远离学术再生产，但在我的眼中，他们代表的是一群面对古老人类科学的理想读者，而这在今天比以往要更为必要。

面向中国读者的访谈

译者按：为了让中国读者对本书内容有更为深入的理解和思考，弗洛朗斯·韦伯教授在本书中文版即将面世之际，特别接受了邢婧越博士的访谈。在访谈中，韦伯教授不仅对法文原版中重要的主题做了进一步阐述，还从法国人类学的角度对中国人类学提出了独到的看法。现征得韦伯教授同意，特将访谈全文译出，以飨读者。

主题一：人类学、民族学与民族志：术语与分工

问：作为开始，我想向您提一个关于您的研究中所使用术语的中文翻译的问题。在欧洲人类学史的背景下，您是如何区分人类学、民族学与民族志的？之所以提这个问题，是因为在中国，与人类学与民族志相关的术语存在争议。对于许多中国学者们来说，上述两个术语几乎是同义词。我们非常感兴趣您在这一方面向中国读者提出的看法。

答：这也是我的立场。对我来说，民族志、民族学以及社会与文化人类学是同义词。我从来没有接受过自1950年以来，法国人类学中的一种经典的立场。在这一阶序化的立场中，经验处于底层，经验就是民族志；部分的理论化是民族学，它处于上层；人类学则是普遍的理论化，它统摄美国人称之为社会与文化人类学的所有系统。这种阶序化与法国的智识体系有关，即认为贵族意义上的人类学是哲学的一个分支，并且唯有哲学能够组织经验的系统（民族志）和部分的理论化（民族学），而这种理论化的对象都来自非西方社会（这也正是1950年在法国推广使用的对人类学的定义，它至今仍具支配性）。

问：这种阶序化不仅是观念上的。它同样也与人类学家、民族学家和民族志学者纵向上的分工有关。您可以给我们举出一个具体的例子吗？

答：我可以给出博厄斯的例子（参见本书第六章的“博厄斯：从柏林到纽约”一节）。博厄斯动身前往田野，与乔治·亨特一起研究夸富宴，但是由乔治·亨特向他提供所有类型的记叙和描述，以及与参加夸富宴相关人员的资料。博厄斯与亨特共同署名了出版物，它是在博厄斯指导下由亨特搜集和翻译的记述。博厄斯称乔治·亨特是一个“民族志学者”，而亨特的后代则称亨特是一个“民族学家”。当博厄斯在整体上出版关于美洲印第安人文化的著作时，他所从事的才是民族学。当他从理论的角度讨论语言、种族和文化之间的关系时，他所从事的则是人类学。

问：那么殖民地国家的“本土”学者很少进行理论化吗？

答：正是如此。他们大多从事民族志，这几乎是全部的情况。他们极少进行民族学理论的构建。

问：您提及在法国的语境下，人类学家、民族学家与民族志学者之间纵向的分工仅在1950至1990年间确立。那么确切地说为何是在这一时期，建立了如此的分工呢？

答：实话说，直到1930年，法国的人类学家们都很少前往远方的田野。他们使用军队和传教士的工作成果，并且试图培养土著去从事民族志。民族学直到1925年起才被视为是科学的学科。第一批“大型考察”开始于20世纪30年代。在第二次世界大战期间，民族学差一点不复存在：年轻人们因战争入狱，加入抵抗运动，流亡美国，留下来的则因为附敌而身败名裂。20世纪50年代标志着真正的复兴，其中列维－斯特劳斯支持上述的分工（参见第七章的“大分裂”一节），而亲近非洲独立运动斗士的乔治·巴朗迪埃，则拒绝上述的分工，并且他自称是撒哈拉以南非洲的“社会学家”。其他研究非洲的人类学家们（例如我的老师热拉尔·阿塔伯）试图将殖民地的人们纳入到研究中来，不过是以一种最低的视角。这与去殖民化的历史有关（参见第七章的“去殖民化”一节）。这是这样一个时刻：原本出身自战争中作为抵抗者和英雄的一代人，进入殖民地之后，却发现他们自己变成了坏人。他们竭尽全力去尝试改革，并且不是将殖民地纳入帝国，而是使其拥有公民资格……我们有了一个给民族志学者一席之地的模式，但所给的却是一个从属的地位。

主题二：社会与文化人类学的认识论公设

问：您所说的关于人类学、民族学与民族志之间的阶序，实际上可以回归到人类学的认识论公设……

答：的确如此。所谓哲学是学科女王，以及所谓社会与文化人类学局限于非西方世界的事实，正是我以科学的方式去反抗的两个立场。

这首先是因为我所从事的人类学，也就是社会与文化人类学，完全是一门社会科学，即一门关于社会的科学，也就是说，它自主于哲学，就像社会学在19世纪和20世纪之交时经由涂尔干学派而自主于哲学那样。从这个角度上讲，我完全是站在涂尔干的立场上，社会学和社会与文化人类学，都是源自哲学的社会科学，但是它们相较于哲学，已经获得了自主性。这并不是说我们不需要哲学的思辨，而是说这种自主性，具体来讲就是以经验研究至上。经验性是首要的。民族志，并非是民族学的仆人，就像民族学不是人类学的仆人那样，而是一种经验基础，从这种经验基础中，我们可以构建或多或少充满雄心的理论模型，但这种理论模型一定是来自经验研究的：这正是我们在科学中所称的归纳法。很明显，在所有关于社会的科学中，民族志并非唯一的经验研究，同样还有对统计数字、档案与文献的研究。对我来说，我们都处在这样一个社会科学的阶段，那就是理论的构建必须考虑到经验的结果。之后，我们还能达到另一个阶段：经验的结果必须用来检验理论的构建，这就是"理论假设-归纳"的阶段。这虽然是研究的另一个时段，但对我而言，必须从归纳的时段开始。这就是我作为我所在学科的参与者，所持有的认识论上的观点。

其次，这里同样有一个我一开始就提及的问题：在法国，先是在20世纪20年代至30年代的人类学黄金年代之后，接着在欧洲与纳粹相关的灾难之后，从50年代起，社会与文化人类学自我重新定义为一门对非西方社会的科学。这一定义在列维-

斯特劳斯的研究中根深蒂固，我们随后又将这种定义投射到我们这门科学的过去。但事实上，自19世纪起，人类学在欧洲同时是以研究欧洲的人类学与研究世界其余地方的人类学进行建构的。在50年代之前的欧洲，不曾有一种分隔的方式去说，社会与文化人类学只是一门对世界其余地方的研究。这也正是我试图在本书中论述的。研究欧洲的社会与文化人类学的极端重要性，在法国至少从1800年就伴随着行政长官们的工作开始了（参见第四章；亦可参见布尔盖［Bourguet］，1984），在德国伴随着德国浪漫主义，在意大利伴随着对意大利民间文化的研究，在整个北欧和东欧则伴随着对民族文化的研究。

欧洲的人类学在1848年之后就致力于建构民族身份。在法国，国民身份在非常早的时候就建构了，那是在16世纪的亨利四世时期。法国大革命又把共和国的科学纳入到对人口的管理中去。革命的国家将共和国的人员派往旧体制的行省，他们负责去理解那里人们的精神状态。1800年的调查实际上就是国家工作的起点，这种国家工作延续至今，去核实人们的精神状态，此外还是为了理解和分析不同地方社会和人口运动的根本工作。显然，那时社会学并不存在，因为那是1800年。不过，这是一种正在自我生成的治理的科学，它将在19世纪末毫无区别地成为人类学与社会学、民族志与统计学。上述两者确实只是从1950年起才相互区分。

上面说的是第一个起点。另外还有第二个起点，它与剩下的世界有关，我们有时称之为“异域风情的”人类学，或者他者的人类学。同样在这里，我确认我的观点是常以法国为中心的。1800 年，最大的殖民力量来自大英帝国。16 世纪，则是西班牙、葡萄牙和意大利，以及荷兰等国。从殖民化的视角看，法国最初是彻底的“失败者”。它卖掉了路易斯安那，丢掉了魁北克，又丢掉了墨西哥。法国曾抵达过巴西，却在 15 天后就离开了那里。

简而言之，在 1830 年之前，法国从来就不是一个殖民强权。1800 年，法国派遣了博丹远航前往澳大利亚。在那里一度是法国科学的顶峰：在博丹的远航中，我们派遣了最好的语言学家、最好的地理学家、最好的生理学家和最好的生物学家等。这是非常拿破仑式的。但不仅从殖民化的角度看博丹远航是一场彻底的失败，毕竟最后是英格兰人占领了澳大利亚；实际上从科学的角度看，也是如此（学者们死于疾病，带回的物品被遗失等）。

然而，从科学的角度看，博丹远航的概念是非常重要的：自然科学与人类科学被同时派遣了出去。在自然科学的角度，是居维叶（参见第四章的“学者群体”一节），对他来说，能够对土著从事的唯一科学，就是收集他们的骨架，模塑他们的头骨，从而作为从事真正的科学所必要的东西带回欧洲（16 和 18 世纪，英国和法国的远航还把活着的土著带回了法国，他们本需要被照料，却在当时被抛弃）。对于这些土著都是会说话的人类这一事实，居维叶完全不在乎，他就是一个史前动物比较解剖学的专家。从人类科学的角度看，有一位科学含量较低的人物，那就是我们后面将要再次提及的约瑟夫 - 马里·德·热昂多。当我们阅读热昂多撰写的教科书时，我们可以看到他完全是一位革命者。1800 年，热昂多同语言学家们一起工作。他来到那里并且指出重要的是能够理解。他的到来伴随着沃尔内的思想（参见第四章“学者群体”一节），同时也伴随着启蒙时期的文化，在这种文化中，为了与天生耳聋的人进行交流，（1761 年，德·莱佩［de L'épée］神甫）开始系统地教授符号语言。

对于热昂多来说，如果我们因为不能说当地人的语言，而不能与他们交流的话，那么解决的办法就是用为聋哑人创立的符号语言去进行交流。他强调以下几点的重要性：用语言进行交流，而不是将当地人视为动物或是自然的碎片，应当将这些当地人视为人类。他因此撰写了一本从未被使用过的教科书，我们在人类学的传统中直到很迟才发现它。在热昂多的教科书中，他提到当我们遇到不能说语言的人时所能做的事。他指出必须花时间观察他们的仪式，并且建立一种跨文化的理解。因此，1800 年在法国是一个重要的时刻。运用启蒙哲学去同当地人进行交流，从而将他们视为完整的人类。这说到底是对蒙田的立场的重塑，对他来说，当地的美洲印第安人远不是野蛮人，也不是低级人，而是比正在宗教战争中互相残杀的欧洲人们更加“文明的”（蒙田对圣巴托罗缪大屠杀感到恐惧，在这场大屠杀中巴黎人甚至还因为宗教的原因杀死婴儿）。回到 1800 年，法国政府向山区派遣带着任务的人员去理解外省与山区的法国人，这一做法并非偶然，同一时期，法国政府还派遣带着任务的学者前往世界的另一端去理解“他者”，即当地土著。在法国，因为欧洲大陆的不同原因（欧洲大陆由在语言与民间文化基础上建立的民族构成），社会与文化人类学无法只局限在世界的其余部分，这尤其是因为我们对我们的农民（巴尔扎克将他们描写为野蛮人）与世界的其余部分持有相同的态度。法国大革命之后的各个政府，与具有地方合法性的贵族制与教士特权相断裂，这些政府的困难在于像理解澳大利亚土著一样去理解农民。正因如此，如果我们回到最初的阶段，将研究我们的农民社会的科学与研究澳大利亚土著社会的科学分开是没有意义的。

主题三：人类学与国家（或帝国）的关系

问：在人类学史中，我们看见人类学家们与国家保持了紧密却复杂的关系。您可以向我们介绍一些您在这方面的反思吗？

答：我想我们可以从公元前5世纪希罗多德的历史开始（参见第一章的“为雅典民主服务的波斯知识”一节）。那个时期，现代意义上的国家并不存在。存在的是一个帝国（伴随着政治官僚），那就是波斯帝国，它建立在不同地区与臣服于波斯皇帝的武力征服的民族之间的支配关系（支付税金）之上，其中的中央省份（波斯）被免交课税。以下就是帝国主义：为了中央地区的利益，在被征服的地区提高税费，中央地区因而获得更多它们不需支付的税费。征服之后的波斯帝国特别关注这些不同“人民”之间和平共存的条件。相反，在征服期间，皇帝使用间谍，让他带回正要征服的人民的风俗与行为方式的情报。因此，在这个帝国建立的时期，重要的人物是间谍，他有着直接为中央权力服务的内在角色。他对发表他的成果毫无兴趣。他直接将这些成果上交给他秘密为之服务的皇权。相反，从组成帝国的不同人民接受上缴税费的时刻起，我们今日所称的“调查者”甚至是一个理论家的职位，于是就成为民族学家的一种。这种职位旨在向君王进谏，告诉后者在何种条件下，不同的人民将会继续接受上缴税费。因此，这在波斯帝国的官僚体系中是非常清楚的。

我们知道这段历史，要归功于古希腊历史学家希罗多德，他在欧洲被视为历史学的缔造者之一。对我来说，我们也可以将他视为民族志的缔造者之一。因为他使用了报道人，并且他亲自进行观察。他虽然使用文献（主要是口述文献），但也游走于他所研究的不同地区。他或是使用报道人为他收集的素材，或是使用自己亲眼所见的事迹。因此，希罗多德所撰写的著作真正的译名是《调查》。这部著作同时建立在已有的文字记载与口述文献之上。在口述文献方面，希罗多德说：“我之所以知道它们，是因为我听到过它们。”而在直接文献方面，他说：“我知道它们，是因为我看见了。”因此，希罗多德区分了上述两个方面。希罗多德自己是一位臣服于波斯帝国的古希腊殖民地的公民。他抵达古希腊的雅典，一座被视为当前民主起源地的独立古希腊城邦。在这里，他向雅典公众，也就是这座城邦的公民们提供他游历的结果，从而展示古希腊与野蛮人之间可以和睦相处。他还展现了，在野蛮人的背后，正是古希腊的整个外部世界：这里有“真正的”野蛮人（他们逃避了波斯的帝国主义），还有波斯的中央权力，以及另外一个非常重要的帝国：埃及帝国。希罗多德说：“为了像在一个自由城邦里生活的那样，你们必须理解环绕着你们的世界。我所做的是带给你们由埃及人和波斯人积累的知识，以及我自己的知识，这些知识通过重组那些既没有出现在波斯帝国也没有出现在埃及帝国的那些人的资料而获得，尤其是来自非洲与北部的欧亚大陆的那些人。”希罗多德创建了关于这群人的知识百科全书，它既是历史的知识，希罗多德之所以知晓“那些发生在过去150年内的事情”，是因为存有叙述材料；同时它又是民族志的知识，是“那些非洲人与欧亚大陆人的恒久的习俗”。

我们在这里看到的，正是一种被立刻带给人们的历史的和民族志的知识，这些知识被征服者“偷走”，用以服务由自由民构成的国家。

问：在文艺复兴之后，尤其是在当代意义上，人类学与国家之间的关系是怎样的？

答：文艺复兴之后，第一代的殖民者并不非常擅长于民族志。他们前往当地却对土著不感兴趣：他们满足于杀戮这些土著，或者用武力使他们臣服。这种武力并不需要间谍的蛮荒之力，而是借助教会的力量（参见第二章的“印第安人的声音：早期的调查”一节）。也就是说，天主教会与第一代的殖民者同时抵达拉丁美洲。最初，至少在一个世纪里，当地传教士们的角色更加偏向罗马教会而不是偏向武装与经济殖民者。他们为教会建立语言与风俗的知识，这与教会传播福音的意志相关。就是这样，民族志在殖民地开始了。这里有着多重可能性：或是传教士们满足于对事物的学习，并将他们记载的文献寄回罗马，再等着罗马向他们寄回向土著传播福音的指示；或是由罗马要求这些传教士们教化当地土著。在那时，传教士们不仅去了解土著，还要去教导他们。有趣的是，为了传授基督教，事实上在16世纪初，这些传教士有着这样一种模式类型，那就是认为他们需要土著，他们需要将这些土著转化成知识人。因此，传教士们召来他们所到之处前头人的孩子们，教授他们古希腊语、拉丁语和西班牙语，还派他们去询问那些在对美洲的征服中活下来的老人，从而重建征服之前的文化。这留下了一份文献、一份非凡的证言（这在多重时刻被完成），我们因而有了对征服之前的记述，其中西班牙语的部分是由传教士写成，当地语言的部分由那些学生们写成，图像的部分同样也是由那些学生们完成。这些文献被寄送至罗马，却在之后的5个世纪里被遗忘，直到被20世纪的历史学家们重新发现。也多亏了这些文献，欧洲或者来自拉丁美洲的历史学家们，得以重建这些社会在被征服之前的历史。

在那些有意思的事情之后，我们可以看到，自18世纪起，民族志学者更多采取的是科学的视野，而不太是军事的视野。这取决于不同的欧洲国家，对法国就不太有效。法国没有使用科学去征服，这不同于英国和荷兰，以及做同样事情的波斯帝国，也就是说，它们派遣学者（自然学家、历史学家和民族志学者），接着这些国家运用所获得的数据先去征服，然后去管理。这同样也是波斯帝国的方法，它们不希望通过恐惧去统治。为了展现对人类学的需要，也不应该通过恐惧去统治。在美国有些不同，也更复杂一些：在某些时期，人们征用甚至杀死土著，在别的时期，人们又试图与土著共存，这种共存有时被小说化，他们之所以能共存，是因为人们把非洲人当作奴隶引进，而不是去奴役土著（这些土著更普遍被杀死，而不是被当作奴隶）。

从18世纪起，不同的欧洲殖民帝国都派遣了殖民地管理者，这是因为帝国的存在，征服完成之后，必须要进行管理。这里同样很有意思，因为按照不同地域，殖民地管理者使用民族志学者，但在很多的地方，殖民地管理者完全蔑视民族志学者。这些民族志学者毁掉自己的田野笔记，以防它们落到殖民地管理者的手里。施加给非洲独立政府的形象，同样也适用于殖民地移民、教会和民族学家，这种形象肯定部分是事实，但施加这种形象是为了从我们关注细节之时起，就统一对殖民化的看法。我们也意识到一部分人类学家，以当地人的利益为名，反抗殖民地的管理者。人们并不认为当地土著将会独立，这完全不是20世纪50年代的视角，这曾经是不可思议的，但人们又有以下的看法：通过留下英国人、法国人和荷兰人，殖民地政府将会融入和尊敬当地土著。这有一点像是波斯的模式：我们会尊重土著和他们的风俗。作为交流，我们也将教导他们，并长期提供他们生存和政府治理的现代方式。在帝国派遣的人员与备受尊敬且受到教育的新土著之间，同时还存在一种合作的关系。因此，如果我们说所有的殖民地管理都使用了人类学，并且所有的人类学家都曾为地方殖民管理服务，这十有八九是假的。

事实上，在独立运动之后，必须要区分三种类型的殖民地，以及与人类学有着不同关联的三种国家类型。

（1）由拥向遭受种族屠杀的被征服者所在地的移民组成的殖民地。这主要是澳大利亚、美国和阿根廷的情况。这些国家中有着大量来自欧洲贫苦之地的移民们，他们很快完全摧残了当地土著，没有个人或者社会得以幸免。这么说有些简化，但记住这件事是非常重要的。现在来自这些民族的“土著人”就完全是受害者。

（2）向被征服者与混血者的受害者们进行剥削的殖民地。例如，墨西哥、秘鲁和哥伦比亚。西班牙人来到了那里，并且强加给那里的人们许多东西，尤其是语言和教会，但是如今殖民者们的后代要比当地土著们的后代少很多。这些民族试图修补这样一种民族身份认同：它结合了殖民者特别是在语言上的贡献，以及当地土著们的文化、人文与语言学上的贡献。以上就是第二种模式。在拉丁美洲，主要是那些在独立运动时期，没有驱逐西班牙人后裔的国家。与此同时，西班牙人的后裔本身就是相对较少的。西班牙人到达之后，他们掌控一切并且剥削土地和人民。他们来到这里是为了变得富有，然后再把他们的财富运回欧洲。他们在人数上较少。如果他们不能再变得更富有的话，有些人就离开了，剩下的人便会和当地土著混杂地融合。这与阿根廷那样的殖民地不同，这种殖民地的人口不是由那些 19 至 20 世纪因贫困或政治所迫从欧洲逃亡的欧洲移民组成的。

（3）接下来，是殖民地移民的后代与当地土著的后代长期共存的戏剧性冲突的模式。典型的是南非的种族隔离。种族隔离是一种为了避免极端负面接触的“解决办法”。同样，在阿尔及利亚虽然没有种族隔离，但在独立运动之后，所有法国国籍的人都被遣返回了法国（相对于九百五十万获得阿尔及利亚国籍的当地人来说，一百万有法国国籍的欧洲人），这些拥有法国国籍的人混合了以下几种人：1870 年被自然定义为犹太人的后代、欧洲贫苦之人的后代，以及其他所有社会阶级的法国人后代。加缪（Camus）的作品和阿尔及利亚的法语文学，“从内部”给他们的读者们展现了这段阿尔及利亚的历史。对“欧洲”那部分人口的驱逐，短期内就将这群人的历史从他们的族群、坟墓和文化中剥夺了出来，这段历史就像南非独立运动之后的种族隔离一样。

在此，我们实际上有着与人类学关系不同的三种国家类型：要不就是在澳大利亚或者美洲那样，一种土著记忆的人类学；要不就是在墨西哥那样，一种有着双重文化或多重文化的民族身份认同的人类学；要不就是在独立运动战争中自我摧毁的人类学。伴随着来自被殖民地区的人们成为人类学家，最后一种人类学自20世纪60年代以来被重建，并且在今天摇摆于“后殖民研究”（在冲突的模式下，以一种对欧洲殖民历史的统一为代价，也以对涌向种族屠杀与混杂的另一种殖民历史的遗忘为代价，还以对非西方的帝国主义的遗忘为代价）与“底边研究”（我们关注被殖民者们的想法，但又面临忘记被驱逐的贫苦的殖民地移民的风险）之间。因此，殖民者与被殖民者之间的关系问题，在后殖民主义内部较为封闭，尽管历史学家们对现当代的历史有着杰出的研究（其中包括人口是由苦役犯和流放犯组成的殖民地）。

问：如果我们想从您上述所说的内容中提取一个总的观点，是不是可以存在这样的事实，那就是在历史上，人类学家/民族学家/民族志学者与帝国或国家之间的关系，从来就不是线性的或者唯一的，这种关系一直都是复杂的，并且要扎根于历史与社会之中。然而，人类学家为公共权力或殖民权力所用的这种形象，在我们的脑中形成定式，这使我们产生了简化他们之间关系的趋势。

答：这也正是我的观点。为了走出谬误，必须要更多地与来自世界各地的历史学家们一起研究。事实上，相比于今天所说的全球史，我们更应该做其他的事情。也就是说，必须真正地让世界上的某些部分相互配对。为了理解过去发生了什么，包括欧洲在内的各个相关国家的历史学家与人类学家之间必须建立真正的合作。如果非洲人局限在非洲自己的历史中，并且只是把欧洲人视为敌人，而对欧洲发生了什么一无所知，我们就身处于高墙之中。在欧洲，已经有一些有声望的学者们，试图从事殖民史的研究，这种殖民史不仅是被殖民者的历史，还是殖民者的历史。因此，只有弄清作为殖民者意味着什么，才是真正的殖民者的历史。

不过，这是极为少见的。通常来说，我们更偏向一种带着互相偏见的国族历史，这种偏见在不同的含义之间游走，却并不完全知道是如何发生的。这里，历史学家们的研究面临再次制造冲突症结的风险，不过历史学与民族志对我来说，还是一种调解关系的形式，从中显露出对相互造成的憎恶的理解和接受。如果我们一直看到历史的一个碎片，我们就只会在不同的代际之间再造出冲突。我们尤其认为必须要避免以下的情况，那就是对被殖民者的研究变成了一种“圣徒传记”，一种对圣人与殉道者的官方历史，或者只是对“殖民化憎恶”的简单表述。的确，对所犯罪行的“补赎”是必不可少的阶段，但是其中却包含以下的风险：出身自贫苦之人、不幸之人与受复仇想法驱动的人们的后代，他们面临着身份认同上的紧张。一般来说，专业的历史学家们知道避免这些暗礁。不幸的是，在某些情况下，历史往往不是由专业的历史学家们撰写，而是由圣徒传记的作者们书写。至于人类学家们，他们同样面临成为意识形态空想家的风险，他们转变成新君主的顾问，或者转变成哲学预言家。一些广为流传的作品，我们可以视之为业余的作品，它们不再与知识的世俗建构产生关联，这些作品在今天实在是一种政治风险。

主题四：对后殖民研究和底边研究的关注，法国殖民化的历史

问：我们经常看到殖民化与去殖民化，在人类学的历史中占据了重要的位置。您怎么看后殖民研究？考虑到近十年来这一流派也在中国发展起来，想听一听您的看法。

答：这是一个棘手的主题，因为这个矛盾的主题在部分上与尤其来自印度和中东的底边研究有关。大体上说，后殖民主义诞生在阿拉伯、印度、南非和巴西知识分子运动的局势之上。因此，这些知识分子逐渐发展出他们来自底边的人类学。不同的底边研究之间互有关联。但是这种持有底边观点的人类学，同样也与那些在英国与美国拥有教职的学者们的研究有关。我想说的是，在底边研究的建立中，不仅法国、德国和意大利是缺席的，甚至那些与大英帝国有着不同殖民历史，并且没有像英国与美国人类学那样学术分量的欧洲国家全都缺席了。但即便如此，这一运动对人类学来说依然极为重要。我想如果没有底边研究，我可能无法写这本书。底边研究的出现真的是人类学学科的重要时刻。除了在特定的时间之外，底边研究被视为一种武器，它不是为了更好地理解底边人群的科学武器，而是成了反对欧洲的斗争武器，去反抗被视为由只有欧洲国家结合起来的殖民主义而形成的“怪兽”。对后殖民主义的讨论极为复杂，但是对底边研究的讨论要较为简单。的确，后殖民主义成长于英语世界的社会与文化人类学的沃土之上。英语世界，我们也可以说是那些有着社会与文化人类学桥头堡的英美有名望的大学，换句话说，它们是当代语言帝国主义的代表。当然，底边研究运动在法国与欧洲的旧属殖民地中也产生了回响，但是我们并没有在其中找到有名望的大学。

印度的例子是富有教益的。当今世界人类学中来自印度的有名的头面人物，如果他们是“底边人群”出身的代表，那么他们都是在美国或者英国展开职业生涯的。此外，对于那些研究生涯是在本土展开的学者来说，看到以下这点时会稍有不快：那些在英国工作的学者反而向本土学者解释什么才是真正的底边研究。因此，同样也有着大学与科研群体内部的影响。我认为南北的对立不再有意义。

问：当您说后殖民主义成了反对欧洲的武器时，您可以给我们一个与法国相关的具体例子吗?

答：对于以殖民化为名的社会与文化人类学来说，法国对它的失效扮演了相当重要的角色。我就是在这一过程中成长的。法国的人类学家一度积极介入独立运动中去。他们不但站在独立运动的第一线，而且是介入的马克思主义者，也就是说，他们不仅是一个学术意义上的马克思主义者，还是由国际马克思主义运动催生的为独立而斗争的马克思主义者。他们是反殖民主义的斗士，同时也是有声望的学者。他们去研究了法国人类学的历史中两个重要时刻：一个是前往埃及的远航，它在波拿巴元帅率领之下，混合了殖民征服与科学探索；另一个是从1830年起在阿尔及利亚的法国殖民。对前者的揭露促使了对后者的揭露。然而前者属于失败的法国殖民远征（法国在埃及的出现不再代表什么），后者却打开了有效性（对于法国经济而言）与摧毁性（对于阿尔及利亚人民而言）的殖民化之路。

另外还有一个法国历史上难以承担的悲剧。我们是一个在大革命期间废除了奴隶制的国家，但我们还是这样一个国家，它自1800年起就逐渐清除了那些相信法国大革命的人曾经做的一切努力。比如，加勒比人把法国的宣言当了真，接着便顺服于拿破仑的政策。拿破仑的政策受到他的妻子约瑟芬皇后的启发，后者是一个贝柯人（béké），也就是第一批欧洲殖民地移民的后代。拿破仑制定了法国种植园主的政策，于是奴隶制便依据1802年5月20日的法律死灰复燃。在废除奴隶制的1794年与拿破仑重启糟糕的殖民政策的1802年之间，是一种巨大的背叛。这是真正的断裂，非常令人痛苦。“大都会里的法国人”（我们如此称呼那些从未在海外领地生活过的法国人）保留了对拿破仑的爱戴，就像拿破仑自己也是大革命的延续者。这是因为拿破仑曾遭到被视为反革命的欧洲强权的打击，因此，如果我们保留一种欧洲的观点，那么拿破仑可以被视为大革命的捍卫者。

法国的儿童自1880年起就用心学习大革命的历史，法兰西共和国的学校也是大革命和拿破仑帝国的产物。不同代际的法国人学到的是，法国大革命是绝对的开端，是人文主义的重大时刻。这也许真的是一个重要的时刻，但从反殖民主义斗争的观点来看，这一时刻过于短暂，它很快就带来了灾难。在阿尔及利亚，1830 年一切变得很糟；在安的列斯群岛，1802 年一切变得很糟。如今法国人总是眷恋法国大革命，只不过他们不讨论的，是他们对大革命不同的眷恋方式。因此在法国人当中，对 1880 年至 21 世纪这一部分的法国历史，存在着巨大的误解。

在今天的法国，国际后殖民主义者面对的事情的确很糟。也就是说，当他们来到法国时，他们看到的也是我们法国人感到耻辱的事情。但是，当英国人和美国人来给我们教益时，我们知道他们似乎不知道的事情：英国和美国有它们各自令人生畏的、有效的（对英国来说）和种族屠杀式的（对美国而言）的殖民政策，我们还知道它们在何种程度上成为了欧洲殖民化的代表，而在那一时期，法国所做的却是丢掉它的殖民地并且批评殖民主义。国际后殖民主义者所面对的是 1802 年以来的情况，这种情况是与围绕蒙田和孔多塞塑造起来的法国知识分子传统彻底矛盾的。我们对殖民地的思想脉络源自蒙田，这是一种纯粹知识分子式的批判传统，这种传统从来不屑于去考虑法国的商贸与工业利益。

问：实际上，我们发现不同国家学者之间的关系也取决于殖民化的历史。您可以简要介绍一下法国殖民史的特点吗？

答：相比于其他欧洲强权，法国的殖民化历史是非常特殊且不同的。1830 年，法国的殖民史以现代且有效的方式展开。因此，存在着一种现代的法式殖民主义，但它要滞后于西班牙、英国与荷兰的殖民主义。说法国滞后，也是想要指出法国有其他的特点。1830 年之前的殖民主义与 19 世纪的殖民主义秩序不同。

从1830年起，就像其他国家那样，法国也前往它新的殖民地。如果我们把之前谈过的安的列斯群岛放到一边，我们最初的殖民化开始于1830年。这产生了许多后果。我们没有被牵扯进像16世纪的美洲和17世纪的澳大利亚那样种族屠杀式的殖民化。必须要按照欧洲强权所处的不同阶段去阅读殖民主义的历史。

我认为每个欧洲强权都有独特的历史。与其去看一个“欧洲殖民主义”的唯一整体，不如去重新追溯各个欧洲国家各自的殖民主义，这是因为每个欧洲国家都有自己不同的国族历史。法国是老牌的中央集权国家，德国是年轻的国家，意大利是年轻的国家，英国是老牌国家。必须要同时考虑到殖民国家的国族历史，以及这些殖民国家前往殖民地的时期。在我看来，如果我们把欧洲的殖民主义看成一个整体的话，就会彻底丧失他们年代上的差异。从历史的现实来看，那样是不对的。

实际上，在底边研究与历史学家之间还必须达成相互的尊重……应当去推动一种有关被遗忘的，也没有人去研究的殖民地的历史，特别是有关那些弱小的殖民者和殖民地移民的历史，这种历史既不是圣徒传记式的，又不是揭发式的。毕竟殖民者也经历了这段历史。应当去发展以下的历史研究：家庭的历史、混血者的历史、土著出身的地方管理者的历史等。事实上，我们需要来自被殖民者一端的底边研究，同时还需要来自殖民者一端的底边研究，这是因为殖民者并非都是外来的殖民地移民。这种做法有点像我自己所从事的对法国大众阶层的研究。底边研究，应当是来自两端的。它是对弱小者生命的研究，不仅包括弱小的被殖民者，还有弱小的殖民地移民。

主题五：对于中国读者来说本书的关键

问：对您来说，当我们从事中国研究，尤其是研究汉人与少数民族的关系时，在何种程度上可以从底边研究或者从对欧洲的研究中获得启发？

答：人类学漫长的历史中众多有意思的事情之一，就是对文化接触的分析。除了那些没有接触，也就是说回避的社会之外，我们可以区分接触的三种模式，这三者之间并非互相排斥的：涵化、交锋与支配。20 世纪 80 年代的欧洲人类学家们曾运用过这一视角，去研究法国社会内部不同文化的群体，尤其是在与生活的物质条件相关的“同世界的关系”中构建的“阶级文化”。我们首先对农民的世界及其所处地区的多样性感兴趣，接着对工人的世界感兴趣，最后则是移民的世界。从这个角度看，我们可以回到布迪厄。布迪厄从阿尔及利亚起步，他抓住了前往阿尔及利亚的机会，从而观察当地的本土文化突然解体的历史，以及殖民资本主义抵达的历史。之后，他在一种不同于工业与城市世界的支配关系的语境下，研究了法国的农民。接着，他保留了对文化接触的人类学分析，从而专门从事对法国民族文化的研究。在“支配”“涵化”与“交锋”的三种情况中，他虽然采取不同的视角，但使用的是同样的分析工具。

“涵化”的概念（参见 R. 林顿、R. 雷德菲尔德与 M. 赫斯科维兹共同发表的《涵化研究备忘录》［Memorandum on the study of acculturation］，载《美国人类学家》［*American Anthropologist*］1936 年第 38 期，第 149—152 页）在 20 世纪 50 年代的人类学中曾一度非常有效。它回到了这样一种事实，那就是文化接触形成了一种新的文化，这种新文化以特殊的方式融入了其他不同文化中的元素。今天另一个有效的概念是“身份折叠”（repli identitaire），这一概念来自对“涵化”明确地拒斥。这已经被弗雷德里克·巴斯很好地研究了（参见第八章的“一种关于民族的动态理论”一节）。这一概念萌芽于西班牙在拉丁美洲征服的历史。

在16世纪的秘鲁，一位学会西班牙语的克丘亚印第安人贵族波马·德·阿亚拉，写信给西班牙国王说：“在我们这里一切都不好，如果您那里也一切都不好的话，这不怪你们西班牙人，这全都怪那些混血者，因为他们是来自西班牙人与本土人的结合，所以他们想在我们这里掌握权力从而对付我们。”西班牙国王既没有读这封信，也对印第安人的不幸不感兴趣，但从他的角度看，他却很害怕那些混血者在西班牙人的殖民地掌权，于是便下令禁止所有混血者担任殖民地的公职。为什么会这样呢？这是因为混血者是涵化以及适应一种新文化最好的媒介。这种身份折叠包括负面的因素（对他者的恐惧以及因此引发的对混血者的屠杀）与积极的一面（通过民俗化［folklorisation］实现的文化升值）。

在我看来，上述的这些概念，不仅产生于由政治、语言和文化的支配造就的欧洲历史，还从内到外都有着很高程度的冲突性（17世纪的画家们通过刻画旗帜与武器的堆积，来呈现欧洲的特性）。这些概念能促使我们最终以对比的方式去思考华人世界，因为华人世界本身既是异质的又是统一的。

问：我们可以看到，经过五十多年发展的某些概念，对于分析当前的状况来说，依然是非常有效的。但我的印象是，大多数情况下，这些概念都是由西方人类学家们提出的。如果我们看中国人类学的历史，就会发现它受到英国、美国和法国人类学很大的影响，这是因为中国人类学这一学科的开创者们在20世纪初曾留学海外。我们因此广泛依赖于从西方发展出来的理论和方法。对您来说，在何种程度上我们可以说，存在一个真正的中国人类学？

答：对我来说，真问题不在于是否存在一个“真正的”中国人类学，而在于今天有关中国人类学的研究在法国人类学中很少被讨论，这完全不同于我们之前提及的来自巴西、印度和南非的底边研究的情况。人类学的理论与方法理应在这样一种研究空间中流转，那就是应当维持、成为或再次成为的国际性学术空间。人类学始终从不同的国别学派的差异中汲取养分。例如，美国人类学就是从与英国人类学和法国人类学的差异中获得发展的。此外我们清楚地看到，当英国人类学与法国人类学之间停止对话的时候，这既对法国学者不好，又对英国学者不好。我认为人类学实际上是一门只在对话中存在的科学。为了正确地比较，就必须能够打开其他传统。我认为作为世界人类学家，我们需要中国人类学进行自我确认。也就是说，我们需要的是你们能够提出观点，从而让我们判断出这是一种“中国式”的观点。

但是，这里还有另一个问题。今天诞生的思想，比如对什么是“真正的”毛利人文化的讨论，与对一个“真正的”毛利人类学的确认相关，如果只能是出身于这个文化的研究者，才被允许研究这个文化，那么这对于包括人类学在内的思想来说是一种毁灭式的观点。人类学只有在以下的情况下才能进步，那就是接受来自其他文化的人类学家，来观察不属于他们的文化，并且是以相互的方式观察。问题就在于“以相互的方式”。人类学家的研究工具，是“我之前没有明白”和“我现在没有明白”。如果人类学被这样一个人从事，他自以为出身于这个文化，理解起来就能快人一步，那么他就不再是一个人类学家，而只是一个当地人。因为他所理解的只不过就是其他当地人所理解的而再无其他，他没有贡献出什么特别的知识，只是待在所谓累积而成的渊博学识的智识世界，而不是进入民族志惊奇的世界之中。当然未来，应当是由那些来自“底边人民”的学者，去研究其他的文化。

还有最后一个问题。如果中国成为世界第一强大的经济体的话，就很难继续认为中国人类学能够被定义成“底边”人类学。所谓“底边”，就在于其中存在一种斗争的武器，来对抗一种“支配型”人类学，这种人类学是由占据支配地位的社会产出的。作为斗争的武器，这完全是可以接受的。但上述说法同样又是非常固定论的，毕竟昨天被认为的底边，明天可能就不再是了；昨天处于支配地位的，明天也可能不再是了。如果我们想要理解这场不平衡与再平衡的运动，就必须系统地重建来自失败者与来自成功者的观点。同样地，我倾向于捍卫民族志“惊奇”的科学美德，捍卫以下研究的重要性，那就是在权力平衡发生转变时，去分析这种转变。这也促使我没有彻底地投身于底边研究的计划中去。我担心在底边研究的观点中，存在着一些从哲学上看是错误的事情。但这不影响我对底边研究的欣赏，这一视角给世界人类学带来了重要的复兴。

问：这让我想到中国人类学的历史。的确如此，它建立在交流之上，建立在中国与西方、士人中国与农民中国之间的文化相遇之上。

答：接着还有内部的中国与边疆的中国之间的关系。在我看来，为了能理解当前中国的状况，必须要去理解知识分子、支配阶级与其他不同组成人群之间的张力，同时还要去理解中心与不同的边缘之间的秩序。简言之，如果那些帝国是智慧的并且不满足于杀戮所有人的话，人类学曾经可以成为帝国行政管理的武器。这是第一点。这一回，人类学也能够成为被支配者反抗支配者的武器。这也是非常明确的。但是在一个特定的时刻，我们可以期望人类学成为"和平化"或者"共存"的武器，而不仅仅是支配或抵抗的武器。接下来，同样也不应当忘记的是，支配者不一定就像我们认为的那样，仅仅体现在文化、民族或者地缘政治的含义上。如今在法国，有一部分人把他们的邻居，或者他们在公共区域（休闲空间、交通设施等）碰到的人也视为"殖民者"。这些所谓的"殖民者"是一些有权力的人，但又不必关注以下的事实，那就是在他们的周围可能有着与他们不同的人，并且他们的行为相互冲突或妨碍。我认为认识到以下这一点是很紧要的：断裂的裂纹、划分的基线与不平衡，并不总是能够为我们已经使用的术语所分析的。并不总是文化的，也不总是经济的，我们来到了一个这样的世界，那就是必须分析其中新的群体，这些群体并不是同质的，可能是彻底分裂的。当我们以某种方式思考殖民世界或后殖民世界时，欲念大大简化了：这里有两个对峙的群体，一个群体有权力，另一个群体因没有权力而相互攻击，相互对抗，其中一个屈服或者拒绝屈服另一个。在文化超级消费与普遍存在的当代世界，将对抗性群体的性质进行分析，要比以往更加复杂。

我认为要想理解发生了什么，需要来自全世界人类学家的大量集体努力。此外，我认为这一现象也可以通过同样的方式在不同的语境中被最终观察到。我们处在这样一个时刻：必须以最快的速度去反思集体构建的、最新模式的政治与社会影响。这种对集体的构建总是经由文化和学校实现，但它同时也为以下两种新颖的模式所动摇：人类与消除时间性差距之间的纵向交流模式，这种时间性差距是先由远距离造成的，但最终是由与物质世界的新兴关系模式造就的。对我来说，存在着对所发生事情的理解的集体急迫性。我认为如果我们不通过集体的项目，为我们的研究建立共通之处，就无法实现对正在发生的事情的理解。在我看来，我们必须承担这种急迫性，并且确立实现共通的方法。19世纪的人类学被认为是关于濒临灭绝的人群的百科全书。我们已经大量批评了这种百科全书式的模式，而今天已经疲于研究的碎片化。21世纪的人类学应当被视为全世界正在发生的转型的百科全书。毫无疑问，中国人类学完全有它的位置，这不仅是因为中国人类学展现了中国的特性，更因为中国在全球化中扮演的角色。实现这一点的前提条件在于，中国人类学应当是由中国人从事的人类学与由外国人从事的人类学之间相互碰撞的结晶。我不知道促进这种开放性的政策条件在今天是否已经完全实现。

问：这种共通将会出现在资本主义的内部还是外部？

答：我认为我们塑造的资本主义形象太同质化了。事实上，我们面临的情况是资本主义有着极为丰富的多样性。在“现代”资本主义之前，就有着马克斯·韦伯所说的资本主义的“第一种方式”，投机冒险者的资本主义、强取豪夺的资本主义，它们既不取决于商业和平，也不取决于资本家的苦行禁欲精神，更不取决于法律理性的机构，而是取决于战争、海盗与殖民。接着，马克斯·韦伯研究了资本主义的“第二种方式”的诞生，也就是他所说的现代资本主义。在欧洲它归功于苦行禁欲不同的宗教形式（13 世纪修道院的苦行、18 世纪清教徒的禁欲），这种苦行禁欲促进个体去追求经济上的成功，这么做不是为了他们自己，而是与对他们灵魂的拯救有关。随后，马克斯·韦伯对下述事物进行了理论化：个体宗教动机的消失，以及逃出由经济效率和官僚理性建造的“铁笼”的不可能性。

在我看来，我们处在资本主义的第三阶段，这一阶段更应感激投机冒险与强取豪夺的第一种资本主义（想一想黑手党经济的重要性，也想一想旨在殖民的“新世界”、互联网、海底、星际空间），而较少去感激个人的苦行禁欲（今天很少有资本家为了投资而抑制消费），这一阶段更以越来越令人心寒的方式展现了我们所说的官僚理性效率的缺席（这次想一想大卫·格雷伯［David Graeber］的研究）。这个第三阶段目前是极为异质性的。根据在当代世界中共存的社会－历史语境，这一阶段以复杂且多样的方式，衔接了不同的政治经济学：第二种方式的资本主义经济学（马克斯·韦伯意义上的“现代”），服从于法律理性之外规则的罪愆的经济学，还有行会的经济学、地方的经济学，以及一种或多或少创新的经济学，最后这种经济学有时会以新的形式回归到奴隶制度去（想一想“平台”资本主义，还可以想一想允许“零时”工作的劳动合同）。事实上，我们处在这种状况之下，那就是多重生产模式同时共存，而这与马克思的理论相反，后者认为生产模式应当是由一种接替另一种。

因此，全球视角的关键，不仅在于理解相互异质的政治经济学如何共存，还在于理解胜利者如何做才能不会彻底变得最“臃肿”（面对经济与地域的集中，如何进行斗争）、最“粗暴”和最“具破坏性”（这涉及全球物质性毁灭、人口屠杀或者是个体的心理学上的崩溃）。特别是必须要重新思考“欺诈”（escroquerie）——马克斯·韦伯称为“巧取豪夺”（rapine）——在经济运行中的角色。其中不仅有敲诈勒索、犯罪与非法商贸，还有或多或少精心掩饰的合法欺骗，以及利用缺乏经验的消费者的弱点这种行为，置身于法律还没有触及的新兴领域（互联网、海底、空间等），最后还有全世界法官们特别允许的行为，他们之所以做出调整，是为了那些“既没有信仰又不顾法律”的资本家们的利益。

正是上述种种，使我觉得资本主义这一术语并不能帮助我们分析正在进行中的转型。最好能去探索当前不同的政治经济学之间的新连接，即便我们也不知道将从中得出什么。这将是一种统一且全新的政治经济学吗？或者相反，这将是通过建立密不透风的边界，而形成的无数种相互分离且互不联系的小型政治经济学吗？我们无法看见未来，也无法预测下一个经济制度，这是令人担忧同时又是保持开放的。因此，如果我们想对下一个经济制度有些许的掌握，就必须分析当前在世界各地形成的各种政治经济学之间不同的衔接模式。当前的状况暂时以下述事实为标志，那就是某些政治经济学成为了全球性的，而其他的则还没有。因而，我们拥有的某些模式真的是普遍存在，而其他的则不是。甚至当前的各种模式在世界范围内的不同地域里，也不是以相同的方式相互衔接的。对于中国来说，它不仅自身是多样的，还服从于某些统一的规则，更处于全球化的前哨站，因此中国是观察多样性的绝佳田野点。

主题六：人类学的调查方法

问：您可以介绍一些法国或者欧洲人类学家当前使用的调查方法吗？

答：如今在欧洲，对于人类学的调查方法来说存在两个重点。

第一点是人类学家被视作不需要使用翻译的，因此他要懂得他所研究的人群表述时所用的语言。如果当地人是双语的或者懂得人类学家自身的语言，人类学家仍然被视为应当充分知晓当地人的语言，从而可以控制翻译的效果，在这种方式中，当地人不必按照官方的表述方式说话。关键在于，如果存在一个后台，人类学家应当能够理解其中的内情。这是一种原则，但不一定总是被遵守。因此，这就给予以下这些人一种方法论上的优先，那就是面对被调查者的语言和学术语言，已经懂得这些语言的人，以及那些双语者。这也是从能够与当地人语言交谈的对话者中培养人类学家，要比从其他人中更容易培养的原因之一。但我们还是要重视以下的事实：如果人类学家的母语不是研究对象的语言，那么这些人类学家就要充分学会研究对象的语言，从而才能够去进行研究。以这种方式做出的人类学，不应该被限制在由母语者人类学家做出的人类学当中。这不但对被研究的人群的语言，而且对他们的规章和思维方式都是有益的。

因此，还是必须在田野现场待上较长的时间，从而获得这些被研究人群的规章制度和思维方式等。这对避免依赖于“优先的报道人”，也就是新闻工作者所说的“调停者”来说，是非常重要的。即使人类学家依靠这样一种人，他们在现场有着出面的兴趣，也想要帮助人类学家，但是人类学家有时要拒绝某些联盟，他必须始终要去分析出于何种原因某些当地人来找他，而另外一些躲避他，并且还要分析这都出现在调查的哪些时段。但是当法国的人类学家研究法国，或者中国的人类学家研究中国时，与他们研究的“小世界”之间保持社会与文化的距离，这一点是非常重要的，不仅要承认还要接受这种距离。如果他们研究了作为自身参照系的群体中的一支，那么阅读以及与同行们之间的讨论，能够使他们成功地对自己所在的群体感到“离乡”“惊奇”与陌生。这种最终必要的距离，虽然是一种令人不快的经历，但没有这种经历，就会彻底变得盲目。

第二点是田野日记的记录。一方面，人类学家们在田野日记中记下调查笔记，包括搜集到的文献、进行的观察，以及摄影和录音，所有这些资料都被标注日期，从而知道在田野中调查是如何展开的。另一方面，还要记下研究笔记，也就是说，伴随着对所展开的调查以归纳的方式进行验证，人类学家们在日记中记下他们做出的猜想和解释。因此，以下的观点是真实的，那就是调查在一个时段中实现，并且不能在一开始就得以预计。但同时，重要的是以这样的方式去重新构建：一边用人类学家的智识去构建，另一边在人类学家与被研究对象的关系之中构建。这就是我们今天对人类学的反思。这种反思包括两个维度：首先，理解人类学家们在田野中占据何种位置，也就是说，在调查期间对人类学家所扮演的角色的反思；其次，理解人类学家们构建研究对象和研究问题的方式，理解他们做出假设和最终证实假设的方式。后一个维度更加是在认识论层面上的。一些人类学家能够在跨学科的团队中工作。一方面，通过同其他与研究问题相关的专家们进行讨论，他们提出自己的问题；另一方面，为了检验在哪些条件下，他们的民族志成果可以在其他语境下有效，他们还要通过与其他专家，特别是与统计学家的讨论，来证实自己的某些研究结果。

事实上，人类学家存在着三种模式：第一，是孤胆英雄式的人类学家模式。这一模式在欧洲最为流行，这有点像美国的情况。第二，是人类学家的集体模式。他们是面对不同田野的多个人类学家。因此，为了提出共同的问题，最初他们建立了一个列表，接着每一个人在不同的地方从事田野工作，然后大家再聚在一起共同面对各自的田野。正是在团队中，存在着多点民族志的比较的形式。这种类型的集体研究如今在欧洲的确是十分常见，尤其是出于资金上的考虑，团队工作被研究资助者们看重。第三，是一种跨学科的模式，其中多个学科针对多个田野工作相互衔接。这些学科首先应当在一开始就对于一个临时的共同问题（马塞尔·莫斯强调的“临时定义”）达成共识。这个团队应当让学者在一段时间内各自进行研究，接下来使他们对一种验证的方式达成共识。最后这种模式是最少见也是要求最高的。在欧洲，跨学科的集体开始建立。但有时，它运行得并不是特别好，这是因为它对时间要求很高，而令欧洲的人类学家们痛苦的正是缺少时间。

问：您认为这种跨学科模式的发展与人类学家和统计学家共同或者各自的意志相关？

答：我认为如今在法国，（经济学、社会学和人口学中的）统计学家们有着与民族志学者们共同研究的强烈兴趣，因为后者可以帮助他们解释令人惊奇的统计数据结果。而民族志学者却更为鄙视统计学家：他们害怕陷于一种角色，屈服于他们所不能掌握的需求。欧洲的人类学家们更与第二种模式相关（面向多个田野点的一个民族志学者团队），这尤其是出于欧盟研究资助方面的原因（它要求来自欧洲多个国家的学者共同参与）。

问：您却对第三种模式有着丰富的经验，您可以向我们解释一下它的优势与风险吗？之所以这么问，是因为在中国，反而是前两种模式很少见，而不是第三种。

答：优势是双重的。从认识论的角度看，多亏了统计学家们，民族志才能从前者的数据结果中实现对“地方”特性的理解，这种理解包括在何种条件下，这些数据结果是可以在不同的语境下再生的。而从主题上讲，民族志可以涉及某些特定的主题，为了进行研究，一些原本需要的职业能力却不被人类学家拥有。例如，必须要和经济学家们一起去研究经济的运转，要和精神分析学家们一起去研究精神疾病的原因，要和地理学家们一起去研究地域的不平等，要和生态学家们与农艺学家们一起去研究某些农业类型的发展所带来的环境影响等。民族志学者在微观角度上是通才，有点像诺伯特·埃利亚斯想要发展的一种宏观视角上全面的社会学。

首要的困难，就是缺少时间。为了与来自其他学科的学者一起研究，就必须要花时间去交流，尤其是要撵走那些“假的朋友”，同样的词也可以用来描述在各个学科中的不同观念。一种赢得时间的方式，就是团队中的一部分成员已经接受了双重培养而获得双重文化。这在法国的一群青年学者中已经相当流行了，他们为了找到教职，积累了好几个学科的培养。

最主要的风险，是以下的情况没有得到明确的承认：一个学科的学者花时间与另一个学科的学者共同研究。必须要得到学术的支持，并且不去阻碍那些来自多学科研究的论文。对于某些被视为兴趣焦点的研究对象来说，情况越来越是如此：经济的某些方面、健康、精神疾病、环境……但是，如果一项研究想要改变学科分享的界限，这几乎是不可能的。它取决于学科本身，也取决于学科之间的力量关系。例如，在经济学和社会学中，与社会学家一道研究的经济学家，面临着被经济学共同体排除在外的风险，这些经济学家也被迫成了社会学家。让一个多学科的科学空间存在是非常困难的，尤其是在预算和教职束缚的情形下，这种情形对法国的学术界产生了以下影响：不同的学术共同体为了它们各自的职业核心而划分界限。

在法国还有一个相当可怕的矛盾：虽然人们都被要求进行跨学科研究，但同时教职又被缩减，这使得各个学科都为了学科核心而互相争斗。在多学科性的指令与同时在教职、增值与发表意义上的学术共同体的运作之间存在着矛盾，而多学科性作为一种政策指令，实际上并没有被学术共用体遵循。在法国，我们有在某个学科中采取多重方法并研究多个田野点的大型调查，但它还是在一个学科中。多个学科相互协调，这是非常少见的，也是面临风险的：即便实现，在这种小众类型中虽然几个学科在一起研究，但实际还是被分隔成原本的各个学科。如今在法国，对移民的研究不但在资源上比其他研究主题更为充裕，而且有着不同学科间进行对话的能力。这是一个巨大的机会。此刻，我们的主要问题是缺乏教职，但这也不只是我们这门学科的特点。

问：毕竟还是有着承认的问题……

答：是的，存在着学科承认的问题。对于年轻学者来说，这是令人不快的。他们本应处在对一切都好奇的阶段，却必须要注意融入被学科承认的领域。这有损害法国的学术研究的风险：如今，学术的发现伴随着一些学科的成长，并且是那些年轻学者们才有着最大的热忱和最多的机会做出新的发现。我们处在绝境中，但政府似乎还没有意识到这个绝境。

主题七：法国的教学方法和人类学家的培养

问：接下来我想向您提出关于法国教学方法和人类学家培养的问题。这是因为近十五年来在中国流行的，是基于多学科的大学培养。例如，在大学的头两年里，学生们将学习社会学、经济学和政治学，然后到了第三年，他们必须选择一门或两门主修专业。在这种模式下，多学科性扎根于最初的培养中。

答：我们的模式与你所描述的非常接近。但是必须要区分两种类型的多学科性。当我们处在一种人文社科内部的多学科性时，是在主修专业之前还是之后进行其他学科的培养，这没有关系。相反，为了理解能源、环境和污染等方面的利害关系，有办法与其他自然科学的学科一起研究是至关重要的。在法国，这几乎只存在于科学哲学与科学史之中。因此，科学哲学与科学史可以在不同的科学之间形成有用的接触面。没有这些科学，我们要不就面临浪费很多时间的危险，要不就会再生产出忽视、误解和不理解之类的形式。

问：如果我们着眼于法国的人类学教学，您可以向我们解释一下理论教学与实践教学之间是如何转换的吗？

答：按照传统，大学或者国立学院有更加转向经验化的，也有更加转向理论化的，这在每个国家都是如此。如今在法国，这种传统改变了。人类学的理论曾经一度是哲学，人们也只能想着这样做。如今正相反，田野也有着令人着迷的一席之地。

有的大学的教学偏向理论，其他的偏向经验，这已经有二十多年了。我倾向于说，如今在所有的大学里，经验的教学占据了很大位置。学生们都知道要去做调查。相反，他们接下来在如何融入理论思考时却遇到了困难。他们会有着这样的想法：他们缺乏理论，因此，他们以一种有些无政府主义的方式到处去寻找。大体上说，我们已经经历了一个非常理论的时期，那时只有几个地方有经验教学；我们如今到达了这样一个时期，几乎全世界都快速地从事经验研究，因此我们尤其是在认识论层面上参差不齐。我认为我们的学生在认识论上受到的培养不足。

问：实际上，理论和经验之间总是存在着平衡的问题……

答：是的。当学生们被理论吸引时，我总是去教他们如何从经验研究出发进行理论化。同样地，学生们从经验研究出发，但他们总是在理论化转换时感到无力。以下的风险始终存在，最好的民族志学者，也就是在经验研究中被培养出来的最好的一批人，相比于那些掌握理论的人来说，他们却最终显得低人一等。我认为，所谓归纳的模式，就是必须要从经验出发，然后能够进行理论化的深入，这也是最难教的模式。我在此只给出两条建议：一是任由自己被田野惊奇，或更确切地说，尤为关注田野中不满、怀疑和不理解的时刻。二是把所有的木头都点燃，也就是说，不要受限于某一种类型的文献、某一种类型的方法，而是任由自己追随相继而来的发现。再接下来，就必须要有能力一丝不苟地建构方法的多样性，这要求完全集中于对结果的终极塑造。

问：在法国，人类学家职业的培养和社会化方面是怎样的情况呢？

答：我自己在年轻一代当中看到的，最有效的就是博士生之间，以及博士生与年轻学者之间的讨论。对于推进人类学与跨学科性来说，这真的是非常有效率的一代人。曾经存在的学术权威模式，产生了相反效果，因为它们抹杀了年轻人开放和创新的能力。

问：您如何看待教学和研究的关系？

答：在我这一代，我属于最投身于方法和教学的那些人之一，毕竟我写了不少教学手册。必须要说明的是，即便是《人类学简史》这本书，也只是一本教学手册。因此，我试图将职业生涯中的两个维度进行平衡。我从事学术研究，此外我也花时间指导学生：要不就是让他们较早地融入到集体研究中来，要不就是给他们授课，对此我绝不后悔。我认为正是这些丰富了我自己的研究。

问：那么在法国，研究员不用教课吗？

答：对我来说，研究员不教课的模式毫无意义。相反，尤其是在人类学中，存在着一种学术休假制度，例如每五年中有一到两年，可以让学者静心专注于他们自己的研究。

结语

问：在我看来，您的书使我们得以在一个悠久的传统与历史中重建我们当前的研究，并且让我们更具反思性。这本教学手册也展现了对认识论教学与反思的关键所在。

答：对我而言，去思考那些在各处被提出的问题及其不同的答案，这是非常重要的。不过在特定的时段里，这些问题在我们学科中差不多是一样的。人类学是一门国际化的学科，但是在法国，我们对中国的人类学很不了解。今天，在社会与文化人类学（在“文化接触的科学”与“群体的科学”的意义上）的历史上，我们给予那些有文字书写的伟大文明的位置太少了。我撰写这本书，就是希望可以用不同的章节去填补这些历史。在这些有文字书写的伟大文明中，中国当然是其中的一个例子，此外还有印度、完全处于多样性之中的阿拉伯世界，以及俄罗斯。关键在于融合渊博的文化与社会学：正是这一点使民族志得以完全承担起当前的历史。因为民族志是非比寻常的，我相信当代的境况要求人类学家们能够快速地自我组织起来去进行集体的反思。这不仅是一种义务，更是一次必须把握住的机遇。

图书在版编目(CIP)数据

人类学简史/(法)弗洛朗斯·韦伯著;许卢峰译.—北京:商务印书馆,2020(2022.1重印)
ISBN 978-7-100-18344-4

Ⅰ.①人… Ⅱ.①弗… ②许… Ⅲ.①人类学 Ⅳ.①Q98

中国版本图书馆CIP数据核字(2020)第057948号

人类学简史
〔法〕弗洛朗斯·韦伯 著
许卢峰 译

商 务 印 书 馆 出 版
(北京王府井大街36号 邮政编码100710)
商 务 印 书 馆 发 行
北京顶佳世纪印刷有限公司印刷
ISBN 978-7-100-18344-4

2020年5月第1版 开本880×1230 1/32
2022年1月北京第2次印刷 印张12 插页8
定价:49.00元